數值分析．進階篇
Numerical analysis

Timothy Sauer　原著
林其盛　翻譯
張康　審訂

 台灣培生教育出版股份有限公司
Pearson Education Taiwan Ltd.

國家圖書館出版品預行編目資料

數值分析. 進階篇 / Timothy Sauer著；林其盛譯. -- 初版. -- 臺北市：臺灣培生教育出版：臺灣東華發行, 2008.09
　面；　公分
含索引
譯自：Numerical analysis
ISBN 978-986-154-781-7(平裝附光碟片)

1. 數值分析

318　　　　　　　　　　97017965

數值分析. 進階篇
Numerical analysis

原　　　著	Timothy Sauer
譯　　　者	林其盛
出　版　者	台灣培生教育出版股份有限公司
	地址／台北市重慶南路一段 147 號 5 樓
	電話／02-2370-8168
	傳真／02-2370-8169
	網址／www.PearsonEd.com.tw
	E-mail／hed.srv@PearsonEd.com.tw
發　行　所	台灣東華書局股份有限公司
	地址／台北市重慶南路一段 147 號 3 樓
	電話／02-2311-4027
	傳真／02-2311-6615
	網址／www.tunghua.com.tw
	E-mail／service@tunghua.com.tw
總　經　銷	台灣東華書局股份有限公司
出版日期	2008 年 11 月初版一刷
I S B N	978-986-154-781-7

版權所有・翻印必究

uthorized Translation from the English language edition, entitled NUMERICAL ANALYSIS WITH CD-ROM, 1st Edition by SAUER, TIMOTHY, published by Pearson Education, Inc, publishing as Addison-Wesley, Copyright © 2006

All rights reserved. No part of this book may be reproduced or transmitted in any form or by any means, electronic or mechanical, including photocopying, recording or by any information storage retrieval system, without permission from Pearson Education, Inc.

CHINESE TRADITIONAL language edition published by PEARSON EDUCATION TAIWAN, Copyright © 2008

作者序

對於工程、科學、數學以及資訊等科系的學生來說,數值分析是一個介紹性的必讀科目。它的目的十分明確:描述解決科學和工程問題的演算法,以及討論演算法的數學基礎。本書假設讀者已有基礎微積分和矩陣代數的背景來幫助本課程的學習。

作為一個學科來說,數值分析是一門具備許多有用觀念的豐富課程,但是,危險性是將其表現成一袋很好但卻彼此無關的技巧。為了更深入的理解,讀者除了知道如何設計牛頓法、Runge-Kutta 法、快速傅立葉轉換等程式外,還需要學習其他更多的東西。他們必須吸收大觀念,也就是那些滲入數值分析,然後將其中互為對抗的部分加以整合統一的概念。

這些大觀念中最重要的,包含了收斂性、複雜度、條件性、壓縮以及正交性等概念。任何一個稱職的近似方法,在更多的運算資源協助下,必須收斂到正確解。而一個方法的複雜度,是它使用資源的度量。一個問題的條件性,或是對誤差放大的敏感性,是瞭解如何用它解決問題的基礎。許多數值分析的最新應用目標是將資料以較短或是壓縮的方式來呈現。最後,正交性在許多領域中的效率問題是很有決定性的,當條件性為議題,或是以資料壓縮為目標的情況下,它是不可取代的。

為強調現代數值分析中五個觀念的作用,我們插入了一些稱為「聚焦」的簡短標題。它們對正在說明的主題提供註解,且與書中其他相同概念的表達有著非正式的聯結。我們希望像希臘戲劇中合唱隊以重音讀出的方法,來凸顯這五個觀念,強調與理論相關的主要概念。

數值分析的概念對於現代科學和工程的實踐來說是不可缺的,雖然這已是常識,但其應用並非顯而易見。書中的實作,提供了關於數值方法求解科學和科技問題的具體範例。這些延伸的應用,都是一時之選,而且接近日常生活中的經歷。雖然它不可能 (或許是可能不需要) 呈現問題的所有細節,但在實作中嘗試盡量深入地說明一個技巧或演算法是如何發揮槓桿作用,以少量的數學

在科技的設計和功能上獲得廣大收益。

在本書中，MATLAB 被用在演算法的解說，也建議用來當學生作業和專案研究的平台。本書所提供的 MATLAB 程式碼數量，是經過相當仔細地控制，這是由於數量太多將導致學習上的不良後果。在前面幾個章節中可以發現有較多的 MATLAB 程式碼，讓讀者可以逐步地建立熟練度。當較精密的程式碼出現時(例如在內插法、常微分和偏微分方程的探討)，是期望讀者利用所提供的資料，作為延伸和發展的起點。

本書雖然並不一定要使用某個特殊的運算平台，但越來越多的理工系所使用 MATLAB，顯示出一種共同的語言的確能夠削減差異。有了 MATLAB，所有的介面問題，例如資料輸出入以及繪圖等，都能夠很快地被解決。資料結構的問題(例如：當討論稀疏矩陣方法時所產生的問題)，可以藉由適當的指令來加以標準化。而 MATLAB 也提供了針對聲音和影像檔案輸出入的工具。MATLAB 內建的動畫指令，也使得實現微分方程的模擬變得簡單。上述這些目標其實也能夠利用其他方法來達成，但是如果有一套完整的工具在所有的作業系統上幾乎都能夠使用，而且將細節簡化，這將幫助學生們專注在真正的數學議題上。附錄 B 是關於 MATLAB 的簡短導覽，協助初學者快速入門，而對於那些已經熟練此軟體的讀者也可用來作為參考。

隨書附上的 CD，包含了書中所討論過的 MATLAB 程式，這份 CD 可以在兩種平台上讀取。這些程式也刊登在網站 www.aw-bc.com/sauer，讀者也可以從這裡下載一些更新的內容和新資料。

本書的特別之處，在於同時提供了教師和學生所需的解答手冊。教師解答手冊 (ISBN: 0-321-28685-5) 包含了單數習題的詳細解法，與雙數習題的答案。學生解答手冊 (ISBN: 0-321-28686-3) 裡則有部分習題的完整解法，可以幫助學生們的學習研究。而這些手冊也教導如何使用 MATLAB 軟體來協助解決習題中的不同類型的問題。

Addison-Wesley 數學學習資源中心 (Math Tutor Center) 是由一群合格的數學和統計教師所組成，他們提供本書範例與單數習題的輔導。學生們可利用免付費電話、免付費傳真、電子郵件或網路來獲得這項服務。互動式教學加上網

路科技，讓教師和學生們可以透過網際網路，即時地檢視和討論問題，然後一同研究解決的方法。詳情請上網 www.aw-bc.com/tutorcenter，或來電 1-888-777-0463。

數值分析這本書的架構，是從基礎、初級的觀念開始，然後延伸到較精密的觀念。第 0 章提供了後面章節所需的基礎，有一些老師喜歡從本章開始；而也有一些 (包含作者) 則偏好從第 1 章教起，當需要時再加入第 0 章的內容。第 1 和第 2 章涵蓋了求解方程式的多種形式，第 3 章則用內插法來處理數據擬合問題，第 4 章介紹最小平方法的數據擬合，之後的第 5 到第 8 章裡，我們回到連續數學的傳統數值分析領域，也就是數值微分和積分，以及有初始值和邊界條件的常微分和偏微分方程式。

為了提供第 5 至 第 8 章一些互補的方法，第 9 章發展了隨機數：當模型中出現不確定性時，蒙地卡羅法可以替代標準數值積分及解隨機微分方程。

壓縮通常隱藏在內插法、最小平方法和傅立葉分析中不起眼的地方，即便如此，它仍然是數值分析的核心主題。第 10 和第 11 章中探討了現代壓縮技巧，第 10 章以快速傅立葉轉換來實現三角內插，不論是在精確或最小平方的概念下。第 11 章則是以離散餘弦轉換和霍夫曼編碼，來實現聲音的壓縮，而這也是現代聲音和影像壓縮的標準工具。在第 12 章裡介紹特徵值和奇異值，用來強調它們與數據壓縮的關聯，這在當代應用中日漸重要。最後的第 13 章則提供最佳化技巧的簡短介紹。

本書的主題經過挑選之後，亦可用來作為一學期的數值分析課程。第 0 到第 3 章是這個領域中所有課程的基礎，分別的一學期課程可以設計如下：

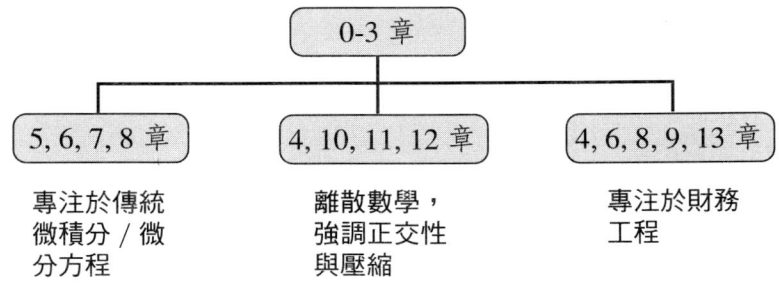

在此也要感謝許多協助此書編寫的人，也包括了讀過先前幾個版本且提出

建議的學生們。還有 Frank Purcell, Paul Lorczak, Steve Whalen, Diana Watson, Joan Saniuk, Robert Sachs, David Walnut, Stephen Saperstone, Tom Wegleitner 和 Tjalling Ypma，有了他們的協助，我才可以避免一些尷尬的錯誤。以及 Addison Wesley 出版公司裡體貼又有智慧的員工們：William Hoffman, Joanne Ha, Peggy McMahon, Joe Vetere, Emily Portwood, Barbara Atkinson 和 Beth Anderson。另外還有協助出版本書的 Westwords 公司裡的 Melena Fenn。最後，感謝其他大學讀者們對此計畫的鼓勵，以及對於先前幾個版本的改進建議：

Eugene Allgower, *Colorado State University*

Jerry Bona, *University of Illinois at Chicago*

George Davis, *Georgia State University*

Alberto Delgado, *Bradley University*

Robert Dillon, *Washington State University*

Gregory Goeckel, *Presbyterian College*

Herman Gollwitzer, *Drexel University*

Don Hardcastle, *Baylor University*

David R. Hill, *Temple University*

Daniel Kaplan, *Macalester College*

Jorge Rebaza, *Southwest Missouri State University*

Jeffrey Scroggs, *North Carolina State University*

Sergei Suslov, *Arizona State University*

Lucia M. Kimball, *Bentley College*

Seppo Korpela, *Ohio State University*

William Layton, *University of Pittsburgh*

Doron Levy, *Stanford University*

Shankar Mahalingam, *University of California, Riverside*

Amnon Meir, *Auburn University*

Peter Monk, *University of Delaware*

Joseph E. Pasciak, *Texas A&M University*

Steven Pav, *University of California, San Diego*

Jacek Polewczak, *California State University*

Daniel Szyld, *Temple University*

Ahlam Tannouri, *Morgan State University*

Bruno Welfert, *Arizona State University*

—T. S.

contents

目　錄

第 9 章　隨機數及其應用　　1

9.1　隨機數　　2
- 9.1.1　擬隨機數　　3
- 9.1.2　指數和常態隨機數　　10

9.2　蒙地卡羅模擬　　14
- 9.2.1　蒙地卡羅估計的冪定律　　14
- 9.2.2　準隨機數　　16

9.3　離散和連續布朗運動　　22
- 9.3.1　隨機漫步　　22
- 9.3.2　連續布朗運動　　26

9.4　隨機微分方程　　29
- 9.4.1　微分方程加雜訊　　30
- 9.4.2　隨機微分方程的數值方法　　34

實作 9　Black-Scholes 公式　　44

軟體和延伸閱讀　　47

第 10 章　三角內插與快速傅立葉轉換　　49

10.1　傅立葉轉換　　50
- 10.1.1　複數計算　　51
- 10.1.2　離散傅立葉轉換　　52
- 10.1.3　快速傅立葉轉換　　57

10.2　三角內插　　62

❖ 10.2.1	離散傅立葉轉換內插定理	62
❖ 10.2.2	三角函數的高效率求值	66
10.3	快速傅立葉轉換和訊號處理	71
❖ 10.3.1	正交與內插	71
❖ 10.3.2	用三角函數作最小平方擬合	75
❖ 10.3.3	聲音、雜訊和濾波	80
實作 10	Wiener 濾波器	84
	軟體和延伸閱讀	87

第 11 章　壓　縮　89

11.1	離散餘弦轉換	91
❖ 11.1.1	一維離散餘弦轉換	91
❖ 11.1.2	離散餘弦轉換和最小平方近似	94
11.2	二維離散餘弦轉換和影像壓縮	98
❖ 11.2.1	二維離散餘弦轉換	98
❖ 11.2.2	影像壓縮	103
❖ 11.2.3	量　化	107
11.3	霍夫曼編碼	115
❖ 11.3.1	訊息理論和編碼	115
❖ 11.3.2	JPEG 格式的霍夫曼編碼	119
11.4	修正離散餘弦轉換與聲音壓縮	123
❖ 11.4.1	修正離散餘弦轉換	123
❖ 11.4.2	位元量化	131
實作 11	簡易音訊編解碼	135
	軟體和延伸閱讀	138

第 12 章　特徵值和奇異值　139

12.1	冪迭代法	140

- 12.1.1 冪迭代法 … 142
- 12.1.2 冪迭代法的收斂 … 144
- 12.1.3 逆冪迭代法 … 146
- 12.1.4 Rayleigh 商迭代法 … 148

12.2 QR 演算法 … 151
- 12.2.1 同步迭代法 … 151
- 12.2.2 實數 Schur 形式和 QR 演算法 … 155
- 12.2.3 上 Hessenberg 形式 … 159

實作 12 搜尋引擎如何評價網頁的品質 … 165

12.3 奇異值分解 … 169
- 12.3.1 求一般矩陣的奇異值分解 … 172
- 12.3.2 特例：對稱矩陣 … 175

12.4 奇異值分解的應用 … 176
- 12.4.1 奇異值分解的性質 … 176
- 12.4.2 降維度 … 179
- 12.4.3 壓　縮 … 181
- 12.4.4 計算奇異值分解 … 183

軟體和延伸閱讀 … 186

第 13 章　最佳化　187

13.1 不利用導數的無限制最佳化問題 … 189
- 13.1.1 黃金分割搜尋法 … 189
- 13.1.2 連續拋物線插值法 … 194
- 13.1.3 Nelder-Mead 搜尋法 … 197

13.2 用導數的無限制最佳化 … 201
- 13.2.1 牛頓法 … 201
- 13.2.2 最陡下降法 … 204

❖ 13.2.3	共軛梯度搜尋法	205
實作 13	分子構造和數值最佳化	208
	軟體和延伸閱讀	210

附錄 $\mathcal{A}$　矩陣代數　213

A.1	矩陣基礎	213
A.2	分塊相乘	216
A.3	特徵值和特徵向量	217
A.4	對稱矩陣	219
A.5	向量微積分	221

附錄 $\mathcal{B}$　MATLAB 簡介　223

B.1	開啟 MATLAB	223
B.2	繪　圖	225
B.3	MATLAB 程式編寫	228
B.4	流程控制	229
B.5	函　式	230
B.6	矩陣運算	232
B.7	動　畫	233

習題解答　235

索引　269

CHAPTER 9

隨機數及其應用

布朗運動 (Brownian motion) 是一個隨機的行為，在 1827 年由 Robert Brown 所提出。他最初的興趣是要瞭解懸浮水面上花粉粒飄忽不定的運動，這樣的運動是被附近的分子撞擊所致。然而，此模型的應用已經遠超過原始的內容。

現今的財務分析家以相同的方式考慮資產價格，就像多變的實體被許多投資者分歧的力量所衝擊。在 1973 年，Fischer Black 和 Myron Scholes 做了一個創新的嘗試，利用指數布朗運動以提供股票選擇權的正確評估。Black-Scholes 公式立刻就被認為是一個重要的創新，它被程式化放在華爾街交易所設計之第一批可攜式計算機裡。這項成就在 1997 年獲得了諾貝爾經濟獎，至今仍普遍應用在財務理論和實際操作。

本章結尾的實作 9 探討蒙地卡羅模擬 (Monte Carlo simulation)，以及其著名的公式。

前面三章討論的是關於微分方程所控制的決定性模型；只要提供適當的初始和邊界條件，那麼所得解在數學上是可靠的，且能以適合的數值方法來達到預定的精確度。另一方面來說，一個隨機模型定義中仍保有雜訊故包含了不確定性。

隨機系統的計算模擬結果需要產生**隨機數** (random numbers) 來模擬雜訊。本章一開始以一些基本現象說明隨機數及其在模擬上的應用；第二節的內容則包含隨機數最重要的應用之一，也就是蒙地卡羅模擬；第三節所介紹的是**隨機漫步** (random walks) 和布朗運動；最後一節則包括隨機微積分的基本概念，包含了許多**隨機微分方程** (stochastic differential equation；SDE) 的標準範例，這些在物理、生物和財務上已經被證明是有用的。隨機微分方程的計算方法是以第 6 章的常微分方程解法為基礎，但被推廣成為包含雜訊項。

在本章中偶爾會需要機率的基本概念，這些額外的先修知識，例如期望值、變異數和獨立的隨機變數等，在 9.2-9.4 節裡非常重要。

9.1 隨機數

每個人都直覺地知道什麼是**隨機數** (random numbers；亂數)，但要將其概念準

隨機數及其應用

確定義,卻是出人意料地困難;而要找簡單且有效的方法來產生隨機數,也不那麼容易。當然,依據程式設計師所指定的決定性法則交給電腦執行也不可能,因為沒有一個程式可以做出真正的隨機數。我們退而求其次來產生擬隨機數,它只是一個方式來以決定性程式產生一串看起來是隨機的數。

隨機數產生器的目的,是為了輸出數字獨立且相同分布。「獨立」的意思是指,每一個新的數 x_n 不管多少都不應受前一個數 x_{n-1},或之前所有數 x_{n-1}, x_{n-2}, … 的影響。「相同分布」的意思則是,如果在許多產生隨機數的不同重複中所得 x_n 的直方圖,看起來將會和 x_{n-1} 的直方圖一樣。換句話說,獨立是指 x_n 獨立於 x_{n-1}、x_{n-2} 等等,而相同分布是指 x_n 的分布不受 n 影響。期望中的直方圖或是分布,可能是一個介於實數 0 和 1 之間的**均勻分布** (uniform distribution),或可能比較複雜一點,例如**常態分布** (normal distribution)。

當然,隨機數定義的獨立部分,與產生隨機數的實際電腦方法,二者間是不一致的,電腦所製造的數流是完全可以預測也可以重複的。事實上,可重複性對於一些模擬目的是非常有用的。即使隨機數產生的方法根本不具獨立性,但其技巧是讓數字看起來相互獨立。**擬隨機數** (pseudo-random number) 這個名詞就是指這樣的情況:努力產生看起來獨立且相同分布的隨機數。

事實上,一些方法高度依賴用來產生某些號稱獨立結果的方式,這也解釋了為什麼沒有一個完美的通用隨機數產生器軟體。如 John Von Neumann 在 1951 年說到:「任何人若考慮用計算方法來創造隨機數,理所當然是個錯誤。」主要的期望是使用者用隨機數來測試特殊的假設時,對所選產生器的依賴性和缺陷是不敏感的。

隨機數是從固定機率分布中所選出的代表,這個分布有許多種可能選擇,為了要將前提降至最少,我們將限制為均勻分布和常態分布兩種可能。

❖ 9.1.1 擬隨機數

最簡單的隨機數集合是均勻分布在區間 [0, 1] 上。這些數是從區間裡盲目選取,不對區間裡的任一區域有特別偏好。在區間裡的每一個實數,都有相同的機會被選到。我們如何以電腦程式來產生這一串數呢?

下面介紹第一次嘗試在區間 [0, 1] 裡產生均勻的（擬）隨機數。挑一個開始的整數 $x_0 \neq 0$，稱為**種子數** (seed)，然後用迭代法來產生數列 u_i：

$$\begin{aligned} x_i &= 13 x_{i-1} \pmod{31} \\ u_i &= \frac{x_i}{31}, \end{aligned} \tag{9.1}$$

也就是，x_{i-1} 乘以 13，再求 31 之同餘**模數** (modulo)，然後除以 31 來得到下一個擬隨機數。所產生的數列將經過全部 30 個非零數 1/31, ..., 30/31 後才會重複；換句話說，這個隨機數產生器的**週期** (period) 是 30。但這個數列並非隨機，當選定好種子數後，它會以事先決定好的順序在 30 個可能數中循環。最早的隨機數產生器依照此同樣的邏輯，但有較大的週期。

以 $x_0 = 3$ 為隨機種子數，剛才的方法所產生的前 10 個數如下：

x	u
8	0.2581
11	0.3548
19	0.6129
30	0.9677
18	0.5806
17	0.5484
4	0.1290
21	0.6774
25	0.8065
15	0.4839

一開始是 $3 \times 13 = 39 \rightarrow 8 \pmod{31}$，因此均勻隨機數為 $8/31 \approx 0.2581$；第二個隨機數是 $8 \times 13 = 104 \rightarrow 11 \pmod{31}$，得到 $11/31 \approx 0.3548$；依此類推，可得到 30 個可能的隨機數。

以下是一個再典型不過的隨機數產生器。

定義 9.1 **線性同餘產生器** (linear congruential generator；LCG) 的形式是

$$\begin{aligned} x_i &= a x_{i-1} + b \pmod{m} \\ u_i &= \frac{x_i}{m}, \end{aligned} \tag{9.2}$$

隨機數及其應用

其中 a 為**乘數** (multiplier)，b 為**偏移量** (offset)，以及 m 為**模數** (modulus)。

回頭看先前的產生器，其 $a=13$、$b=0$、$m=31$。我們在稍後兩個範例中同樣使用 $b=0$，傳統觀念裡，若 b 不等於零會讓隨機數產生器增加了一些額外的複雜性。

有一個隨機數應用是以代入指定範圍內的隨機數來近似函數平均值。這是蒙地卡羅法中最簡單的形式，我們將在下節再詳細討論。

範例 9.1

求區間 [0,1] 中，曲線 $y=x^2$ 與 x 軸包圍面積的近似值。

根據定義，函數在 $[a, b]$ 間的平均值為

$$\frac{1}{b-a}\int_a^b f(x)\,dx,$$

因此問題所求面積正好是 $f(x)=x^2$ 在 $[0, 1]$ 間的平均值。這個平均值可以用區間內隨機點的函數值平均來作為近似值，如圖 9.1 所示。由我們的方法所產生的前 10 個均勻隨機數，其函數值平均

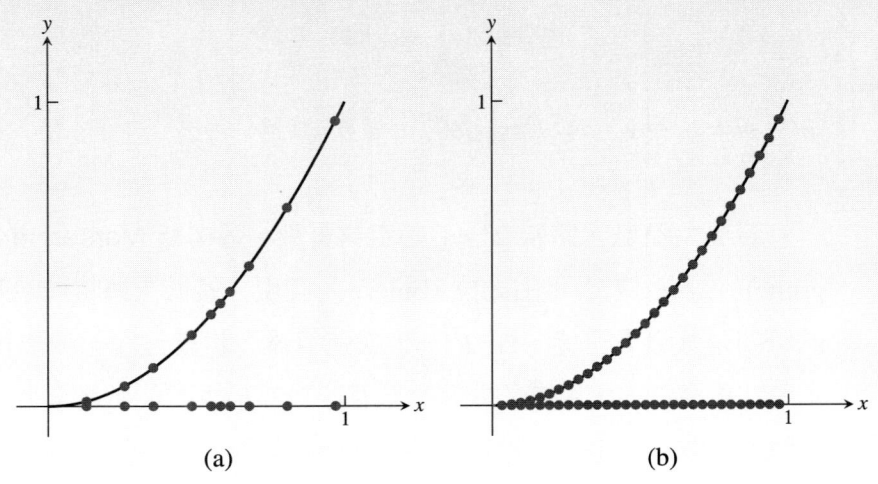

圖 9.1 以隨機數求函數平均值。(a) 由基本的隨機數產生器 (9.1) 以種子數 $x_0=3$ 所得前 10 個隨機數，可得近似平均值為 0.350。(b) 若改用全部 30 個點可以更加準確到 0.328。

$$\frac{1}{10}\sum_{i=1}^{10} f(u_i)$$

可得 0.350，還算接近正確答案 1/3。改用全部 30 個隨機數則可改善平均結果為 0.328。

範例 9.1 裡的應用被稱為**第一型蒙地卡羅** (type 1 Monte Carlo) 問題，因為它簡化為一個函數的平均值。然而我們已經用完產生器 (9.1) 所能提供的全部 30 個隨機數，如果要求更高的準確性，那麼就需要用更多數；我們可以繼續用線性同餘產生器 (LCG) 模型，但需要增加乘數 a 和模數 m 的大小。

Park 和 Miller [18] 提出的線性同餘產生器，通常被稱為**最低標準隨機數產生器** (minimal standard random number generator)，因為它以非常簡單的程式碼盡量地做到最好的模擬，在 1990 年代，該隨機數產生器被使用在 MATLAB 第 4 版裡。

最低標準隨機數產生器

$$\begin{aligned} x_i &= ax_{i-1} \pmod{m} \\ u_i &= \frac{x_i}{m}, \end{aligned} \tag{9.3}$$

其中 $m=2^{31}-1$，$a=7^5=16807$，而 $b=0$。

若 p 為整數，整數 2^p-1 必定為質數，這稱為 Mersenne 質數 (Mersenne prime)，是在 1772 年由尤拉 (Euler) 所發現。最低標準隨機數產生器發生重複的時間是其最大可能，即 $2^{31}-2$ 次運算後，也就是說，只要種子數不為零，那麼在重複之前，所有的非零整數且小於該最大可能數者全會出現。這大約是 2×10^9 個數目，在 20 世紀也許足夠，但對現今每秒不斷執行這麼多時脈週期的電腦來說，這些數還是不夠。

範例 9.2

求滿足下列不等式的點 (x, y) 所形成集合的面積

$$4(2x-1)^4 + 8(2y-1)^8 < 1 + 2(2y-1)^3(3x-2)^2$$

我們將稱此為**第二型蒙地卡羅** (type 2 Monte Carlo) 問題，很難看出該面積等於單變數函數的平均值，因為我們無法解 y。然而，任意給定一點 (x, y)，我們可以輕易地檢驗它是否屬於這個集合。我們把所求區域面積等同於對任意隨機數 $(x, y) = (u_i, u_{i+1})$ 屬於這個集合的機率，並且嘗試求得此機率的近似值。

圖 9.2 說明了這個概念，完成檢驗 10,000 個由最低標準線性同餘產生器所產生的隨機數對，在 $0 \leq x, y \leq 1$ **單位正方形** (unit square) 中，符合不等式的數對比例為 0.547，我們將以其為此面積的近似值。

◆

雖然我們已經在兩種蒙地卡羅問題中做了區別，但二者之間卻沒有明確的界線。它們的共通點是計算函數的平均值，在先前「第一型」範例中是顯式的，在「第二型」範例中，我們試著去計算這個集合的**特徵函數** (characteristic function) 的平均值，特徵函數指的是若點在集合內則函數值為 1，點在集合外則函數值為 0 的函數。不同於範例 9.1 的函數 $f(x) = x^2$，這裡主要的差異是一

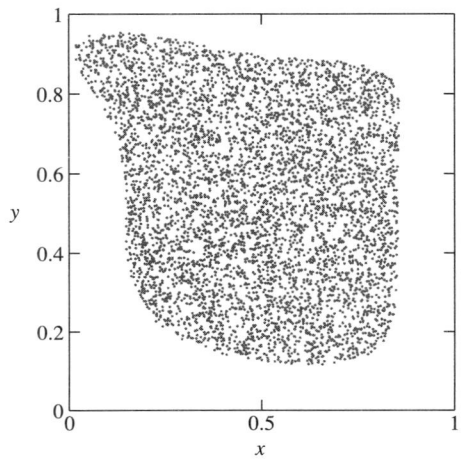

圖 9.2 蒙地卡羅面積計算。$[0, 1] \times [0, 1]$ 中的 10,000 個隨機數對，滿足範例 9.2 不等式者之描點，則描繪隨機數對比例即為面積的近似值。

個集合的特徵函數是不連續的，也就是在集合的邊界有一個很突然的轉變。我們也可以很容易地想像第一型和第二型組合 (見電腦演算題 8)。

最差的隨機數產生器之一為 randu 產生器，曾經使用在許多早期的 IBM 電腦中，然後遍及其他電腦。透過網際網路搜尋引擎可以很容易找到它的蹤跡，很明顯地這個產生器仍繼續在使用中。

randu 隨機數產生器

$$\begin{aligned} x_i &= ax_{i-1} \pmod{m} \\ u_i &= \frac{x_i}{m}, \end{aligned} \tag{9.4}$$

其中 $a = 65539 = 2^{16}+3$，$m = 2^{31}$。

隨機種子數 $x_0 \neq 0$ 可任意選擇。原本選擇非質數模數是為了讓模數運算盡可能地快速，而選擇該乘數的原因主要是因為它的二進位表示法相當簡單。這個產生器的最大問題是它嚴重違反了隨機數的獨立假設。由於

$$\begin{aligned} a^2 - 6a &= (2^{16}+3)^2 - 6(2^{16}+3) \\ &= 2^{32} + 6 \cdot 2^{16} + 9 - 6 \cdot 2^{16} - 18 \\ &= 2^{32} - 9 \end{aligned}$$

因此，$a^2 - 6a + 9 = 0 \pmod{m}$，所以

$$x_{i+2} - 6x_{i+1} + 9x_i = a^2 x_i - 6ax_i + 9x_i \pmod{m}$$
$$= 0 \pmod{m}$$

除以 m 可得

$$u_{i+2} = 6u_{i+1} - 9u_i \pmod{1} \tag{9.5}$$

問題並非是 u_{i+2} 可以從前兩個數來預測；當然，即使從前一個數字，它也將是可預測的，因為產生器是決定性的。問題在於關係式 (9.5) 裡的微小係數，這些係數讓隨機數之間的相關性變得非常顯著。圖 9.3(a) 展示了 randu 所產生的 10,000 個三元隨機數 (u_i, u_{i+1}, u_{i+2}) 圖形。

chapter 9

隨機數及其應用

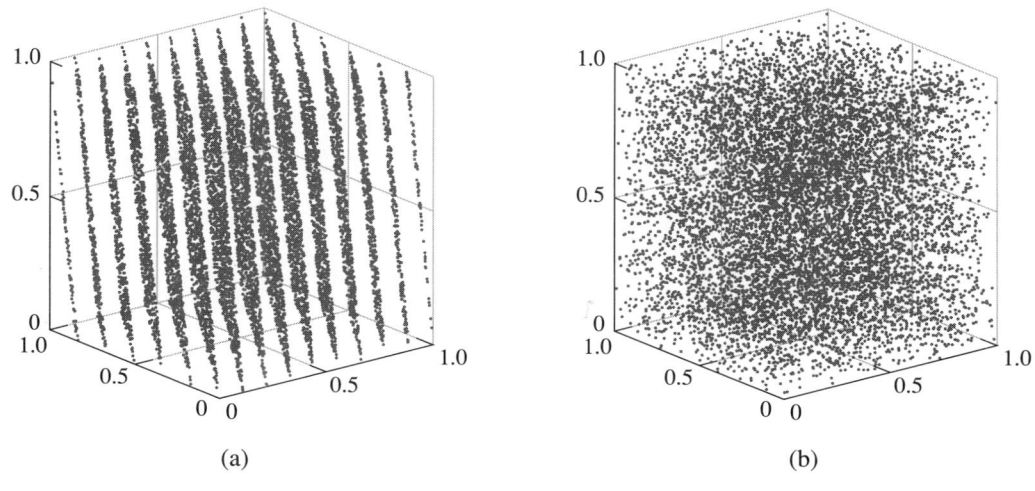

圖 9.3 兩個隨機數產生器的比較。由 (a) randu 和
(b) 最低標準產生器所產生一萬個三元數 (u_i, u_{i+1}, u_{i+2})。

關係式 (9.5) 的結果之一是所有三元隨機數將落在 15 個平面中的一個,如圖所示。更正確地說,$u_{i+2} - 6u_{i+1} + 9u_i$ 必須為整數,而這只可能介於 -5(當 u_{i+1} 相對大,而 u_i, u_{i+2} 相對小時)和 $+9$(相反狀況)之間。平面 $u_{i+2} - 6u_{i+1} + 9u_i = k$,$-5 \leq k \leq 9$,為圖 9.3 中所見的 15 個平面。習題 5 要求讀者分析另一個有類似缺點的知名隨機數產生器。

最低標準線性同餘產生器並不受這問題的影響,因為在 (9.3) 式裡的 m 和 a 互質,具小係數之連續 u_i 間的關係是很難得到的,就像 (9.5) 式裡的一樣,從這個產生器出來的三個連續隨機數間的任何相關性是很複雜的。圖 9.3(b) 說明了這個狀況,此圖將最低標準隨機數產生器出來的 10,000 個隨機數,和從 randu 所產生的圖形 (a) 做比較。

範例 9.3

利用 randu 求半徑 0.04、圓心為 (1/3, 1/3, 1/2) 的球體體積近似值。

雖然這個球有一個非零體積,但以 randu 直接嘗試求體積近似值的結果卻是 0。蒙地卡羅法隨機產生在 3D 單位立方體 (unit cube) 的點,然後計算所

產生點落在球體內的比例，即為體積近似值。

點 (1/3, 1/3, 1/2) 落在平面 $9x-6y+z=1$ 和 $9x-6y+z=2$ 中間，分別距離 $1/(2\sqrt{118}) \approx 0.046$。因此，透過 randu 所產生的三維座標點 $(x, y, z) = (u_i, u_{i+1}, u_{i+2})$ 均不會落在指定的球體中。這個單純問題的蒙地卡羅近似解無法計算的原因，是因為選錯了隨機數產生器。令人驚訝的是，在 1960 和 1970 年代，當電腦模擬高度依賴此產生器時，大部分這類型的困難卻被忽視。◆

現在的 MATLAB 版本中，隨機數不再以線性同餘產生器產生。從 MATLAB 5 開始，rand 指令利用的是 G. Marsaglia 和他人 [14] 所共同開發的**延遲 Fibonacci 產生器** (lagged Fibonacci generator；LFG)。其使用了 0 和 1 之間所有可能的浮點數，MATLAB 聲稱此方法的循環週期大於 2^{1400}，遠大於有始以來 MATLAB 程式所執行的所有步數。

到目前為止，我們專注在產生區間 [0, 1] 的擬隨機數。要產生隨機數均勻分布於一般區間 $[a, b]$，我們需要以 $b-a$ 倍來延伸區間長度。因此，每個在 [0, 1] 間的隨機數 r 應該以 $(b-a)r+a$ 來代替。

這可以獨立套用到各維度。例如，要產生在 xy 平面上矩形 $[1, 3] \times [2, 8]$ 內的一個均勻隨機點，只需先產生均勻隨機數的數對 r_1 和 r_2，然後 $(2r_1+1, 6r_2+2)$ 即為所求隨機點。

❖ 9.1.2 指數和常態隨機數

指數隨機變數 (exponential random variable) V 挑選的是符合**機率分布函數** (probability distribution function) $p(x) = ae^{-ax}$ 的正數，其中 $a > 0$。換句話說，一個指數隨機數 $r_1, \cdots, r_n$ 的直方圖隨著 $n \to \infty$ 將趨近於 $p(x)$。

用前一節的均勻隨機數產生器，可以相當輕易地產生指數隨機數。**累積分布函數** (cumulative distribution function) 為

$$P(x) = \text{Prob}(V \leq x) = \int_0^x p(x)dx = 1 - e^{-ax}.$$

主要的概念是選擇指數隨機變數使得 Prob($V \leq x$) 均勻分布於 0 與 1 之間。也就是，對均勻隨機數 u，假定

$$u = \text{Prob}(V \leq x) = 1 - e^{-ax}$$

並求解 x 可得

$$x = \frac{-\ln(1-u)}{a}. \tag{9.6}$$

因此，用均勻隨機數 u 作為輸入，透過 (9.6) 式可產生指數隨機數。

這個概念在一般情況下都適用。假設 $P(x)$ 為所需產生隨機數的累積分布函數，其反函數為 $Q(x) = P^{-1}(x)$。若 $U[0,1]$ 表示 $[0,1]$ 間的均勻隨機數，則 $Q(U[0,1])$ 可產生所需的隨機數；剩下的工作是，找到最有效率的方法來計算 Q。

標準的**常態隨機變數** (normal random variable)，或稱**高斯隨機變數** (Gaussian random variable) $N(0, 1)$ 則是挑選符合機率分配函數

$$p(x) = \frac{1}{\sqrt{2\pi}} e^{-\frac{x^2}{2}}$$

的實數，該函數形狀為有名的鐘型曲線。變數 $N(0, 1)$ 的**平均值** (mean) 為 0，**變異數** (variance) 為 1。推廣到一般情形，常態隨機變數 $N(\mu, \sigma^2) = \mu + \sigma N(0, 1)$ 的平均值為 μ 及變異數 σ^2，但由於這個變數只是改變標準常態隨機數 $N(0, 1)$ 的比例大小，所以我們將把重點放在標準常態隨機變數上。

雖然我們可以直接應用剛才說明的累積分布函數的反函數，但一次產生兩個常態隨機數卻更有效率。二維標準常態分布的機率分布函數為 $p(x, y) = (1/2\pi)e^{-(x^2+y^2)/2}$，或以極座標 $p(r) = (1/2\pi)e^{-r^2/2}$ 表示。因為 $p(r)$ 為**極對稱** (polar symmetry)，我們只需產生符合 $p(r)$ 的徑向距離 r，並任意選取角度 θ 均勻分布於 $[0, 2\pi]$。由於 $p(r)$ 對 r^2 及參數 $a = 1/2$ 為指數分布，由 (9.6) 式可得 r 滿足

$$r^2 = \frac{-\ln(1-u_1)}{1/2}$$

其中 u_1 為一均勻隨機數。則

$$\begin{aligned} n_1 &= r\cos 2\pi u_2 = \sqrt{-2\ln(1-u_1)}\cos 2\pi u_2 \\ n_2 &= r\sin 2\pi u_2 = \sqrt{-2\ln(1-u_1)}\sin 2\pi u_2 \end{aligned} \tag{9.7}$$

為一對獨立的常態隨機數，其中 u_2 是第二個均勻隨機數。注意到公式中的 $1-u_1$ 可以換成 u_1，因為用 1 減去 $U[0, 1]$ 結果和 $U[0, 1]$ 是相同的。這就是用以產生常態隨機數的 **Box-Muller 法** (Box-Muller Method) [2]，但每一對數都需要用到平方根、對數、餘弦和正弦計算。

如果以不同的方法產生 u_1 可得到更有效率的 Box-Muller 法。從 $U[0, 1]$ 隨意選出 x_1 和 x_2，當 $x_1^2+x_2^2<1$ 時，定義 $u_1=x_1^2+x_2^2$，否則便放棄 x_1 和 x_2 重新再來過。注意以此選法選取 u_1 會是 $U[0, 1]$，而優點是如此我們便可以令 $u_2=\arctan(x_2/x_1)$，即連結原點和點 (x_1, x_2) 的直線所成角，u_2 保證均勻分布於 $[0, 2\pi]$。因為 $\cos 2\pi u_2 = x_1/u_1$ 以及 $\sin 2\pi u_2 = x_2/u_1$，(9.7) 式便可整理成

$$\begin{aligned} n_1 &= x_1\sqrt{\frac{-2\ln(u_1)}{u_1}} \\ n_2 &= x_2\sqrt{\frac{-2\ln(u_1)}{u_1}}, \end{aligned} \tag{9.8}$$

其中 $u_1=x_1^2+x_2^2$，就不需像 (9.7) 式要用到餘弦和正弦計算。

改良後的 Box-Muller 法稱為**捨選法** (rejection method)，因為不使用部分的輸入值。要比較正方形 $[-1, 1]\times[-1, 1]$ 和**單位圓** (unit circle) 的面積，捨棄比例為 $(4-\pi)/4 \approx 21\%$。在免除正弦和餘弦計算下，這結果是可以接受的。

還有更多產生常態隨機數的複雜方法，詳細說明可參考 [12]。舉例來說，MATLAB 的 `randn` 指令，利用的是 Marsaglia 和 Tsang [15] 的 ziggurat 演算法，它是用十分有效率的方法反倒累積分布函數。

9.1 習題

1. 求不同參數下，線性同餘產生器的週期。

    (a) $a=2$、$b=0$、$m=5$ (b) $a=4$、$b=1$、$m=9$

2. 求參數為 $a=4$、$b=0$、$m=9$ 的線性同餘產生器週期。該週期是否受種子數的影響？

3. 用不同參數的線性同餘產生器來近似曲線 $y=x^2$ 在 $0 \leq x \leq 1$ 與 x 軸所包圍的面積。(a) $a=2$、$b=0$、$m=5$ (b) $a=4$、$b=1$、$m=9$

4. 用不同參數的線性同餘產生器來近似曲線 $y=1-x$ 在 $0 \leq x \leq 1$ 與 x 軸所包圍的面積。(a) $a=2$、$b=0$、$m=5$ (b) $a=4$、$b=1$、$m=9$

5. 世界上最早的超級電腦之一 Cray X-MP 所使用的 RANDNUM-CRAY 隨機數產生器，這個線性同餘產生器用 $m=2^{48}$、$a=2^{24}+3$ 及 $b=0$。試證明 $u_{i+2}=6u_{i+1}-9u_i \pmod{1}$，這是否令人擔憂？參考電腦演算題 9 和 10。

9.1 電腦演算題

1. 以最低標準隨機數產生器，利用種子數 $x_0=1$ 及 10^6 個三維點，求範例 9.3 的體積的蒙地卡羅近似解。所得近似解與正確解有多接近？

2. 如電腦演算題 1，改以 `randu` 求範例 9.3 的體積的蒙地卡羅近似解。證明沒有任何一個點 (u_i, u_{i+1}, u_{i+2}) 出現在指定球體中。

3. (a) 利用微積分求拋物線 $P_1(x)=x^2-x+1/2$ 及 $P_2(x)=-x^2+x+1/2$ 所包圍的區域面積。(b) 將此問題視為第一型蒙地卡羅問題，求 $P_2(x)-P_1(x)$ 在 $[0, 1]$ 間的平均值，對 $n=10^i$，$2 \leq i \leq 6$ 求估計值。(c) 和 (b) 一樣，但是改以第二型蒙地卡羅問題作估計：求正方形 $[0, 1] \times [0, 1]$ 中有多少比例的點會落在兩個拋物線之間？並比較兩種蒙地卡羅解法的效率。

4. 對多項式 $P_1(x)=x^3$ 及 $P_2(x)=2x-x^2$ 在第一象限所包圍的區域，重做電腦演算題 3。

5. 用 $n=10^4$ 個擬隨機數點估計橢圓形內部面積：(a) $13x^2+34xy+25y^2 \leq 1$ 在 $-1 \leq x, y \leq 1$ 及 (b) $40x^2+25y^2+y+9/4 \leq 52xy+14x$ 在 $0 \leq x, y \leq 1$。將你的答案和正確面積 (a) $\pi/6$ 和 (b) $\pi/18$ 作比較，並說明誤差。並以 $n=10^6$ 重做並比較結果。

6. 利用 $n=10^4$ 個擬隨機數點求橢圓體在單位立方體區域內的體積，橢圓體的定義為 $2+4x^2+4z^2+y^2 \leq 4x+4z+y$。將你的答案和正確體積做比較，

並說明誤差。以 $n=10^6$ 重做並比較結果。

7. (a)用微積分求積分式 $\int_0^1 \int_{x^2}^{\sqrt{x}} xy\, dy\, dx$。(b) 如第一型蒙地卡羅問題，利用在單位正方形 $[0, 1] \times [0, 1]$ 內的 $n = 10^6$ 個數對來估計積分值。(如果 (x, y) 在積分範圍其值為 xy，否則便等於 0，求此函數的平均。)

8. 用在單位正方形內的 10^6 個隨機數對來估計 $\int_A xy\, dx\, dy$，其中 A 為範例 9.2 所定義的區域。

9. 執行習題 5 中有問題的隨機數產生器，然後畫一個類似圖 9.3 的圖。

10. 如同範例 9.3 的概念，設計一個蒙地卡羅近似解問題，使得習題 5 的 RANDUM-CARY 產生器產生完全挫敗。

9.2 蒙地卡羅模擬

我們已經看過兩種類型的**蒙地卡羅模擬** (Monte Carlo simulation) 範例，在這節裡，我們探討適用這項技巧的問題範圍，以及討論一些需要改進的地方，使其能夠運作得更好，其中也包含**準隨機數** (quasi-random number)。在這節裡，我們也將需要利用隨機變數和期望值 (expected value) 的表達方式。

❖ 9.2.1 蒙地卡羅估計的冪定律

接著我們想要瞭解蒙地卡羅模擬的收斂速率，當估計點數 n 增加時，估計值誤差以什麼樣的速率減少？這類似於第 5 章求積分法和第 6、7、8 章的微分方程解法之收斂問題。在前面的例子中，它們以誤差與步長的關係來呈現；而縮短步長類似於蒙地卡羅模擬中增加更多隨機數。

第一型蒙地卡羅的概念是用隨機樣本來計算函數平均值，然後乘上積分域的體積；計算函數平均值可以被視為計算該函數所提供的機率分布平均值。我們將用 $E(X)$ 表示隨機變數 X 的期望值，隨機變數 X 的**變異數** (variance) 為 $E[(X-E(X))^2]$，而 X 的**標準差** (standard deviation) 是其變異數的平方根。計算平均值的誤差將會隨著隨機點的個數 n 減少，參考下列公式：

第一型或第二型蒙地卡羅的擬隨機數

$$\text{誤差} \propto n^{-\frac{1}{2}} \tag{9.9}$$

要瞭解這個公式，需將積分視為積分域體積乘以函數在該區域的平均值 A。考慮相同的隨機變數 X_i 對應於隨機點上的函數值，那麼平均值就是隨機變數 $Y = (X_1 + \cdots + X_n)/n$ 的期望值，或說：

$$E\left[\frac{X_1 + \cdots + X_n}{n}\right] = nA/n = A$$

以及 Y 的變異數為

$$E\left[\left(\frac{X_1 + \cdots + X_n}{n} - A\right)^2\right] = \frac{1}{n^2}\sum E[(X_i - A)^2] = \frac{1}{n^2}n\sigma^2 = \frac{\sigma^2}{n}$$

其中 σ 為每個 X_i 原本的變異數。因此，Y 的標準差減少為 $\sigma/\sqrt{n}$。這個推論適用於第一型與第二型蒙地卡羅模擬。

> **聚焦　收斂性**
>
> 第一型蒙地卡羅估計非常類似於第 5 章的複合中點法。當時我們發現誤差與步長 h 成正比，當函數計算的次數納入考量時，此數大約是 $1/n$。這要比蒙地卡羅的平方根冪定律 (square root power law) 更有效率。
>
> 然而，蒙地卡羅的問題就像範例 9.2 所遇到的，雖然慢慢地收斂到正確值，但我們還不清楚要如何設定為第一型問題，以應用第 5 章的技巧。

範例 9.4

求第一型與第二型蒙地卡羅估計，用擬隨機數求 $y = x^2$ 曲線之下在 [0, 1] 區間所圍面積。

這是範例 9.1 第一型蒙地卡羅問題的推廣，其中我們所關心的誤差，可視為隨機點個數 n 的函數。在每一個測試中，我們在區間 [0, 1] 裡產生 n 個均勻隨機數 x，並求得 $y = x^2$ 的平均值。誤差是平均值和正確解 1/3 之差的絕對

值，我們對每個 n 進行 500 次測試並取其誤差平均值，然後畫出結果如圖 9.4 裡較低的曲線。

對第二型蒙地卡羅，我們在單位正方形 $[0, 1] \times [0, 1]$ 產生均勻隨機數對 (x, y)，然後追蹤滿足 $y < x^2$ 的比例。我們再一次算出 500 次測試的誤差平均值，然後畫出結果如圖 9.4 裡較高的曲線。雖然第二型誤差比第一型誤差稍微大，但兩者都符合平方根冪定律 (9.9)。 ◆

第二型蒙地卡羅問題真的要求隨機樣本嗎？與其用隨機數，為什麼不用長方形裡的網格樣本，來求解像範例 9.2 的問題？當然，這個做法我們會失去可以在任意數 n 個樣本後停止的能力，除非有某個像隨機的方式來安排網格點的順序，以避免估計時有太大的偏差。在此有個折衷的辦法可以維持網格點的優點，但安排這些點讓它們看起來是隨機的，而這也就是下一節的內容。

❖ 9.2.2　準隨機數

準隨機數的概念是，當隨機數不是待求解問題所真正必要時，便犧牲隨機數的獨立性。犧牲獨立性的意思是準隨機數不僅不隨機，也不像擬隨機數，它們甚至不假裝自己是隨機的；這樣的犧牲是為了更快速地收斂到正確值。準隨機數

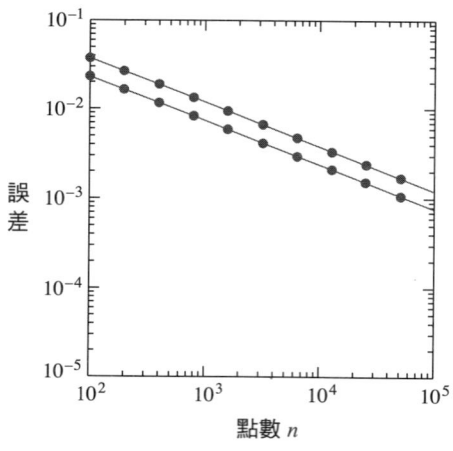

圖 9.4　蒙地卡羅估計的平均誤差。範例 9.4 的估計誤差，使用擬隨機數的蒙地卡羅問題第一型 (較低的曲線) 和第二型 (較高的曲線)，二者的冪定律關係指數均為 $-1/2$。

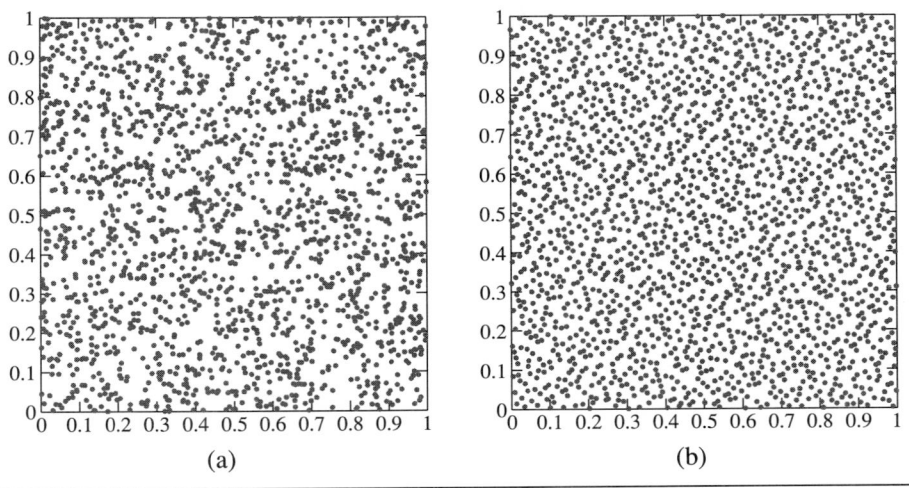

圖 9.5 擬隨機數和準隨機數的比較。(a) 以 MATLAB rand 指令所產生的 2000 對擬隨機數。(b) 以 Halton 低差異序列所產生的 2000 對準隨機數，x 座標以 2 為基底，y 座標以 3 為基底。

列設計成自避 (self-avoiding) 而不是獨立。也就是說，數列嘗試要有效率地填滿由前面數所留下的空隙，以避免群集在一起；它與擬隨機數的比較在圖 9.5 中說明。

有許多方法可以產生準隨機數，在此特別介紹最廣為流傳的方法，是在 1935 年由 Van der Corput 所建議，稱為**基底 p 低差異序列** (base-p low-discrepancy sequence)，我們是參考 Halton [5] 來介紹。令 p 為質數，例如 $p=2$，寫下以 p 為基底的前 n 個整數；假設第 i 個整數為 $b_k b_{k-1} \cdots b_2 b_1$，那第 i 個隨機數便為 $0.b_1 b_2 \cdots b_{k-1} b_k$，同樣還是以 p 為基底。換句話說，以 p 為基底的第 i 個整數，將位元反轉並放到小數點的另一邊便可得 [0, 1] 中第 i 個均勻隨機數。若 $p=2$，可得前八個隨機數如下表：

i	$(i)_2$	$(u_i)_2$	u_i
1	1	.1	0.5
2	10	.01	0.25
3	11	.11	0.75
4	100	.001	0.125
5	101	.101	0.625
6	110	.011	0.375
7	111	.111	0.875
8	1000	.0001	0.0625

若 $p=3$ 可得 Halton 基底 3 序列：

i	$(i)_3$	$(u_i)_3$	u_i
1	1	.1	$0.\overline{3}$
2	2	.2	$0.\overline{6}$
3	10	.01	$0.\overline{1}$
4	11	.11	$0.\overline{4}$
5	12	.21	$0.\overline{7}$
6	20	.02	$0.\overline{2}$
7	21	.12	$0.\overline{5}$
8	22	.22	$0.\overline{8}$

Halton 序列 (Halton sequence) 的 MATLAB 程式碼如下。它簡單且直接完成了原始低差異性的概念，也可用位元編碼以達到更好的效率。

```
% 程式 9.1 準隨機數差生器
% 以 P 為基底的 Halton 序列
% 輸入：質數 P, 隨機數需要個數 n
% 輸出：在[ 0,1] 間的準隨機數 u 陣列
% 使用範例：hallton(2,100)
function u=halton(p,n)
b=zeros(ceil(log(n)/log(p)),1);      % 最大的位元長度
for j=1:n
  i=1;
  b(1)=b(1)+1;                       % 整數加 1
  while b(i)>p-1+eps                 % 此迴圈以基底 p 完成
    b(i)=0;
    i=i+1;
    b(i)=b(i)+1;
  end
  u(j)=0;
  for k=1:length(b(:))               % 將位元轉向
    u(j)=u(j)+b(k)*p^(-k);
  end
end
end
```

對任意質數，Halton 序列都會提供一組準隨機數。我們也可以在每個座標使用不同的質數，來產生一個 d 維向量序列。要記得準隨機數不是獨立的，它們有用之處在於自避的性質。對蒙地卡羅問題來說，這會比擬隨機數更有效率，也是我們接下來要討論的。

隨機數及其應用

使用準隨機數的理由是因為它們使蒙地卡羅估計能較快收斂。也就是說，依函數求值個數 n 而言，誤差以比擬隨機數較大之 n 的負冪次方速率減少。下面的誤差公式應與對應的擬隨機數公式 (9.9) 相比較 (令 d 表示所需產生隨機數的維度)。

第一型蒙地卡羅的準隨機數

$$誤差 \propto (\ln n)^d n^{-1} \tag{9.10}$$

第二型蒙地卡羅的準隨機數

$$誤差 \propto n^{-\frac{1}{2}-\frac{1}{2d}} \tag{9.11}$$

在不連續處所發生的事情會主導誤差。我們用描述第二型範例中發生的狀況來代替證明，其函數是一個 d 維空間子集合的特徵函數，有 $(d-1)$ 維的邊界。在這個例子中，沿著集合邊界的不連續點個數和 $(n^{1/d})^{d-1}$ 成正比，這是根據邊界是 $(d-1)$ 維的緣故，而沿著每個 d 維的邊有 $n^{1/d}$ 階的網格點。這些網格點的值「隨機」選取為 0 或 1，要看它們在邊界的哪一邊來決定。因為在所有其他點的誤差要小得多，所以平均來說函數的變異數為

$$\frac{n^{\frac{d-1}{d}}}{n} = n^{-\frac{1}{d}},$$

且標準差為其平方根 $n^{-\frac{1}{2d}}$。若用在擬隨機蒙地卡羅問題中相同討論，當我們平均取 n 個點時，標準差將小了 $\sqrt{n}$ 倍，使得準蒙地卡羅法的標準差成為

$$\frac{n^{-1/2d}}{n^{1/2}} = n^{-\frac{1}{2}-\frac{1}{2d}}.$$

範例 9.5

以準隨機數蒙地卡羅法，估計區間 [0, 1] 間 $y=x^2$ 曲線下的區域面積。

這是第一型蒙地卡羅問題，其中 x 座標可在 [0, 1] 產生，來找出 $f(x)=x^2$ 的平均值，作為面積的近似值。我們用質數 $p=2$ 為基底的 Halton 序列來產生

10^5 個準隨機數,與用擬隨機數的結果來做比較,所得如圖 9.6。正如我們的預期,準隨機數明顯比較好。

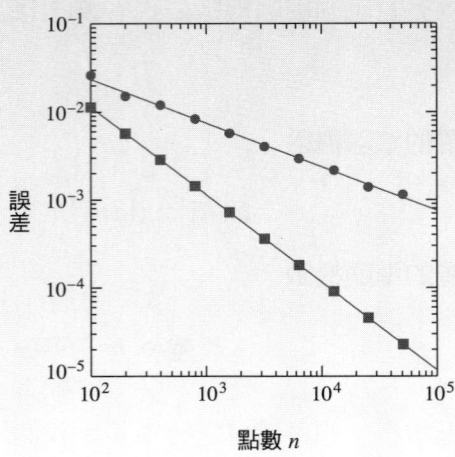

圖 9.6 第一型蒙地卡羅問題的平均誤差。範例 9.1 的積分估計;圓點表示用擬隨機數,方格為準隨機數。注意擬隨機數和準隨機數的冪定律指數分別是 $-1/2$ 和 -1。

◆

範例 9.6

以準隨機蒙地卡羅法來估計範例 9.2 的區域面積。

對不同的 n 來說,在單位正方形的準隨機樣本是由 Halton 序列產生。對多維度的應用來說,在每個座標用不同質數 p 的 Halton 序列是相當方便的。這個區域是一個二維空間的子集合,有著一維的邊界,因此 $d=2$;符合範例 9.2 所定義條件的比例已經決定,而誤差也可計算。此誤差為 50 次測試的平均值,繪於圖 9.7(a) 中。在二維裡的第二型蒙地卡羅問題的冪定律指數為 $-1/2-1/(2d)=-1/2-1/4=-3/4$,它是較低曲線的近似斜率。以平方根冪定律的準隨機數所做的相同計算,其結果亦同時顯示於圖中以方便比較。

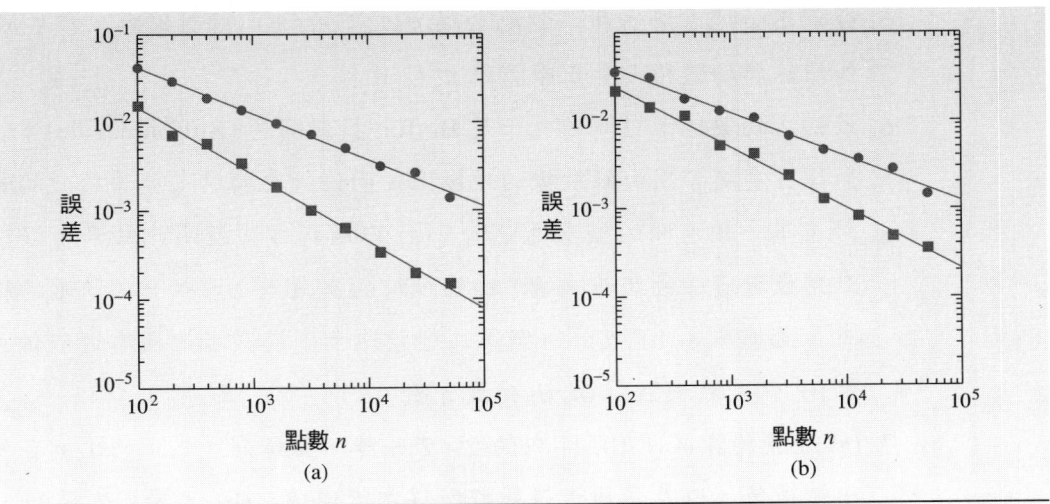

圖 9.7 第二型蒙地卡羅估計的平均誤差。圓點表示用擬隨機數，方格為準隨機數。(a) 估計範例 9.2 的面積，以維度 $d=2$ 的第二型蒙地卡羅問題，其冪定律指數對準隨機和擬隨機數分別為 $-1/2$ 和 $-3/4$。(b) 推估直徑為 1 的三維球體體積，以維度 $d=3$ 的第二型蒙地卡羅問題，誤差大小符合冪定律指數 $-1/2$ 和 $-2/3$。

範例 9.7

以準隨機蒙地卡羅估計 R^3 中半徑為 1 的 3D 球體體積。

類似範例 9.6 的解法，因為是三維空間的第二型問題，冪定律指數為 $-1/2-1/6=-2/3$，近似於圖 9.7(b) 較低曲線的斜率。

9.2 電腦演算題

1. 以 Halton 序列產生的 $n=10^k$ 個準隨機數來重做 9.1 節電腦演算題 3 的蒙地卡羅近似解，其中 $k=2, 3, 4, 5$。對 (c) 部分，分別用 halton(2,n) 和 halton(3,n) 產生 x、y 座標。
2. 以準隨機數重做 9.1 節電腦演算題 4。
3. 以 $n=10^4$ 和 $n=10^5$ 個準隨機點重做 9.1 節電腦演算題 5。
4. 以 $n=10^4$ 和 $n=10^5$ 個準隨機點重做 9.1 節電腦演算題 6。

5. 分別用蒙地卡羅法和準蒙地卡羅法，以 $n=10^5$ 個隨機點，求半徑為 1 的四維球體的體積。和正確體積 $\pi^2/2$ 比較。

6. 最知名的蒙地卡羅問題之一是 Buffon 投針問題 (Buffon needle)，如果一根針掉在畫滿了黑白條紋線的地板上，兩條紋之間的寬度等於針的長度，則針在單一顏色間的機率為 $2/\pi$。(a) 以解析方式證明此結果，假設針的中點到最近邊緣的距離為 d，和條紋線的夾角為 θ，以一個簡單的積分式來表示此機率。(b) 設計一個第二型蒙地卡羅模擬求此機率近似值，並以 $n=10^6$ 個擬隨機數對 (d, θ) 完成實驗。

7. (a) 元素均在區間 [0, 1] 內的 2×2 矩陣，其行列式為正的比例有多少？求出精確值，以及蒙地卡羅模擬所得之近似值。(b) 元素均在區間 [0, 1] 內的 2×2 對稱矩陣，其行列式為正的比例有多少？求出精確值，以及蒙地卡羅模擬所得之近似值。

8. 對元素均在 [-1, 1] 間的 2×2 矩陣，以蒙地卡羅模擬來求其特徵值均為實數的比例有多少？

9. 對元素均在 [0, 1] 間的 4×4 矩陣，在部分換軸法下不需執行列交換的比例有多少？使用蒙地卡羅模擬以及 MATLAB 的 lu 指令來估計此機率。

9.3 離散和連續布朗運動

雖然本書前面的章節大部分專注於討論決定型模型之重要的數學原理，這些模型只是現代技術的一部分。隨機數最重要的應用之一，是要讓隨機建模成為可能。

我們將以一個最簡單的隨機模型作為開始，隨機漫步也稱為**離散布朗運動** (discrete Brownian motion)。在這個離散模型背後的基本原理，跟以**連續布朗運動** (continuous Brownian motion) 為基礎的較複雜模型原理是相同的。

❖ 9.3.1 隨機漫步

在實數線上定義**隨機漫步** (random walk) W_t，以 $W_0=0$ 開始，然後在每個

整數時間 i 移動一步的長度 s_i，其中 s_i 為獨立且相同分布的隨機變數。我們將假設每個 s_i 為 $+1$ 或 -1 的機率都是 $1/2$。離散布朗運動定義為累積一連串步數的隨機漫步

$$W_t = W_0 + s_1 + s_2 + \cdots + s_t,$$

對 $t = 0, 1, 2, \ldots$。圖 9.8 顯示了離散布朗運動的一次**實現** (realization) 結果。

進行 10 步隨機漫步的 MATLAB 程式碼如下：

```
t=10;
w=0;
for i=1:t
  if rand>1/2
    w=w+1;
  else
    w=w-1;
  end
end
```

因為隨機漫步是或然性的結果，我們將需要使用一些基本的機率概念。對每一個 t 來說，W_t 值是一個隨機變數，而**隨機過程** (stochastic process) 的定義是將一組隨機變數 $\{W_0, W_1, W_2, \ldots\}$ 串在一起。

隨機漫步 W_t 值是一個隨機變數，而隨機過程的單步 s_i 期望值為 $(0.5)(1) +$

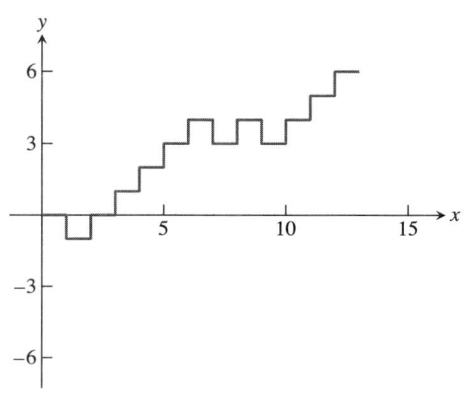

圖 9.8 隨機漫步的一次實現。路徑在 12 步後到達垂直區間 $[-3, 6]$ 的邊界。平均來說，隨機漫步由頂點脫逃的機率為 $1/3$。

$(0.5) \times (-1) = 0$，s_i 變異數為 $E[(s_i - 0)^2] = (0.5)(1)^2 + (0.5)(-1)^2 = 1$。隨機漫步經過 t 步後期望值變成 $E(W_t) = E(s_1 + \cdots + s_t) = E(s_1) + \cdots + E(s_t) = 0$，且變異數變為 $V(W_t) = V(s_1 + \cdots + s_t) = V(s_1) + \cdots + V(s_t) = t$，因為變異數對獨立隨機變數是可加的 (additive)。

平均值和變異數是歸納關於機率分布資訊的統計量。W_t 的平均值是 0，而變異數是 t，說明了如果我們計算隨機變數 W_t 的 n 個不同結果，則：

$$樣本平均值 = E_{樣本}(W_t) = \frac{W_t^1 + \cdots + W_t^n}{n}$$

以及

$$樣本變異數 = V_{樣本}(W_t) = \frac{(W_t^1 - E_s)^2 + \cdots + (W_t^n - E_s)^2}{n - 1}$$

應分別近似於 0 和 t。樣本標準差定義為樣本變異數的平方根，同時也被稱為平均值的**標準誤差** (standard error)。

許多有趣的隨機漫步應用是基於**逃逸時間** (escape time)，又稱為**首度通過時間** (first passage time)。令 a、b 為正整數，若隨機漫步開始於 0，考慮它第一次到達區間 $[-b, a]$ 邊界的時間，這稱為隨機漫步的逃逸時間問題。在 [20] 裡說明逃逸發生在 a (不是 $-b$) 的機率等於 $b/(a+b)$。

範例 9.8

用蒙地卡羅模擬，求隨機漫步從區間 $[-3, 6]$ 的邊界頂端 6 逃逸之機率近似值。

這應該有 1/3 的機會發生。這是一個第二型蒙地卡羅問題，我們將計算樣本平均值，以及經由 $a=6$ 逃逸的機率誤差。我們執行 n 次隨機漫步一直到逃逸為止，然後記錄在 -3 之前到達 6 的比例；對不同的 n 值，得到結果如下表格：

隨機數及其應用

n	頂端逃逸次數	機率	誤差
100	35	0.3500	0.0167
200	72	0.3600	0.0267
400	135	0.3375	0.0042
800	258	0.3225	0.0108
1600	534	0.3306	0.0027
3200	1096	0.3425	0.0092
6400	2213	0.3458	0.0124

誤差是估計值和正確機率 1/3 相減的絕對值。隨著更多次的隨機漫步，誤差也會減少，但卻不規則，如表格所列。圖 9.9 說明了 50 次測試的平均誤差。以這個平均算法而言，蒙地卡羅模擬之特徵顯示誤差呈現平方根冪定律減少。◆

參考 [20] 可知 $[-b, a]$ 逃逸時間的期望長度為 ab，我們可以用相同的模擬方法來探討蒙地卡羅法對此問題的效率。

範例 9.9

用蒙地卡羅模擬來估計隨機漫步逃逸出區間 $[-3, 6]$ 的逃逸時間。

逃逸時間的期望值為 $ab = 18$，下表列出一個樣本計算結果：

n	平均逃逸時間	誤差
100	18.84	0.84
200	17.47	0.53
400	19.64	1.64
800	18.53	0.53
1600	18.27	0.27
3200	18.16	0.16
6400	18.05	0.05

再一次，誤差以一個不規則的速率逐漸減少，要檢視此誤差的平方根冪定律，我們必須對每一個 n 計算數個測試的平均，如圖 9.9 所示為 50 次測試的結果。

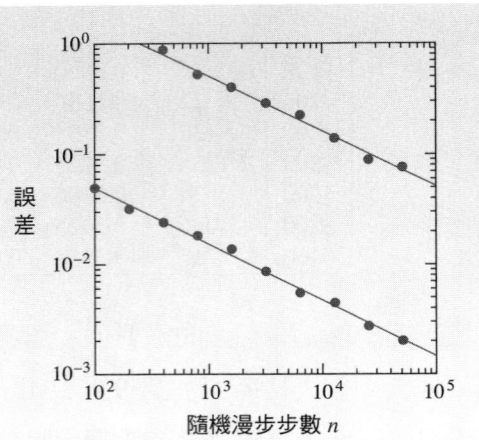

圖 9.9 蒙地卡羅估計在逃逸問題的誤差。較低的曲線為從 6 逸出 [−3, 6] 之機率估計誤差與隨機漫步步數比較，機率的期望值為 1/3，較高的曲線則是相同問題之逃逸時間的估計誤差。逃逸時間的期望值為 18 步數，誤差為取 50 次測試的平均值。

❖ 9.3.2 連續布朗運動

在前一節裡，我們發現標準隨機漫步在時間 t 步時的期望值為 0 和變異數為 t。想像在每個單位時間的步數變為兩倍，如果一步需要 1/2 時間單位，那麼在時間 t 的隨機漫步期望值仍然是 0，但由於步數成為 $2t$ 步，變異數變為：

$$V(W_t) = V(s_1 + \cdots + s_{2t}) = V(s_1) + \cdots + (s_{2t}) = 2t.$$

為了要在如微分方程的連續模型裡表示**雜訊** (noise)，便需要連續版本的隨機漫步。將每個單位時間的步數變為兩倍，是個好的開始，但當我們增加步數時，如果想維持固定的變異數，就需要降低每步的垂直大小。如果我們增加步數為 k 倍，就需要將步階高度改為 $1/\sqrt{k}$ 倍，以維持變異數相同。這是因為隨機變數乘上一常數後，其變異數會變為該常數平方倍。

因此，W_t^k 定義走水平長度 $1/k$ 的一步 S_t^k，且步高為相等機率的 $\pm 1/\sqrt{k}$ 之隨機漫步。於是在時間 t 的期望值仍相同

$$E(W_t^k) = \sum_{i=1}^{kt} E(s_i^k) = \sum_{i=1}^{kt} 0 = 0,$$

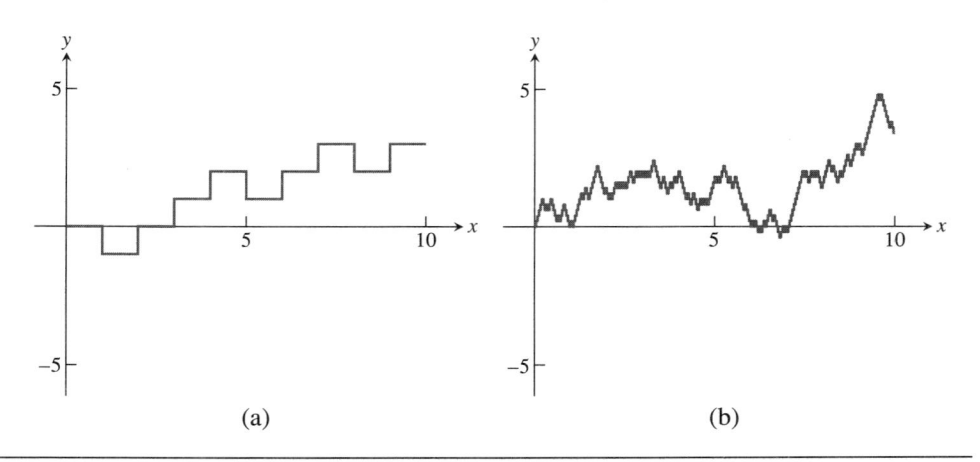

圖 9.10 離散布朗運動。(a) 10 步的隨機漫步 W_t。(b) 隨機漫步 W_t^{25} 用 (a) 的 25 倍步數，但是步高 $1/\sqrt{25}$。(a) 和 (b) 平均值和高度的變異數在時間 $t=10$ 時相同（分別為 0 和 10）。

且其變異數為

$$V(W_t^k) = \sum_{i=1}^{kt} V(s_i^k) = \sum_{i=1}^{kt} \left[\left(\frac{1}{\sqrt{k}}\right)^2 (.5) + \left(-\frac{1}{\sqrt{k}}\right)^2 (.5) \right] = kt \frac{1}{k} = t. \quad (9.12)$$

當 k 增加，如果我們以此方式減少隨機漫步的步長和步高，那麼變異數和標準差就會維持不變，這和每單位時間的步數 k 獨立。圖 9.10(b) 說明了 W_t^k 的一次實現，其中 $k=25$，因此 250 步需要十個時間單位。在 $t=10$ 的平均值和變異數與圖 9.10(a) 裡相同。

將這推廣到 $k \to \infty$ 所得極限值 W_t^∞，稱為**連續布朗運動**。現在時間 t 為實數，且對任意 $t \geq 0$，$B_t \equiv W_t^\infty$ 為隨機變數。連續布朗運動 B_t 有三個重要性質：

性質 1：對任意 t，B_t 為常態分布，且平均值為 0 及變異數為 t。

性質 2：對任意 $t_1 < t_2$，常態隨機變數 $B_{t_2} - B_{t_1}$ 獨立於隨機變數 B_{t_1}，事實上和所有 B_s，$0 \leq s \leq t_1$，皆為獨立。

性質 3：布朗運動 B_t 可以表示成連續路徑。

常態分布的現象是**中央極限定理** (Central Limit Theorem) 的結果，這是機率的

重要結果。

布朗運動的電腦模擬建立於這三個性質上。在 t 軸建立網格點

$$0 = t_0 \leq t_1 \leq \cdots \leq t_n,$$

且以 $B_0 = 0$ 為起點。性質 2 表示增加量 $B_{t_1} - B_{t_0}$ 為常態隨機變數，其平均值和變異數為 0 和 t_1。於是隨機變數 B_{t_1} 的一次實現可以從常態分布 $N(0, t_1) = \sqrt{t_1 - t_0} N(0, 1)$ 選用；換句話說，將標準常態隨機數乘以 $\sqrt{t_1 - t_0}$。為求得 B_{t_2}，可用類似的步驟；$B_{t_2} - B_{t_1}$ 分布為 $N(0, t_2 - t_1) = \sqrt{t_2 - t_1} N(0, 1)$，所以我們選標準常態隨機數，乘上 $\sqrt{t_2 - t_1}$，並加上 B_{t_1} 以得到 B_{t_2}。通常，布朗運動的增加量為時間步階的平方根乘上標準常態隨機數。

在 MATLAB 中，我們可以用內建的常態隨機數產生器 randn 來寫一個程式近似布朗運動。這裡我們用同圖 9.10(b) 的步長 $\Delta t = 1/25$。

```
k=250;
sqdelt=sqrt(1/25);
b=0;
for i=1:k
  b=b+qdelt*randn;
end
```

連續布朗運動的逃逸時間統計和隨機漫步的逃逸時間是相同的。令 a、b 為正數 (不必為整數)，然後考慮連續布朗運動開始於 0 而首次到達區間 $[-b, a]$ 邊界的時間，這稱為布朗運動對該區間的逃逸時間。我們可以證明從 a (而不是 $-b$) 逃逸的機率恰為 $b/(a+b)$；此外，逃逸時間的期望值為 ab。電腦演算題 5 要求讀者以蒙地卡羅模擬說明這些事實。

9.3 電腦演算題

1. 設計一個蒙地卡羅模擬用以估計隨機漫步到達指定區間 $[-a, b]$ 頂端 a 的機率。用 $n = 10000$ 個隨機漫步，和正確解比較以求得誤差。(a) $[-2, 5]$ (b) $[-5, 3]$ (c) $[-8, 3]$

2. 計算電腦演算題 1 中隨機漫步的逃逸時間平均值。以 $n = 10000$ 個隨機漫步來完成。和正確解比較以求得誤差。

3. 在有偏隨機漫步 (biased random walk) 中，向上走 1 單位的機率為 $0 < p < 1$，向下走 1 單位的機率為 $q = 1 - p$。設計一個蒙地卡羅模擬以 $n = 10000$ 來求有偏隨機漫步 $p = 0.7$ 到達電腦演算題 1 之區間頂端的機率。和正確解 $[(q/p)^b - 1]/[(q/p)^{a+b} - 1]$ 比較以求得誤差，其中 $q \neq p$。

4. 完成電腦演算題 3 的逃逸時間，有偏隨機漫步平均逃逸時間在 $p \neq q$ 時為 $[b - (a+b)(1-(q/p)^b)/(1-(q/p)^{a+b})]/[q-p]$。

5. 設計一個蒙地卡羅模擬用以估計布朗運動從指定區間 $[-b, a]$ 的頂端逃逸的機率。以 $n = 1000$ 且布朗運動路徑的步長為 $\Delta t = 0.01$。和正確解 $b/(a+b)$ 比較以求得誤差。(a) $[-2, 5]$ (b) $[-2, \pi]$ (c) $[-8/3, 3]$

6. 對電腦演算題 5 的區間，計算布朗運動的逃逸時間。以 $n = 1000$ 且布朗運動路徑的步長為 $\Delta t = 0.01$ 來完成之。和正確解比較以求得誤差。

7. 布朗運動的反正弦定律 (Arcsine Law) 提到，對 $0 \leq t_1 \leq t_2$，路徑在時間區間 $[t_1, t_2]$ 內不經過零點的機率為 $(2/\pi)\arcsin\sqrt{t_1/t_2}$。執行此機率的蒙地卡羅模擬，利用 $\Delta t = 0.01$ 的 10,000 個路徑，並和正確機率做比較，時間區間為：(a) $3 < t < 5$ (b) $2 < t < 10$ (c) $8 < t < 10$。

9.4 隨機微分方程

常微分方程 (ODE) 為決定性模型，給定一個常微分方程和合適的初始條件，只有唯一解，也就是已經完全確定瞭解的未來發展。模型建立者並不一定有這樣全知的觀點；對許多系統來說，雖然有些部分可能容易建模，其他部分可能看起來是隨機移動且獨立於目前系統狀態。在這樣的情況下，與其捨棄模型概念，不如加上**雜訊** (noise) 項到微分方程來代表隨機效果。而這樣的結果稱為隨機微分方程 (SDE)。

在本節中，我們討論一些基礎的隨機微分方程，並說明如何用數值方法求其近似解；此解類似於布朗運動的連續隨機過程。我們將從一些必要的定義開始，並簡介 Ito 計算，至於完整的詳細說明，讀者可參閱 [9, 17, 20]。

❖ 9.4.1 微分方程加雜訊

常微分方程的解為函數；另一方面來說，隨機微分方程的解為隨機過程。

定義 9.2 以實數 $t \geq 0$ 來標號的一組隨機變數 x_t，被稱為**連續時間隨機過程** (continuous-time stochastic process)。

隨機過程的每個情況或稱**實現** (realization)，是一個隨機變數 x_t 對每個 t 的選擇，因此是一個 t 的函數。

布朗運動 B_t 是一個隨機過程，任何 (決定性的) 函數 $f(t)$ 也能夠當做是一個隨機過程，其變異數為 $V(f(t))=0$。對常數 r 和 σ，隨機微分方程初始值問題

$$\begin{cases} dy = r\,dt + \sigma\,dB_t \\ y(0) = 0 \end{cases} \quad (9.13)$$

的解是隨機過程 $y(t)=rt+\sigma B_t$，雖然我們還需要定義一些項目。

隨機微分方程 (9.13) 為微分形式，跟常微分方程的導數形式不同。這是因為許多有趣的隨機過程為連續，但不可微 (例如布朗運動)。因此，根據定義，隨機微分方程的意義為

$$dy = f(t,y)\,dt + g(t,y)\,dB_t,$$

相當於積分方程

$$y(t) = y(0) + \int_0^t f(s,y)\,ds + \int_0^t g(s,y)\,dB_s,$$

其中我們仍須定義最後一項積分式的意義，稱為 **Ito 積分** (Ito integral；伊籐積分)。

令 $a=t_0 < t_1 < \cdots < t_{n-1} < t_n = b$ 為區間 $[a,b]$ 的網格點，**黎曼積分** (Riemann integral) 定義為極限值

$$\int_a^b f(t)\,dt = \lim_{\Delta t \to 0} \sum_{i=1}^n f(t_i')\Delta t_i,$$

其中 $\Delta t_i = t_i - t_{i-1}$ 且 $t_{i-1} \le t_i' \le t_i$。與之類似，Ito 積分等於極限值

$$\int_a^b f(t)\, dB_t = \lim_{\Delta t \to 0} \sum_{i=1}^{n} f(t_{i-1}) \Delta B_i,$$

其中 $\Delta B_i = B_{t_i} - B_{t_{i-1}}$，是布朗運動所通過區間的一步。黎曼積分式的 t_i' 可能來自區間 (t_{i-1}, t_i) 中任何一點，但 Ito 積分所對應的點則必須是該區間的左端點。

因為 f 和 B_t 為隨機變數，所以 Ito 積分 $I = \int_a^b f(t)\, dB_t$ 也會是隨機變數。為了標記上的方便，以 dI 代表**微分** (differential)，因此，

$$I = \int_a^b f\, dB_t$$

依定義等價於

$$dI = f\, dB_t \text{。}$$

布朗運動 B_t 的微分 dB_t 稱為**白雜訊** (white noise)。

範例 9.10

求解隨機微分方程式 $dy(t) = r\, dt + \sigma\, dB_t$，初始條件為 $y(0) = y_0$。

我們假設 r 和 σ 為實數常數，決定性常微分方程

$$y'(t) = r \tag{9.14}$$

有解 $y(t) = y_0 + rt$，為時間 t 的直線函數。如果 r 為正數，則解以固定斜率向上移動；如果 r 為負數，則解向下移動。

在右式加上白雜訊 $\sigma\, dB_t$（σ 為實數常數）到等號右側，便產生隨機微分方程

$$dy(t) = r\, d_t + \sigma\, dB_t \tag{9.15}$$

對兩側積分得到

$$y(t) - y(0) = \int_0^t dy = \int_0^t r\, ds + \int_0^t \sigma\, dB_s = rt + \sigma B_t$$

這證明解是隨機過程

$$y(t) = y_0 + rt + \sigma B_t, \tag{9.16}$$

是布朗運動的擴散和漂移 (rt 項) 的結合。

圖 9.11 顯示隨機微分方程 (9.15) 的兩個解沿著常微分方程 (9.14) 的唯一解旁邊。嚴格地說，後者也是 (9.15) 的解，代表了所有雜訊輸入 $z_i = 0$ 的實現。這是一個可能的隨機過程解的特別實現，但其實很難有機會發生。

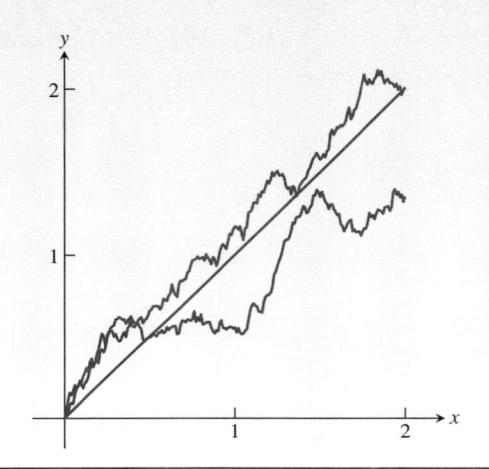

圖 9.11 範例 10 的解。顯示了常微分方程 $y'(t) = r$ 的解 $y(t) = rt$，以及 (9.15) 式之兩個解過程 $y(t) = rt + \sigma B(t)$ 的不同實現。參數為 $r = 1$ 和 $\sigma = 0.3$。

◆

以解析方式求解隨機微分方程，我們需要介紹隨機微分基本運算規則，稱為 Ito 公式。

Ito 公式

若 $y = f(t, x)$，則

$$dy = \frac{\partial f}{\partial t}(t, x)\, dt + \frac{\partial f}{\partial x}(t, x)\, dx + \frac{1}{2}\frac{\partial^2 f}{\partial x^2}(t, x)\, dx\, dx, \tag{9.17}$$

其中 $dx\, dx$ 項可用性質 $dt\, dt = 0$，$dt\, dB_t = dB_t\, dt = 0$ 和 $dB_t\, dB_t = d_t$ 來解釋。

Ito 公式是常見的微積分**連鎖律** (chain rule) 之隨機類似物，雖然為了讓我們容易瞭解才以微分方式來表達，但它的意思其實是方程式兩側的 Ito 積分不多不少地相等。要證明此式，參考提供 Ito 積分定義的方程式 [17]。

範例 9.11

證明 $y(t)=B_t^2$ 為隨機微分方程 $dy=dt+2B_t dB_t$ 的解。

為了使用 Ito 公式，令 $y=f(t, x)$，其中 $x=B_t$ 且 $f(t, x)=x^2$；根據 (9.17) 式，

$$dy = f_t\, dt + f_x\, dx + \frac{1}{2} f_{xx}\, dx\, dx$$
$$= 0\, dt + 2x\, dx + \frac{1}{2} 2 dx\, dx$$
$$= 2B_t\, dB_t + dB_t\, dB_t$$
$$= 2B_t\, dB_t + dt.$$

◆

範例 9.12

證明**幾何布朗運動** (geometric Brownian motion)

$$y(t) = y_0 e^{(r-\frac{1}{2}\sigma^2)t+\sigma B_t} \tag{9.18}$$

滿足隨機微分方程

$$dy = ry\, dt + \sigma y\, dB_t. \tag{9.19}$$

令 $y=f(t, x)=y_0 e^x$，其中 $x = (r - \frac{1}{2}\sigma^2)t + \sigma B_t$。依據 Ito 公式，

$$dy = y_0 e^x\, dx + \frac{1}{2} y_0 e^x\, dx\, dx,$$

其中 $dx=(r-1/2\sigma^2)dt+\sigma dB_t$。用 Ito 公式的微分特性，我們得到

$$dx\, dx = \sigma^2 dt.$$

因此，

$$\begin{aligned}dy &= y_0 e^x \left(r - \frac{1}{2}\sigma^2\right) dt + y_0 e^x \sigma \, dB_t + \frac{1}{2} y_0 \sigma^2 e^x \, dt \\ &= y_0 e^x r \, dt + y_0 e^x \sigma \, dB_t \\ &= ry \, dt + \sigma y \, dB_t.\end{aligned}$$

◆

圖 9.12 顯示**漂移係數** (drift coefficient) r 和**擴散係數** (diffusion coefficient) σ 的幾何布朗運動的實現。這個模型被廣泛應用在財務模型，尤其，幾何布朗運動是 Black-Scholes 方程式的基礎模型，用於衍生性金融商品的定價策略。

範例 9.11 和 9.12 為例外，就像常微分方程的例子，很少隨機微分方程有**閉式解** (closed-form solution)。更常見的是，必須使用數值近似解的技巧。

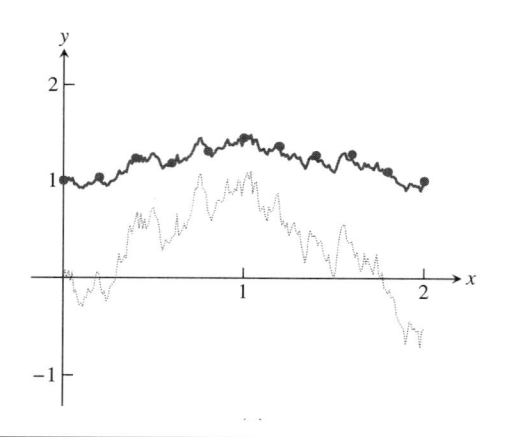

圖 9.12 指數布朗運動隨機微分方程 (9.19) 的解。解 (9.18) 式為沿著 Euler-Maruyama 近似解 (圖中圓點) 的實線曲線。點狀曲線則為對應實現的布朗運動路徑。參數設定為 $r=0.1$、$\sigma=0.3$、$\Delta t=0.2$。

❖ 9.4.2　隨機微分方程的數值方法

我們可以用類似第 6 章裡的尤拉法來求隨機微分方程近似解，Euler-Maruyama 法離散化時間軸，跟尤拉法作法相同。我們定義近似解路徑在網格點

$$a = t_0 < t_1 < t_2 < \cdots < t_n = b$$

並分別對此 t 點分配近似 y 值

$$w_0 < w_1 < w_2 < \cdots < w_n 。$$

可得一隨機微分方程初始值問題

$$\begin{cases} dy(t) = f(t, y)dt + g(t, y)dB_t \\ y(a) = y_a \end{cases}, \tag{9.20}$$

用近似的方法計算解：

Euler-Maruyama 法

$w_0 = y_0$

對 $i = 0, 1, 2, \ldots$

$$w_{i+1} = w_i + f(t_i, w_i)(\Delta t_i) + g(t_i, w_i)(\Delta B_i) \tag{9.21}$$

終止

⋮

其中

$\Delta t_i = t_{i+1} - t_i$

$\Delta B_i = Bt_{i+1} - Bt_i$ \hfill (9.22)

重要的是如何去模擬布朗運動 ΔB_i。將 $N(0, 1)$ 定義為標準隨機變數，通常為平均值 0 和標準差 1 的常態分布。每一個隨機數 ΔB_i 是根據 9.3.2 節的敘述計算如

$$\Delta B_i = z_i \sqrt{\Delta t_i} \tag{9.23}$$

其中 z_i 由 $N(0, 1)$ 中選取，在 MATLAB 裡，z_i 可以 randn 指令產生。要注意偏離決定性常微分方程的情形。每一組 $\{w_0, \ldots, w_n\}$ 都是近似隨機過程 $y(t)$ 解的實現，而 $y(t)$ 取決於我們選擇的隨機數 z_i。因為 B_t 是一個隨機過程，所以每個實現不同，而我們的近似解也將如此。

作為第一個範例，我們說明如何將 Euler-Maruyama 法應用在指數型布朗

運動隨機微分方程 (9.19)，根據 (9.21) 式，Euler-Maruyama 法形如

$$w_0 = y_0$$
$$w_{i+1} = w_i + r\, w_i (\Delta t_i) + \sigma\, w_i (\Delta B_i), \qquad (9.24)$$

圖 9.12 顯示出一個從解 (9.18) 式所產生的正確實現和對應的 Euler-Maruyama 近似解。所謂的「對應」，是指近似解用和正確解相同布朗運動實現 (也顯示於圖 9.12)。注意正確解和近似點兩者相近，圖中每 0.2 時間單位以小圓點表示。

範例 9.13

以數值方法求解 Langevin 方程 (Langevin equation)

$$dy = -ry\, dt + \sigma\, dB_t, \qquad (9.25)$$

其中 r 和 σ 為正常數。

跟之前範例相反的是，想要以解析法簡單地求此方程式解是不可能的。Langevin 方程的解是一個隨機過程，稱為 Ornstein-Uhlenbeck 過程 (Ornstein-Uhlenbeck process)。圖 9.13 顯示了近似解的一個實現，這個解是用 Euler-Maruyama 近似法來產生，步驟如下

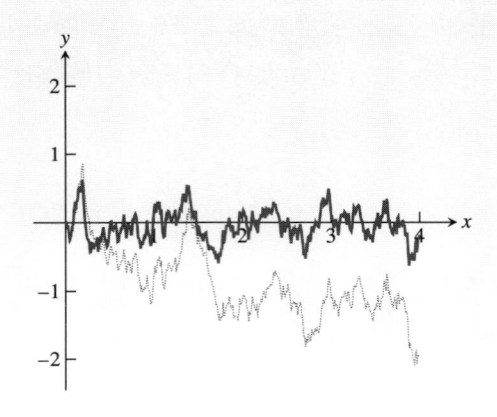

圖 9.13 Langevin方程 (9.25) 的解。在上面的路徑為 Euler-Maruyama 近似解，參數為 $r = 10$ 及 $\sigma = 1$。虛線路徑為對應的布朗運動實現。

$$w_0 = y_0$$
$$w_{i+1} = w_i - r\,w_i(\Delta t_i) + \sigma\,(\Delta B_i), \tag{9.26}$$

對 $i = 1, ..., n$。

這個隨機微分方程是用來模擬容易回復到某個特殊狀態的系統。在這個例子中即為狀態 $y = 0$，處在有雜訊的背景中。我們可以想像成車內有一個裝了乒乓球的碗，行駛在凹凸不平的路面，從碗中央到球的距離 $y(t)$ 可以用 Langevin 方程的模型。

接下來我們將討論隨機微分方程解法**階數** (order) 的概念，這概念跟常微分方程解法是一樣的，唯一的不同是隨機微分方程的解是隨機過程，而每一個運算軌道只是該過程的一個實現。每一個布朗運動的實現將迫使解 $y(t)$ 有不同的實現。如果我們在 t 軸選定一點 $T > 0$，每個開始於 $t = 0$ 的解路徑提供了一個在 T 點的隨機值，也就是說，$y(T)$ 是一個隨機變數。而且，每個計算所得解路徑 $w(t)$ (比如以 Euler-Maruyama 法)，均提供了一個在 T 的隨機值，所以 $w(T)$ 也是一個隨機變數；而在時間 T 的函數值之間的差，$e(T) = y(T) - w(T)$，就因此成為隨機變數。階數的概念將誤差的期望值做量化，在某些程度上是類似常微分方程解法的。

定義 9.3 一個隨機微分方程解法階數為 m 如果其誤差為步長的 m 階；也就是說，對任意的時間 T，$E\{|y(T) - w(T)|\} = O((\Delta t)^m)$，當步長 $\Delta t \to 0$。

令人驚訝的是，在常微分方程問題中尤拉法為一階，而隨機微分方程的 Euler-Maruyama 法為 $m = 1/2$ 階。要建立一個隨機微分方程一階方法，則必須加入**隨機泰勒級數** (stochastic Taylor series) 裡的另一項。令

$$\begin{cases} dy(t) = f(t, y)\,dt + g(t, y)\,dB_t \\ y(0) = y_0 \end{cases}$$

為一隨機微分方程。

Milstein 法

$w_0 = y_0$
對 $i = 0, 1, 2, \ldots$
$$w_{i+1} = w_i + f(t_i, w_i)(\Delta t_i) + g(t_i, w_i)(\Delta B_i)$$
$$+ \frac{1}{2} g(t_i, w_i) \frac{\partial g}{\partial y}(t_i, w_i)((\Delta B_i)^2 - \Delta t_i) \tag{9.27}$$
終止

Milstein 法為一階，且當方程式的擴散部分 $g(y, t)$ 裡面沒有 y 項時，Milstein 法和 Euler-Maruyama 法是相同的；假如有 y 項，那麼當步長 h 越接近零，Milstein 法會比 Euler-Maruyama 法更快收斂到正確的隨機過程解。

範例 9.14

以 Milstein 法求解幾何布朗運動。

方程式為

$$dy = ry\, dt + \sigma y\, dB_t, \tag{9.28}$$

其解過程為

$$y = y_0 e^{(r - \frac{1}{2}\sigma^2)t + \sigma B_t}. \tag{9.29}$$

我們在前面已經討論過 Euler-Maruyama 法的近似解，使用固定步長 Δt，Milstein 法變成

$w_0 = y_0$
$$w_{i+1} = w_i + rw_i(\Delta t) + \sigma w_i(\Delta B_i) + \frac{1}{2}\sigma^2 w_i((\Delta B_i)^2 - \Delta t). \tag{9.30}$$

Euler-Maruyama 法和 Milstein 法均可透過縮小步長 Δt 來改善近似解，如下表所示：

隨機數及其應用

Δt	Euler-Maruyama	Milstein
2^{-1}	0.169369	0.063864
2^{-2}	0.136665	0.035890
2^{-3}	0.086185	0.017960
2^{-4}	0.060615	0.008360
2^{-5}	0.048823	0.004158
2^{-6}	0.035690	0.002058
2^{-7}	0.024277	0.000981
2^{-8}	0.016399	0.000471
2^{-9}	0.011897	0.000242
2^{-10}	0.007913	0.000122

這兩行都是超過 100 次實現的平均值，在 $T=8$ 時的誤差 $|w(T)-y(T)|$ 平均。注意 $w(t)$ 和 $y(t)$ 的實現用相同的布朗運動增加量 ΔB_i，由表格中可輕易看出 Euler-Maruyama 法為 1/2 階、而 Milstein 法為一階。Euler-Maruyama 法需要將步長減為 1/4 才能將誤差降為一半，但 Milstein 法只需減為 1/2 便可達到相同結果。圖 9.14 為表格數據的對數作圖。

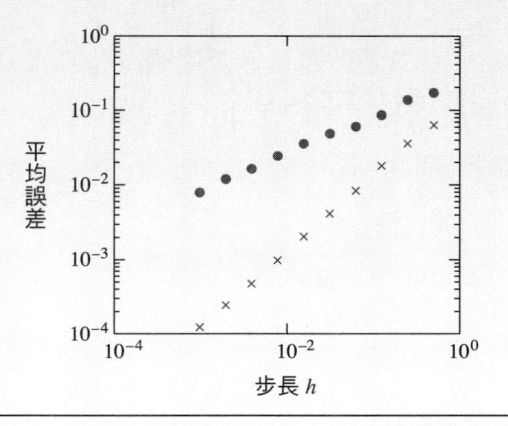

圖 9.14 Euler-Maruyama 法和 Milstein 法的誤差比較。解路徑為計算幾何布朗運動方程 (9.28) 在兩種方法所得的解和 (9.29) 式的正確解的比較。對不同步長 h 取二者的絕對誤差，Euler-Maruyama 法誤差為圓點，Milstein 法誤差則為叉號，在對數作圖中斜率分別為 1/2 和 1。

> ## 聚焦　收斂性
>
> 這裡所提出隨機微分方程解法的階數，Euler-Maruyama 法是 1/2、而 Milstein 法是 1，以常微分方程標準來說都太低。雖然隨機微分方程可以發展出較高階的方法，但當階數增加時就會變得複雜許多。至於在應用中是否需要較高階的方法，則要看所得近似解的用途為何。在常微分方程問題中，通常假設已知高準確性的初始條件和方程式，這樣才有辦法來計算盡可能有相同準確度的解，也需要一些不費力的較高階方法。但是在許多情況下，較高階數的隨機微分方程解法卻沒有明顯的優勢，而且如果它們增加了計算的消耗，這些解法也就可能不被採用。

範例 9.15

用 Euler-Maruyama 法和 Milstein 法求解隨機微分方程

$$dy = -2e^{-2y}\,dt + 2e^{-y}\,dB_t, \tag{9.31}$$

這個範例有一個有趣的警告性質值得討論。我們能夠找出一個顯式解，但它只出現在有限時間範圍。利用 Ito 公式 (9.17)，只要自然對數裡的數大於零，我們可以證明解為 $y(t) = \ln(2B_t + e^{y_0})$。當布朗運動實現第一次讓 $2B_t + e^{y_0}$ 成為負數，解便不再存在。

對此方程式的 Euler-Maruyama 法為

$$\begin{aligned} w_0 &= y_0 \\ w_{i+1} &= w_i - 2e^{-2w_i}(\Delta t_i) + 2e^{-w_i}(\Delta B_i), \end{aligned} \tag{9.32}$$

以及 Milstein 法為

$$\begin{aligned} w_0 &= y_0 \\ w_{i+1} &= w_i - 2e^{-2w_i}(\Delta t_i) + 2e^{-w_i}(\Delta B_i) - 2e^{-2w_i}((\Delta B_i)^2 - \Delta t_i). \end{aligned} \tag{9.33}$$

圖 9.15 顯示在區間 $0 \le t \le 3$ 的一個解。

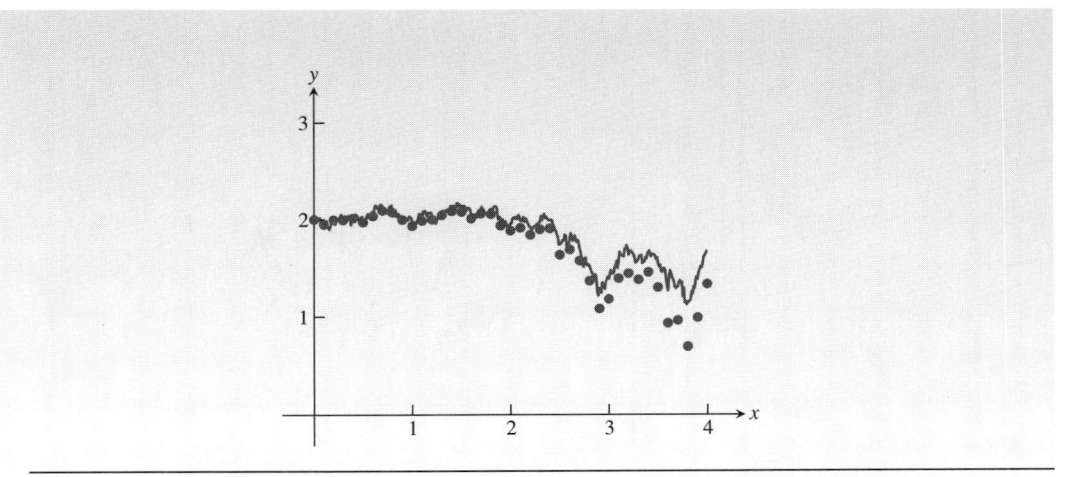

圖 9.15 方程式 (9.31) 的解。伴隨著 Milstein 近似解的圓點為正確解。

到目前為止,我們所看到的隨機過程變異數隨 t 增加;例如,布朗運動的變異數為 $V(B_t)=t$。我們以一個值得注意的範例來做為這一節的結束,這個範例的實現的結尾跟開始都是可以預測的。

範例 9.16

以數值方法求解**布朗橋** (Brownian bridge) 隨機微分方程

$$\begin{cases} dy = \dfrac{y_1 - y}{t_1 - t} \, dt + dB_t \\ y(t_0) = y_0 \end{cases}, \tag{9.34}$$

其中 y_1 和 $t_1 > t_0$ 為已知。

布朗橋 (9.34) 的解請見圖 9.16,因為當路徑產生時,目標斜率也隨之改變。解過程的所有實現都結束於指定的點 (t_1, y_1)。解路徑可以視為在 (t_0, y_0) 和 (t_1, y_1) 兩點間隨機產生的「橋」。

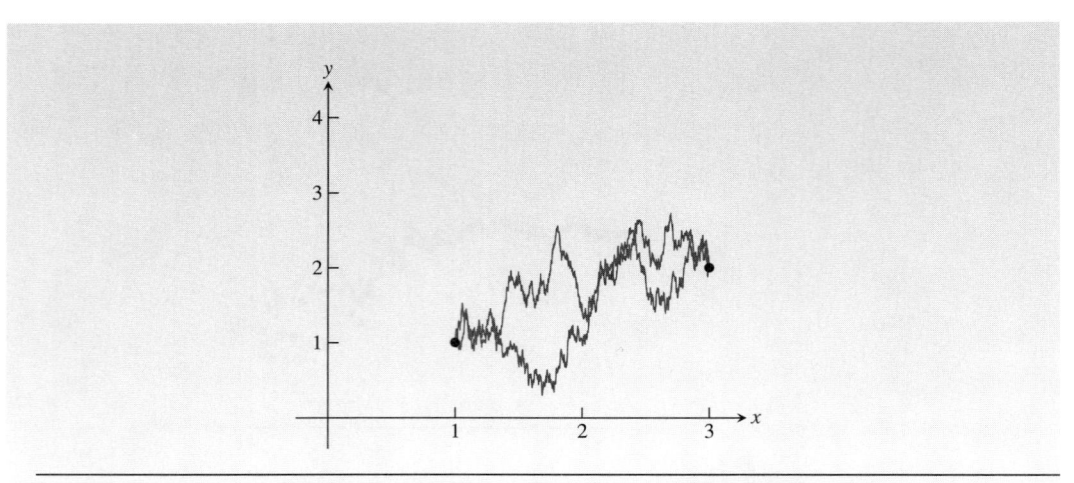

圖 9.16　布朗橋。(9.34) 式的解的兩個實現結果。端點為 $(t_0, y_0) = (1, 1)$ 和 $(t_1, y_1) = (3, 2)$。

9.4　習題

1. 用 Ito 公式證明隨機微分方程初始值問題

    (a) $\begin{cases} dy = B_t\, dt + t\, dB_t \\ y(0) = c \end{cases}$　　(b) $\begin{cases} dy = 2B_t\, dB_t \\ y(0) = c \end{cases}$

    的解為 (a) $y(t) = tB_t + c$，(b) $y(t) = B_t^2 - t + c$。

2. 用 Ito 公式證明隨機微分方程初始值問題

    (a) $\begin{cases} dy = (1 - B_t^2)e^{-2y}\, dt + 2B_t e^{-y}\, dB_t \\ y(0) = 0 \end{cases}$　　(b) $\begin{cases} dy = B_t\, dt + \sqrt[3]{9y^2}\, dB_t \\ y(0) = 0 \end{cases}$

    的解為 (a) $y(t) = \ln(1 + B_t^2)$，(b) $y(t) = \frac{1}{3}B_t^3$。

3. 用 Ito 公式證明隨機微分方程初始值問題

    (a) $\begin{cases} dy = ty\, dt + e^{t^2/2}\, dB_t \\ y(0) = 1 \end{cases}$　　(b) $\begin{cases} dy = 3(B_t^2 - t)\, dB_t \\ y(0) = 0 \end{cases}$

    的解為 (a) $y(t) = (1 + B_t)e^{t^2/2}$，(b) $y(t) = B_t^3 - 3tB_t$。

4. 用 Ito 公式證明隨機微分方程初始值問題

(a) $\begin{cases} dy = -\frac{1}{2}y\,dt + \sqrt{1-y^2}\,dB_t \\ y(0) = 0 \end{cases}$ (b) $\begin{cases} dy = y(1 + 2\ln y)\,dt + 2yB_t\,dB_t \\ y(0) = 1 \end{cases}$

的解為 (a) $y(t) = \sin B_t$，(b) $y(t) = e^{B_t^2}$。

5. 用 Ito 公式證明方程式 (9.31) 的解為 $\ln(2B_t + e^{y_0})$。

6. (a) 求解類似布朗橋問題的常微分方程

$$\begin{cases} y' = \dfrac{y_1 - y}{t_1 - t} \\ y(t_0) = y_0 \end{cases} \tag{9.35}$$

其解是否像布朗橋問題一樣到達點 (t_1, y_1)？對以下不同題目回答相同的問題。

(b) $\begin{cases} y' = \dfrac{y_1 - y_0}{t_1 - t_0} \\ y(t_0) = y_0 \end{cases}$ (c) $\begin{cases} dy = \dfrac{y_1 - y_0}{t_1 - t_0}\,dt + dB_t \\ y(t_0) = y_0 \end{cases}$

9.4 電腦演算題

1. 用 Euler-Maruyama 法求習題 1 隨機微分方程初始值問題的近似解，假定初始條件為 $y(0)=0$。以步長 $h=0.01$，繪出區間 $[0, 10]$ 間的正確解 (使用相同的隨機增量來追蹤布朗運動 B_t) 與近似解。並以半對數圖繪出該區間的誤差。

2. 用 Euler-Maruyama 法求習題 2 隨機微分方程初始值問題的近似解，假定初始條件為 $y(0)=1$。以步長 $h=0.01$，繪出區間 $[0, 1]$ 的正確解與近似解。並以半對數圖繪出該區間的誤差。

3. 以 Euler-Maruyama 法及步長 $h=0.01$ 在區間 $[0, 2]$ 中求習題 3 的近似解。畫出隨機過程解的兩種實現結果。

4. 以 Euler-Maruyama 法及步長 $h=0.01$ 在區間 $[0, 1]$ 中求習題 4 的近似解。畫出隨機過程解的兩種實現結果。

5. 用 Euler-Maruyama 法，在區間 [0, 1] 間分別以步長 $h=0.1$、0.01 和 0.001 求

$$\begin{cases} dy = B_t\, dt + \sqrt[3]{9y^2}\, dB_t \\ y(0) = 0 \end{cases}$$

的近似解。對每個步長，執行 5000 次近似解的實現，並求在 $t=1$ 的平均誤差。列表顯示不同步長在 $t=1$ 的平均誤差，該平均誤差量是否符合理論？

6. 用 Euler-Maruyama 法求解隨機微分方程初始值問題 $dy=y\,dt+y\,dB_t$，$y(0)=1$。在區間 $0\leq t\leq 2$ 及步長 $h=0.1$，繪出近似解和正確解 $y(t)=e^{\frac{1}{2}t+B_t}$。

7. 用 Milstein 法求解習題 2(b) 的隨機微分方程初始值問題。以步長 $h=0.1$，繪出區間 [0, 5] 間的正確解以及近似解，並以半對數圖繪出該區間的誤差。

8. 用 Milstein 法求解習題 4(a) 的隨機微分方程初始值問題。以步長 $h=0.1$，繪出區間 [0, 5] 間的正確解以及近似解。並以半對數圖繪出該區間的誤差。

9. 用 Milstein 法，在區間 [0, 1] 間分別以步長 $h=0.1$、0.01 和 0.001 求

$$\begin{cases} dy = B_t\, dt + \sqrt[3]{9y^2}\, dB_t \\ y(0) = 0 \end{cases}$$

的近似解。對每個步長，執行 5000 次近似解的實現，並求在 $t=1$ 的平均誤差。列表顯示不同步長在 $t=1$ 的平均誤差，該平均誤差量是否符合理論？

10. $y(t)$ 為 Langevin 方程式

$$\begin{cases} dy = -y\,dt + dB_t \\ y(0) = e \end{cases}$$

的 Euler-Maruyama 解，完成 $y(1)$ 的蒙地卡羅估計。以步長 $h=0.01$ 平均 $n=1000$ 次實現結果，並和 $y(1)$ 的期望值 1 比較。

實作 9 Black-Scholes 公式

蒙地卡羅模擬和隨機微分方程模型經常被使用在金融計算上。**衍生性金融商品** (financial derivative) 是一種金融工具，其價格是從另一個工具衍生而來，尤

其，**選擇權** (option) 是一項用來完成一項特別的金融交易的權利而非義務。

一個 (歐式) **買進** (call) 選擇權指的是在一個未來的日期 (稱為**執行日**；exercise date) 以預定價格 (稱為**履約價**；strike price) 購買一股證券的權利。買進通常由法人來買賣以管理風險，是個人和共同基金的投資策略。而我們的目標則是去計算買進選擇權的價值。

舉例來說，於 12 月以 15 元買進 ABC 公司，代表在 12 月以 15 元買進一股的權利。假設 ABC 公司在 6 月 1 日的價格是 12 元，那麼這項權利的價值應該是多少？在執行日當天，可明確得知價值為 K 元，那麼這項權利的價值為 $\max(X-K, 0)$，其中 X 是股票目前的市價；這是因為，如果 $X > K$，以 K 元購買 ABC 的權利價值為 $X-K$ 元。而如果 $X < K$，以 K 元來購買則沒有意義，因為我們甚至可以用更低價來購買所要的數量。在執行日當天選擇權的值是很清楚的，而困難在於如何在期滿之前去估算買進價格。

在 1960 年代，Fisher Black 和 Myron Scholes 探究了幾何布朗運動的假說，

$$dX = mX\,dt + \sigma X\,dB_t, \tag{9.36}$$

作為股票模型，其中 m 為股票漂移率或成長率，而 σ 是擴散常數或**波動率** (volatility)。m 和 σ 都可以從過去股價資料來預測。Black 和 Schole 的洞察力是要發展套利理論，從股票持有與主要利率 r 時借貸現金之間的平衡來複製選擇權。這項論點的結果：T 年後到期日的正確買進價格，是現在價值在到期時選擇權的期望值，而基礎的股價 $X(t)$ 滿足隨機微分方程

$$dX = rX\,dt + \sigma X\,dB_t. \tag{9.37}$$

也就是說，在時間 $t=0$ 時的股價為 X_0，當到期日 $t=T$ 時的選擇權價值就是期望值

$$C(X_0, T) = e^{-rT} E(\max(X(T)-K, 0)), \tag{9.38}$$

其中 $X(t)$ 可由 (9.37) 式推得。令人驚訝的是，它們的推導數是以 (9.37) 式的利率 r，替代 (9.36) 式裡的漂移 m。事實上，會得到股票的成長率跟選擇權的價格無關！這是依照非套利的假設，即 Black-Scholes 理論的基本原則，也就是

說在一個有效率的市場中，沒有無風險的獲利。

(9.38) 式依賴隨機變數 $X(T)$ 的期望值，這個值只能透過模擬得到。因此，除了這個理論外，Black 和 Scholes [1] 還提供了一個買進價格的閉式公式，那就是

$$C(X,T) = XN(d_1) - Ke^{-rT}N(d_2), \qquad (9.39)$$

其中 $N(x) = \frac{1}{\sqrt{2\pi}}\int_{-\infty}^{x} e^{-s^2/2}ds$ 為常態累積分布函數，且

$$d_1 = \frac{\ln(X/K) + (r + \frac{1}{2}\sigma^2)T}{\sigma\sqrt{T}}, \quad d_2 = \frac{\ln(X/K) + (r - \frac{1}{2}\sigma^2)T}{\sigma\sqrt{T}}.$$

(9.39) 式即是 **Black-Scholes 公式** (Black-Scholes formula)。

建議活動：

假設 ABC 公司股票每股價格為 12 元，考慮歐式的買權履約價為 15 元，執行日在六個月後，所以 $T = 0.5$ 年。假設固定利率 $r = 0.05$，股票波動率為 0.25 (即每年 25%)。

1. 以蒙地卡羅模擬計算 (9.38) 式的期望值。以步長 $h = 0.01$ 和初始值 $X_0 = 12$，用 Euler-Maruyama 法求 (9.37) 式的近似解。注意此處並不需要隨機微分方程 (9.36) 式，並請至少重複執行 10000 次。
2. 將步驟 1 所得近似解與 Black-Scholes 公式 (9.39) 所得正確解做比較。函數 $N(x)$ 可利用 MATLAB 誤差函數 `erf` 計算，則 $N(x) = (1 + \text{erf}(x/\sqrt{2}))/2$。
3. 將 Euler-Maruyama 法換成 Milstein 法，並重複步驟 1。比較兩種方法的誤差。
4. (**歐式**) **賣出** (put) 與買進相反，它是以履約價賣出的權利、而非買入。賣出價格為

$$P(X,T) = e^{-rT}E(\max(K - K(T), 0)), \qquad (9.40)$$

$X(t)$ 可由 (9.37) 式求得。以蒙地卡羅模擬用步驟 1 相同數據進行計算，並

分別利用 Euler-Maruyama 法和 Milstein 法。

5. 將步驟 4 所得近似解與 Black-Scholes 的賣權公式：

$$P(X, T) = Ke^{-rT}N(-d_2) - XN(-d_1). \tag{9.41}$$

做比較。

6. **障礙選擇權** (barrier option) 是指當股價低過某個價位時取消選擇權的費用。考慮障礙買權的履約價 $K = 15$ 元，及障礙價 $L = 10$ 元。對 $0 < t < T$ 時，若 $X(t) > L$ 則收益為 $\max(X-K, 0)$，否則為 0。設計並完成一蒙地卡羅模擬，用幾何布朗運動 (9.36) 和 (9.38) 式表示障礙選擇權支出。和正確值

$$V(X, T) = C(X, T) - \left(\frac{X}{L}\right)^{1-2r/\sigma^2} C(L^2/X, T)$$

比較，其中 $C(X, T)$ 為標準歐式買進履約價 K。[21, 8] 對更多奇特選擇權、價格公式及其蒙地卡羅模擬在金融上的角色有著詳細的描述。

軟體和延伸閱讀

教科書 [4] 介紹產生隨機數的問題，此領域的其他經典來源為 [12, 16]。而 [6] 則包含了產生隨機數方法的比較，以及常見評估準則的討論。

在 [13] 中提到了 randu 問題，[18] 則介紹了最低標準產生器。MATLAB 的隨機數產生器是根據 Marsglia 和 Zaman [14] 所描述的借位減法 (subtract-with-borrow method)。而蒙地卡羅及應用的綜合資訊則在 [3, 19] 中說明。

有關隨機微分方程的現代參考書目為 [17, 9, 20]，這個領域的研究需要具備基本機率的深厚知識。而隨機微分方程的計算部分則在 [10] 有廣泛介紹，至於以應用為導向的手冊請參考 [11]。有關 MATLAB 基本演算法的 [7] 是一篇非常值得閱讀的文章。而參考書 [20] 則是針對隨機微分方程的介紹，並且用許多金融應用來輔助說明。

CHAPTER 10

三角內插與快速傅立葉轉換

數位訊號處理 (digital signal processing；DSP) 晶片是高階消費性電子產品的主要元件，手機、CD 和 DVD 控制器、汽車電子零件、個人數位助理、數位數據機、照相機以及電視等等，都利用了這個普遍存在的裝置。DSP 晶片的特點在於它有能力快速處理數位計算，包含了快速傅立葉轉換 (fast Fourier transform；FFT)。

數位訊號處理最基本的功能之一，是利用濾波功能來分離不需要的雜訊和需要的輸入資訊。從吵雜背景中擷取訊號，是建立可靠的語音辨識軟體的一個重要部份，也是圖案辨識裝置的一個關鍵元素，被用在足球機器狗上將輸入感應轉換為可用的資料。

本章結尾的實作 10 描述了 Wiener 濾波器 (Wiener filter)，這是一個經由 DSP 的噪音減低基本裝置。

在半世紀前，就連最樂觀的三角學老師也想像不到正弦和餘弦函數對於現代科技的影響力。如我們在第 4 章所學，多頻率的三角函數是週期數據的自然內插函數。傅立葉轉換在執行內插法時非常有效率，而且在現代密集資料的訊號處理應用方面是無可取代的。

三角內插 (trigonometric interpolation) 的效率和正交概念是不可分的，我們將會發現，正交基底函數讓內插法和最小平方數據擬合變得更簡單、更準確。傅立葉轉換利用正交性，提供用正弦和餘弦函數內插之一個有效率的方式。Cooley 和 Tukey 將這個計算突破稱為快速傅立葉轉換 (FFT)，也就是說，可以有效率地進行**離散傅立葉轉換** (discrete Fourier transform；DFT)。

第 10 章涵蓋了離散傅立葉轉換 (DFT) 的基本概念，包含了複數的簡介。離散傅立葉轉換在三角內插和最小平方近似裡的角色，被視為是正交基底函數近似的特例，這是數位濾波和訊號處理的本質。

10.1 傅立葉轉換

法國數學家傅立葉 (Jean Baptiste Joseph Fourier)，在逃過法國大革命以及跟隨拿破崙出征之後的斷頭台處決，發展出熱傳導的理論。為了要證實這個理論，必須展開函數，但不是泰勒級數的多項式函數，而是尤拉和 Bernoulli 的革命

性方式，也就是用正弦和餘弦函數。雖然這個理論在當時被認為不夠嚴謹，而不為一些具有領導地位的數學家所接受。但時至今日，傅立葉的方法被普遍使用在應用數學、物理和工程方面。本節將介紹離散傅立葉轉換，並提供一個高效率的演算法，稱為快速傅立葉轉換。

❖ 10.1.1　複數計算

透過複數表示法可大大簡化三角函數的表示，每個複數均可寫為 $z = a + bi$ 形式，其中 $i = \sqrt{-1}$；若在幾何觀點看來，z 為二維向量，在實數 (水平) 軸長度為 a、而虛數 (垂直) 軸長度為 b，如圖 10.1 所示。**複數** $z = b + bi$ 的**大小** (complex magnitude) 定義為 $|z| = \sqrt{a^2 + b^2}$，正是複數平面上原點到該複數的距離。而複數 $z = a + bi$ 的**共軛複數** (complex conjugate) 為 $\bar{z} = a - bi$。

著名的**尤拉公式** (Euler formula) 指的是複數計算 $e^{i\theta} = \cos\theta + i\sin\theta$。複數 $z = e^{i\theta}$ 的大小為 1，因此該形式的複數均落在複數平面的單位圓上，如圖 10.2。任何複數 $a + bi$ 均可以**極座標表示法** (polar representation) 寫成

$$z = a + bi = re^{i\theta}, \tag{10.1}$$

其中 r 為複數大小 $|z| = \sqrt{a^2 + b^2}$，以及 $\theta = \arctan(b/a)$。

複數平面上的單位圓即為大小 $r = 1$ 的複數，若將單位圓上兩數 $e^{i\theta}$ 和 $e^{i\gamma}$ 相乘，我們可改寫成三角函數再相乘：

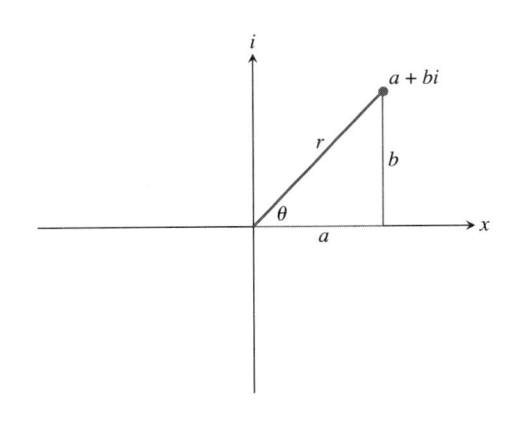

圖 10.1　複數的圖解。實數和虛數分別為 a 和 bi，以極座標表示則為 $a + bi = re^{i\theta}$。

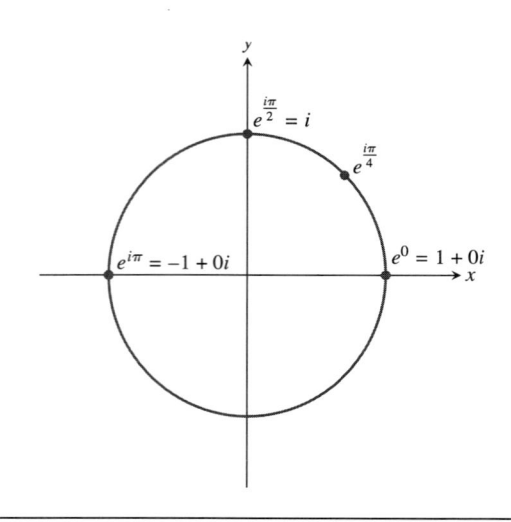

圖 10.2 複數平面上的單位圓。寫成 $e^{i\theta}$ 的複數其大小為 1，必落在單位圓上。

$$e^{i\theta}e^{i\gamma} = (\cos\theta + i\sin\theta)(\cos\gamma + i\sin\gamma)$$
$$= \cos\theta\cos\gamma - \sin\theta\sin\gamma + i(\sin\theta\cos\gamma + \sin\gamma\cos\theta).$$

利用餘弦加法公式和正弦加法公式，可改寫上式為

$$\cos(\theta + \gamma) + i\sin(\theta + \gamma) = e^{i(\theta+\gamma)}.$$

這結果等於直接將指數相加：

$$e^{i\theta}e^{i\gamma} = e^{i(\theta+\gamma)}. \tag{10.2}$$

(10.2) 式說明了在單位圓上的兩數乘積，將得到單位圓上另一個點，它的角度為原本兩個角度的總和。尤拉公式使得我們不必再進行繁瑣的三角函數計算，例如使用正弦和餘弦加法公式，這使得表示法變得簡單許多。這正是我們在三角內插的研究中引進複數計算的原因。雖然它也可以完全用實數來運算，但通常喜歡用尤拉公式來進行較為簡化。

我們挑出絕對值大小為 1 的複數子集合。若複數 z 滿足 $z^n=1$ 則稱 z 為 **1 的 n 次根** (*n*th root of unity)。在實數軸上，只有 -1 和 1 兩個 1 的根；在複數平面上，卻還有其他很多根。舉例來說，i 為 1 的 4 次根，因為 $i^4=(-1)^2=1$。

如果 1 的 n 次根對任意 $k < n$ 時不是 1 的 k 次根，則稱其為**原根** (primitive

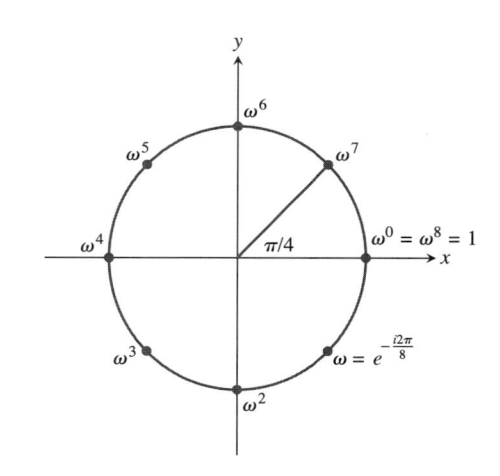

圖 10.3 單位 1 的根。圖中顯示 8 個 1 的 8 次根。均以 $\omega = e^{-i2\pi/8}$ 計算產生，這表示這些根等於 ω^k，k 為整數。雖然 ω 和 ω^3 都是 8 次根的原根，但 ω^2 不是，因為它也是 1 的 4 次根。

root)。按此定義，-1 為 1 的 2 次原根，但非 1 的 4 次原根。對任何整數 n 來說，複數 $\omega_n = e^{-i2\pi/n}$ 是 1 的 n 次原根，這很容易可以證明。而 $e^{\frac{i2\pi}{n}}$ 也是 1 的 n 次原根，但我們將循慣例而用前者做為傅立葉轉換的基底。圖 10.3 說明 1 的 8 次原根 $\omega_8 = e^{-i2\pi/8}$ 和其他 7 個根，它們都是 ω_8 的次方。

這有個關鍵特性，稍後可用來簡化我們對離散傅立葉轉換的計算；令 ω 表示 1 的 n 次根 $\omega = e^{-i2\pi/n}$，其中 $n > 1$，則

$$1 + \omega + \omega^2 + \omega^3 + \cdots + \omega^{n-1} = 0. \tag{10.3}$$

此特性的證明是根據**伸縮和** (telescoping sum)

$$(1 - \omega)(1 + \omega + \omega^2 + \omega^3 + \cdots + \omega^{n-1}) = 1 - \omega^n = 0. \tag{10.4}$$

因為左側的第一項不為 0，所以第二項必定為 0。類似方法可證明

$$\begin{aligned} 1 + \omega^2 + \omega^4 + \omega^6 + \cdots + \omega^{2(n-1)} &= 0, \\ 1 + \omega^3 + \omega^6 + \omega^9 + \cdots + \omega^{3(n-1)} &= 0, \\ &\vdots \\ 1 + \omega^{n-1} + \omega^{(n-1)2} + \omega^{(n-1)3} + \cdots + \omega^{(n-1)(n-1)} &= 0. \end{aligned} \tag{10.5}$$

下一個則不同：

$$1 + \omega^n + \omega^{2n} + \omega^{3n} + \cdots + \omega^{n(n-1)} = 1 + 1 + 1 + 1 + \cdots + 1 = n. \tag{10.6}$$

整理後可得以下的引理：

引理 10.1 **1 的原根** (primitive roots of unity)。令 ω 為 1 的 n 次原根，且 k 為整數。則

$$\sum_{j=0}^{n-1} \omega^{jk} = \begin{cases} n & \text{如果 } k/n \text{ 為整數} \\ 0 & \text{其他} \end{cases}$$

習題 6 要求讀者完成詳細證明步驟。

❖ 10.1.2　離散傅立葉轉換

令 $x = [x_0, ..., x_{n-1}]^T$ 為實數值 n 維向量，且 $\omega = e^{-i2\pi/n}$；此為本章的基本定義。

定義 10.2 $x = [x_0, ..., x_{n-1}]^T$ 的**離散傅立葉轉換** (DFT) 等於 n 維向量 $y = [y_0, ..., y_{n-1}]$，其中 $\omega = e^{-i2\pi/n}$，且

$$y_k = \frac{1}{\sqrt{n}} \sum_{j=0}^{n-1} x_j \omega^{jk}. \tag{10.7}$$

舉例來說，引理 10.1 說明了 $x = [1, 1, ..., 1]^T$ 的 DFT 為 $y = [\sqrt{n}, 0, ..., 0]$。若以矩陣表示，則此定義是

$$\begin{bmatrix} y_0 \\ y_1 \\ y_2 \\ \vdots \\ y_{n-1} \end{bmatrix} = \begin{bmatrix} a_0 + ib_0 \\ a_1 + ib_1 \\ a_2 + ib_2 \\ \vdots \\ a_{n-1} + ib_{n-1} \end{bmatrix} = \frac{1}{\sqrt{n}} \begin{bmatrix} \omega^0 & \omega^0 & \omega^0 & \cdots & \omega^0 \\ \omega^0 & \omega^1 & \omega^2 & \cdots & \omega^{n-1} \\ \omega^0 & \omega^2 & \omega^4 & \cdots & \omega^{2(n-1)} \\ \omega^0 & \omega^3 & \omega^6 & \cdots & \omega^{3(n-1)} \\ \vdots & \vdots & \vdots & & \vdots \\ \omega^0 & \omega^{n-1} & \omega^{2(n-1)} & \cdots & \omega^{(n-1)^2} \end{bmatrix} \begin{bmatrix} x_0 \\ x_1 \\ x_2 \\ \vdots \\ x_{n-1} \end{bmatrix}. \tag{10.8}$$

其中 $y_k = a_k + ib_k$ 為複數。在 (10.8) 式的 $n \times n$ 矩陣被稱為**傅立葉矩陣** (Fourier matrix)

$$F_n = \frac{1}{\sqrt{n}} \begin{bmatrix} \omega^0 & \omega^0 & \omega^0 & \cdots & \omega^0 \\ \omega^0 & \omega^1 & \omega^2 & \cdots & \omega^{n-1} \\ \omega^0 & \omega^2 & \omega^4 & \cdots & \omega^{2(n-1)} \\ \omega^0 & \omega^3 & \omega^6 & \cdots & \omega^{3(n-1)} \\ \vdots & \vdots & \vdots & & \vdots \\ \omega^0 & \omega^{n-1} & \omega^{2(n-1)} & \cdots & \omega^{(n-1)^2} \end{bmatrix}. \tag{10.9}$$

除了最上面一列以外，傅立葉矩陣的每一列總和均為 0，對行來說也一樣，這是因為 F_n 為對稱矩陣。傅立葉矩陣有一個顯式反矩陣

$$F_n^{-1} = \frac{1}{\sqrt{n}} \begin{bmatrix} \omega^0 & \omega^0 & \omega^0 & \cdots & \omega^0 \\ \omega^0 & \omega^{-1} & \omega^{-2} & \cdots & \omega^{-(n-1)} \\ \omega^0 & \omega^{-2} & \omega^{-4} & \cdots & \omega^{-2(n-1)} \\ \omega^0 & \omega^{-3} & \omega^{-6} & \cdots & \omega^{-3(n-1)} \\ \vdots & \vdots & \vdots & & \vdots \\ \omega^0 & \omega^{-(n-1)} & \omega^{-2(n-1)} & \cdots & \omega^{-(n-1)^2} \end{bmatrix}, \tag{10.10}$$

而向量 y 的**逆離散傅立葉轉換** (逆 DFT；inverse Discrete Fourier Transform) 為 $x = F_n^{-1} y$。要證明 (10.10) 式為 F_n 的反矩陣，需要用到關於 1 的 n 次根的引理 10.1；請參閱習題 8。

令 $z = e^{i\theta} = \cos\theta + i\sin\theta$ 為單位圓上的一點，它的倒數 $e^{-i\theta} = \cos\theta - i\sin\theta$ 為它的共軛複數；因此，逆 DFT 的矩陣等於把 F_n 矩陣的每個元素取共軛複數：

$$F_n^{-1} = \overline{F}_n. \tag{10.11}$$

定義 10.3 複數向量 v 的**大小** (magnitude) 定義為實數 $\|v\| = \sqrt{\overline{v}^T v}$。若複數矩陣 F 滿足 $\overline{F}^T F = I$，則稱為**么正矩陣** (unitary matrix)。

么正矩陣，如傅立葉矩陣，為實數正交矩陣 (orthogonal matrix) 的複數版本。若 F 為么正矩陣，則 $\|Fv\|^2 = \overline{v}^T \overline{F}^T F v = \overline{v}^T v = \|v\|^2$；因此，向量左乘

F 並不會影響其大小，對 F^{-1} 也一樣。

進行離散傅立葉轉換就相當於左乘 $n \times n$ 矩陣 F_n，因此需要 $O(n^2)$ 個運算 [事實上是 n^2 個乘法和 $n(n-1)$ 個加法]。逆離散傅立葉轉換，相當於左乘 F_n^{-1}，也是 $O(n^2)$ 個運算。在 10.1.3 節我們發展出一個明顯減少許多運算次數的 DFT 版本，稱為**快速傅立葉轉換** (fast Fourier transform; FFT)。

範例 10.1

求向量 $x = [1, 0, -1, 0]^T$ 的離散傅立葉轉換。

令 ω 為 1 的 4 次根，則 $\omega = e^{-i\pi/2} = \cos(\pi/2) - i\sin(\pi/2) = -i$。按離散傅立葉轉換定義，可得

$$\begin{bmatrix} y_0 \\ y_1 \\ y_2 \\ y_3 \end{bmatrix} = \frac{1}{\sqrt{4}} \begin{bmatrix} 1 & 1 & 1 & 1 \\ 1 & \omega & \omega^2 & \omega^3 \\ 1 & \omega^2 & \omega^4 & \omega^6 \\ 1 & \omega^3 & \omega^6 & \omega^9 \end{bmatrix} \begin{bmatrix} 1 \\ 0 \\ -1 \\ 0 \end{bmatrix} = \frac{1}{2} \begin{bmatrix} 1 & 1 & 1 & 1 \\ 1 & -i & -1 & i \\ 1 & -1 & 1 & -1 \\ 1 & i & -1 & -i \end{bmatrix} \begin{bmatrix} 1 \\ 0 \\ -1 \\ 0 \end{bmatrix} = \begin{bmatrix} 0 \\ 1 \\ 0 \\ 1 \end{bmatrix}.$$

(10.12)

MATLAB 指令 `fft` 以一個稍微不同的正規化方法來執行離散傅立葉轉換，因此 $F_n x$ 是以 `fft(x)/sqrt(n)` 來計算，而反向指令 `ifft` 為 `fft` 的反向操作；因此，$F_n^{-1} y$ 以 MATLAB 指令 `ifft(y)*sqrt(n)` 來完成。換句話說，MATLAB 的 `fft` 和 `ifft` 指令互為相反，雖然 `fft` 和 `ifft` 的正規化和這邊所給的定義略有不同，但它的優點是 F_n 和 F_n^{-1} 為么正矩陣。

即使向量 x 的元素由實數組成，但這不保證 y 的組成元素也會是實數。如果 x_j 為實數，那麼複數 y_k 便會滿足以下特性：

引理 10.4 令 $\{y_k\}$ 為 $\{x_j\}$ 的離散傅立葉轉換 (DFT)，且 x_j 為實數，則 (a) y_0 為實數，且 (b) $y_{n-k} = \overline{y}_k$，對 $k = 1, ..., n-1$。

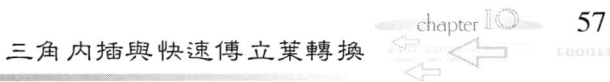

證明：根據離散傅立葉轉換的定義 (10.7) 式，顯而易見 (a) 成立，因為 y_0 為 x_j 的總和除以 $\sqrt{n}$。(b) 部分則根據以下的特性

$$\omega^{n-k} = e^{-i2\pi(n-k)/n} = e^{-i2\pi} e^{i2\pi k/n} = \cos(2\pi k/n) + i\sin(2\pi k/n)$$

然而

$$\omega^k = e^{-i2\pi k/n} = \cos(2\pi k/n) - i\sin(2\pi k/n),$$

這表示 $\omega^{n-k} = \overline{\omega^k}$。依據傅立葉轉換的定義，

$$\begin{aligned} y_{n-k} &= \frac{1}{\sqrt{n}} \sum_{j=0}^{n-1} x_j (\omega^{n-k})^j \\ &= \frac{1}{\sqrt{n}} \sum_{j=0}^{n-1} x_j (\overline{\omega^k})^j \\ &= \frac{1}{\sqrt{n}} \sum_{j=0}^{n-1} \overline{x_j (\omega^k)^j} = \overline{y_k}. \end{aligned}$$

這裡利用了一個共軛複數相乘等於兩數相乘後再取共軛的性質。

引理 10.4 有個有趣的結果。當 n 為偶數且 $x_0, ..., x_{n-1}$ 為實數時，離散傅立葉轉換所得結果可以 n 個實數 $a_0, a_1, b_1, a_2, b_2, ..., a_{n/2}$ 來表示傅立葉轉換 $y_0, ..., y_{n-1}$ 的實數與虛數部分。例如，$n=8$ 時離散傅立葉轉換形式如下

$$F_8 \begin{bmatrix} x_0 \\ x_1 \\ x_2 \\ x_3 \\ x_4 \\ x_5 \\ x_6 \\ x_7 \end{bmatrix} = \begin{bmatrix} a_0 \\ a_1 + ib_1 \\ a_2 + ib_2 \\ a_3 + ib_3 \\ a_4 \\ a_3 - ib_3 \\ a_2 - ib_2 \\ a_1 - ib_1 \end{bmatrix} = \begin{bmatrix} y_0 \\ \vdots \\ y_{\frac{n}{2}-1} \\ y_{\frac{n}{2}} \\ \overline{y}_{\frac{n}{2}-1} \\ \vdots \\ \overline{y}_1 \end{bmatrix}. \tag{10.13}$$

❖ 10.1.3 快速傅立葉轉換

我們在前一節提到，離散傅立葉轉換以傳統方式應用到 n 維向量時需要 $O(n^2)$

聚焦　複雜度

Cooley 和 Tukey 的成就降低了離散傅立葉轉換的複雜度，從 $O(n^2)$ 個運算降為 $O(n \log n)$ 個運算，傅立葉轉換法因而開啟了一個充滿可能的世界。一個和問題大小相比「幾乎線性」的方法是相當有價值的。舉例來說，我們可以利用它來處理即時數據，因為幾乎在取得數據的同時，分析結果就已經產生。快速傅立葉轉換發展一小段時間之後，便開始由特殊的電路系統執行；目前以 DSP 晶片來作數位訊號處理為代表，這是普遍存在於電子系統的分析和控制方面。

次運算。Cooley 和 Tukey [5] 找出只需 $O(n \log n)$ 個運算便可完成離散傅立葉轉換的方法，這個演算法稱為**快速傅立葉轉換** (Fast Fourier Transform；FFT)。快速傅立葉轉換在資料分析的應用一開始就很受歡迎，在訊號處理領域方面，從之前的類比轉換到目前的數位，大量利用這個演算法。我們將解釋它的方法，然後透過運算次數的比較來說明它如何優於離散傅立葉轉換 (10.8)。

我們可以將離散傅立葉轉換 $F_n x$ 寫成

$$\begin{bmatrix} y_0 \\ \vdots \\ y_{n-1} \end{bmatrix} = \frac{1}{\sqrt{n}} M_n \begin{bmatrix} x_0 \\ \vdots \\ x_{n-1} \end{bmatrix},$$

其中

$$M_n = \begin{bmatrix} \omega^0 & \omega^0 & \omega^0 & \cdots & \omega^0 \\ \omega^0 & \omega^1 & \omega^2 & \cdots & \omega^{n-1} \\ \omega^0 & \omega^2 & \omega^4 & \cdots & \omega^{2(n-1)} \\ \omega^0 & \omega^3 & \omega^6 & \cdots & \omega^{3(n-1)} \\ \vdots & \vdots & \vdots & & \vdots \\ \omega^0 & \omega^{n-1} & \omega^{2(n-1)} & \cdots & \omega^{(n-1)^2} \end{bmatrix}.$$

我們將說明如何以遞迴計算 $z = M_n x$。要完成離散傅立葉轉換還要除以 $\sqrt{n}$，即 $y = F_n x = z/\sqrt{n}$。

三角內插與快速傅立葉轉換

我們先以 $n=4$ 為例，瞭解主要概念後，再推廣到一般情況。令 $\omega = e^{-i2\pi/4} = -i$，離散傅立葉轉換為

$$\begin{bmatrix} z_0 \\ z_1 \\ z_2 \\ z_3 \end{bmatrix} = \begin{bmatrix} \omega^0 & \omega^0 & \omega^0 & \omega^0 \\ \omega^0 & \omega^1 & \omega^2 & \omega^3 \\ \omega^0 & \omega^2 & \omega^4 & \omega^6 \\ \omega^0 & \omega^3 & \omega^6 & \omega^9 \end{bmatrix} \begin{bmatrix} x_0 \\ x_1 \\ x_2 \\ x_3 \end{bmatrix}. \tag{10.14}$$

將矩陣乘積分別寫出，但將偶數項先行排列可得：

$$\begin{aligned} z_0 &= \omega^0 x_0 + \omega^0 x_2 + \omega^0(\omega^0 x_1 + \omega^0 x_3) \\ z_1 &= \omega^0 x_0 + \omega^2 x_2 + \omega^1(\omega^0 x_1 + \omega^2 x_3) \\ z_2 &= \omega^0 x_0 + \omega^4 x_2 + \omega^2(\omega^0 x_1 + \omega^4 x_3) \\ z_3 &= \omega^0 x_0 + \omega^6 x_2 + \omega^3(\omega^0 x_1 + \omega^6 x_3) \end{aligned}$$

由於 $\omega^4 = 1$，進一步可改寫成

$$\begin{aligned} z_0 &= (\omega^0 x_0 + \omega^0 x_2) + \omega^0(\omega^0 x_1 + \omega^0 x_3) \\ z_1 &= (\omega^0 x_0 + \omega^2 x_2) + \omega^1(\omega^0 x_1 + \omega^2 x_3) \\ z_2 &= (\omega^0 x_0 + \omega^0 x_2) + \omega^2(\omega^0 x_1 + \omega^0 x_3) \\ z_3 &= (\omega^0 x_0 + \omega^2 x_2) + \omega^3(\omega^0 x_1 + \omega^2 x_3) \end{aligned}$$

注意到前兩行括號內每一項重複出現在後兩行中，定義

$$\begin{aligned} u_0 &= \mu^0 x_0 + \mu^0 x_2 \\ u_1 &= \mu^0 x_0 + \mu^1 x_2 \end{aligned}$$

及

$$\begin{aligned} v_0 &= \mu^0 x_1 + \mu^0 x_3 \\ v_1 &= \mu^0 x_1 + \mu^1 x_3, \end{aligned}$$

其中 $\mu = \omega^2$ 為 1 的 2 次根。$u = (u_0, u_1)^T$ 和 $v = (v_0, v_1)^T$ 實質上為 $n=2$ 的離散傅立葉轉換結果；更明確地說，

$$\begin{aligned} u &= M_2 \begin{bmatrix} x_0 \\ x_2 \end{bmatrix} \\ v &= M_2 \begin{bmatrix} x_1 \\ x_3 \end{bmatrix}. \end{aligned}$$

我們可將原本的 M_4x 寫成

$$\begin{aligned} z_0 &= u_0 + \omega^0 v_0 \\ z_1 &= u_1 + \omega^1 v_1 \\ z_2 &= u_0 + \omega^2 v_0 \\ z_3 &= u_1 + \omega^3 v_1. \end{aligned}$$

總結來看，DFT(4) 的計算可降低為一對 DFT(2) 的計算加上一些額外的乘法和加法。

暫時忽略 $1/\sqrt{n}$，DFT(n) 可以降低為兩個 DFT($n/2$) 加上 $2n-1$ 個額外運算 ($n-1$ 個乘法和 n 個加法)。若要仔細地計算加法和乘法個數請見定理 10.5。

定理 10.5　快速傅立葉轉換的運算個數　若 n 為 2 的次方，則 n 維向量的快速傅立葉轉換需要 $n(2\log_2 n-1)+1$ 個加法和乘法，加上 1 個除以 $\sqrt{n}$ 的除法。　❈

證明：先忽略最後的平方根計算，定理結果相當於 DFT(2^m) 可在 $2^m(2m-1)+1$ 個加法和乘法，再加上一個除以 $\sqrt{n}$ 的除法來完成。事實上，對偶數 n，我們從上面已知如何將一個 DFT(n) 降低為一對 DFT($n/2$) 來計算；若 n 為 2 的次方 (也就是說，$n=2^m$)，則我們可以遞迴簡化該問題，直到出現 DFT(1)，這即是乘上 1×1 單位矩陣，相當於零個運算。從下而上回溯，DFT(1) 不需計算，而 DFT(2) 需要兩個加法和一個乘法：$y_0=u_0+1v_0$，$y_1=u_0+\omega v_0$，其中 u_0 和 v_0 為 DFT(1) (即，$u_0=y_0$ 和 $v_0=y_1$)。

DFT(4) 需要兩個 DFT(2) 加上另外 $2\times4-1=7$ 個運算，意即總計 $2(3)+7=2^m(2m-1)+1$ 個運算，其中 $m=2$。我們以歸納法繼續：假設此公式在 m 時為正確，則 DFT(2^{m+1}) 需要兩個 DFT(2^m)，意即 $2(2^m(2m-1)+1)$ 次運算，再加上 $2\cdot 2^{m+1}-1$ 個額外運算 [以完成類似 (10.15) 式的計算]，總和為

$$\begin{aligned} 2(2^m(2m-1)+1)+2^{m+2}-1 &= 2^{m+1}(2m-1+2)+2-1 \\ &= 2^{m+1}(2(m+1)-1)+1. \end{aligned}$$

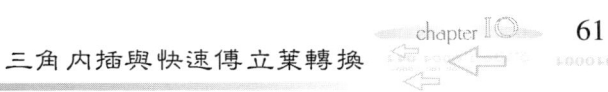

因此，證明了快速版本的 DFT(2^m) 的運算個數為 $2^m(2m-1)+1$，即推得定理結果。

利用離散傅立葉轉換的快速演算法，不需要額外的工作便可得到逆離散傅立葉轉換的快速演算法。由於逆離散傅立葉轉換相當於共軛複數矩陣 $\overline{F_n}$，要求得複數向量 y 的逆離散傅立葉轉換，先求 y 的共軛，應用快速傅立葉轉換，再求所得之共軛複數，因為

$$F_n^{-1} y = \overline{F_n} y = \overline{F_n \overline{y}}. \tag{10.15}$$

10.1 習題

1. 求下列向量的離散傅立葉轉換：
   (a) [0, 1, 0, −1]   (b) [1, 1, 1, 1]   (c) [0, −1, 0, 1]
   (d) [0, 1, 0, −1, 0, 1, 0, −1]

2. 求下列向量的離散傅立葉轉換：
   (a) [3/4, 1/4, −1/4, 1/4]   (b) [9/4, 1/4, −3/4, 1/4]   (c) [1, 0 −1/2, 0]
   (d) [1, 0, −1/2, 0, 1, 0, −1/2, 0]

3. 求下列向量的逆離散傅立葉轉換：
   (a) [1, 0, 0, 0]   (b) [1, 1, −1, 1]   (c) [1, −i, 1, i]   (d) [1, 0, 0, 0, 3, 0, 0, 0]

4. 求下列向量的逆離散傅立葉轉換：
   (a) [0, −i, 0, i]   (b) [2, 0, 0, 0]   (c) [1/2, 1/2, 0, 1/2]   (d) [1, 3/2, 1/2, 3/2]

5. (a) 寫下 1 的所有 4 次根及所有 4 次原根。(b) 寫下所有 1 的 7 次原根。(c) 對質數 p 來說，有多少個 1 的 p 次原根？

6. 證明引理 10.1。

7. 將習題 1 的傅立葉轉換寫成和 (10.13) 式一樣，求實數 $a_0, a_1, b_1, a_2, b_2, ..., a_{n/2}$。

8. 證明 (10.10) 式中的矩陣為傅立葉矩陣 F_n 的反矩陣。

10.2 三角內插

離散傅立葉轉換實際上做了什麼？在這一節中將加以解說，為了要讓它更容易被瞭解，我們以傅立葉轉換的輸出向量 y 做為等距數據點的內插係數。

❖ 10.2.1 離散傅立葉轉換內插定理

對區間 $[c, d]$ 及正整數 n，定義 $\Delta t = (d-c)/n$ 及區間內的等距點 $t_j = c + j\Delta t$，其中 $j = 0, ..., n-1$。對傅立葉轉換的輸入向量 x，我們把 x_j 解釋為測量訊號的第 j 個元素。例如，我們可以把 x 的元素想成一序列的測量，它們是在離散的等距時間 t_j 的測定量，請參照圖 10.4。

令 $y = F_n x$ 為 x 的離散傅立葉轉換，因為 x 為 y 的逆離散傅立葉轉換，可以由 (10.10) 式得到 x 組成元素的顯式公式，同樣使 $\omega = e^{-i2\pi/n}$：

$$x_j = \frac{1}{\sqrt{n}} \sum_{k=0}^{n-1} y_k (\omega^{-k})^j = \frac{1}{\sqrt{n}} \sum_{k=0}^{n-1} y_k e^{i2\pi kj/n} = \sum_{k=0}^{n-1} y_k \frac{e^{\frac{i2\pi k(t_j-c)}{d-c}}}{\sqrt{n}}. \tag{10.16}$$

我們可以將上式視為用三角基底函數所建構之點 (t_j, x_j) 的內插函數，其係數為 y_k。定理 10.6 是 (10.16) 式的簡易重述，說明以基底函數 $e^{i2\pi k(t-c)/(d-c)}/\sqrt{n}$，$k = 0, ..., n-1$，內插數據點 (t_j, x_j) 之內插係數為 $F_n x$。

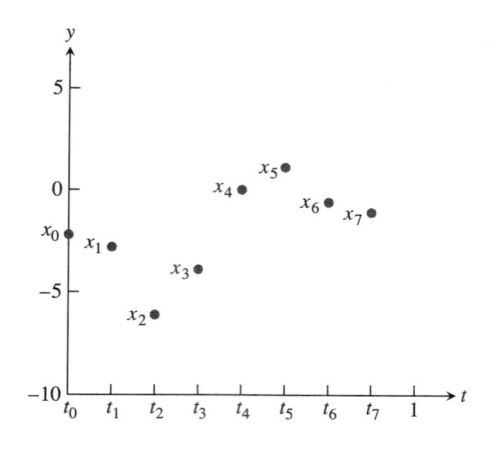

圖 10.4 將 x 的組成元素視為時間序列。傅立葉轉換可以用來計算內插該些數據點的三角多項式。

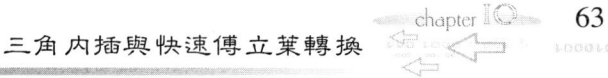

定理 10.6 離散傅立葉轉換內插定理 (DFT Interpolation Theorem)。

給定區間 $[c, d]$ 及正整數 n，令 $t_j = c + j(d-c)/n$，$j = 0, ..., n-1$，且 $x = (x_0, ..., x_{n-1})$ 為 n 維向量。定義 $\vec{a} + \vec{b}i = F_n x$，其中 F_n 為離散傅立葉轉換矩陣，則保證複數函數

$$Q(t) = \frac{1}{\sqrt{n}} \sum_{k=0}^{n-1} (a_k + ib_k) e^{i2\pi k(t-c)/(d-c)}$$

滿足 $Q(t_j) = x_j$，對 $j = 0, ..., n-1$。此外，若 x_j 為實數，則實數函數

$$P(t) = \frac{1}{\sqrt{n}} \sum_{k=0}^{n-1} \left(a_k \cos \frac{2\pi k(t-c)}{d-c} - b_k \sin \frac{2\pi k(t-c)}{d-c} \right)$$

滿足 $P(t_j) = x_j$，對 $j = 0, ..., n-1$。

換句話說，傅立葉轉換 F_n 將數據 $\{x_j\}$ 轉換至內插係數。

對定理最後一部分的說明，可用尤拉公式，我們可重新改寫 (10.16) 式的內插函數為

$$Q(t) = \frac{1}{\sqrt{n}} \sum_{k=0}^{n-1} (a_k + ib_k) \left(\cos \frac{2\pi k(t-c)}{d-c} + i \sin \frac{2\pi k(t-c)}{d-c} \right).$$

將內插多項式 $Q(t) = P(t) + iI(t)$ 分成實部和虛部；因為 x_j 為實數，內插 x_j 只需要 $Q(t)$ 的實部，而實數部分為

$$P(t) = P_n(t) = \frac{1}{\sqrt{n}} \sum_{k=0}^{n-1} \left(a_k \cos \frac{2\pi k(t-c)}{d-c} - b_k \sin \frac{2\pi k(t-c)}{d-c} \right). \quad (10.17)$$

下標符號 n 為三角擬合函數的項數，我們有時稱 P_n 為 **n 階三角函數** (order n trigonometric function)。可用引理 10.4 和下面的引理 10.7 來進一步簡化內插函數 $P_n(t)$。

引理 10.7

令 j 和 n 為整數，且 $t = j/n$。對整數 k，可得

$$\cos 2(n-k)\pi t = \cos 2k\pi t \quad \text{及} \quad \sin 2(n-k)\pi t = -\sin 2k\pi t. \quad (10.18)$$

事實上，利用餘弦加法公式可得 $\cos 2(n-k)\pi j/n = \cos(2\pi j - 2jk\pi/n) = \cos(-2jk\pi/n)$，正弦函數也可推得類似公式。

引理 10.7 和 10.4 說明了 (10.17) 三角展開式的後半部是多餘的，我們可以只用前半部來內插 t_j (但是 sin 項要變更正負號)。根據引理 10.4，展開式的後半部的係數和前半部是相同的 (但是 sin 項要變更正負號)；因此，正負號的改變會互相消去，P_n 的簡化版本為：

$$P_n(t) = \frac{a_0}{\sqrt{n}} + \frac{2}{\sqrt{n}} \sum_{k=1}^{n/2-1} \left(a_k \cos \frac{2k\pi(t-c)}{d-c} - b_k \sin \frac{2k\pi(t-c)}{d-c} \right)$$
$$+ \frac{a_{n/2}}{\sqrt{n}} \cos \frac{n\pi(t-c)}{d-c}.$$

此表示法是假設 n 為偶數，和奇數 n 的公式會有一點不同，參見習題 5。

系理 10.8 對偶數 n，令 $t_j = c + j(d-c)/n$，對 $j = 0, ..., n-1$，且令 $x = (x_0, ..., x_{n-1})$ 為 n 維實數向量。定義 $\vec{a} + \vec{b}i = F_n x$，其中 F_n 為離散傅立葉轉換矩陣，則下列函數

$$P_n(t) = \frac{a_0}{\sqrt{n}} + \frac{2}{\sqrt{n}} \sum_{k=1}^{n/2-1} \left(a_k \cos \frac{2k\pi(t-c)}{d-c} - b_k \sin \frac{2k\pi(t-c)}{d-c} \right)$$
$$+ \frac{a_{n/2}}{\sqrt{n}} \cos \frac{n\pi(t-c)}{d-c} \tag{10.19}$$

滿足 $P_n(t_j) = x_j$，對 $j = 0, ..., n-1$。

範例 10.2

求範例 10.1 的三角內插函數。

區間 $[c, d] = [0, 1]$，令 $x = [1, 0, -1, 0]^T$ 及其離散傅立葉轉換所得為 $y = [0, 1, 0, 1]^T$。因為內插係數為 $a_k + ib_k = y_k$，因此，$a_0 = a_2 = 0$，$a_1 = a_3 = 1$，且 $b_0 = b_1 = b_2 = b_3 = 0$。根據 (10.19) 式，我們只需 a_0、a_1、a_2 和 b_1，因此 x 的三角內插函數為

$$P_4(t) = \frac{a_0}{2} + (a_1 \cos 2\pi t - b_1 \sin 2\pi t) + \frac{a_2}{2} \cos 4\pi t$$
$$= \cos 2\pi t.$$

圖 10.5 即為數據點 (t, x) 的內插函數，其中 $t=[0, 1/4, 1/2, 3/4]$ 及 $x=[1, 0, -1, 0]^T$。

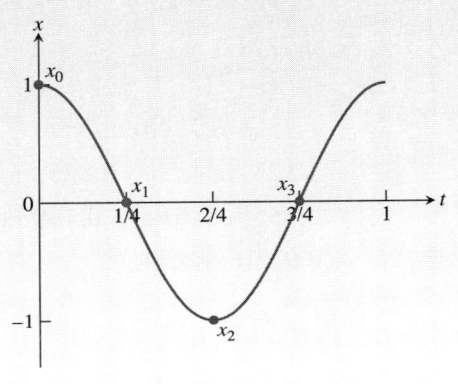

圖 10.5 三角內插。輸入向量 x 為 $[1, 0, -1, 0]^T$，利用公式 (10.19) 可得內插函數為 $P_4(t)=\cos 2\pi t$。

範例 10.3

求範例 4.6 溫度數據的三角內插函數，數據點為在區間 $[0, 1]$ 中 $x=[-2.2, -2.8, -6.1, -3.9, 0.0, 1.1, -0.6, -1.1]$。

傅立葉轉換的輸出結果取至四位小數精確，所得為

$$y = \begin{bmatrix} -5.5154 \\ -1.0528 + 3.6195i \\ 1.5910 - 1.1667i \\ -0.5028 - 0.2695i \\ -0.7778 \\ -0.5028 + 0.2695i \\ 1.5910 + 1.1667i \\ -1.0528 - 3.6195i \end{bmatrix}.$$

依據公式 (10.19)，內插函數為

$$P_8(t) = \frac{-5.5154}{\sqrt{8}} - \frac{1.0528}{\sqrt{2}}\cos 2\pi t - \frac{3.6195}{\sqrt{2}}\sin 2\pi t$$
$$+ \frac{1.5910}{\sqrt{2}}\cos 4\pi t + \frac{1.1667}{\sqrt{2}}\sin 4\pi t$$
$$- \frac{0.5028}{\sqrt{2}}\cos 6\pi t + \frac{0.2695}{\sqrt{2}}\sin 6\pi t$$
$$- \frac{0.7778}{\sqrt{8}}\cos 8\pi t$$
$$= -1.95 - 0.7445\cos 2\pi t - 2.5594\sin 2\pi t$$
$$+ 1.125\cos 4\pi t + 0.825\sin 4\pi t$$
$$- 0.3555\cos 6\pi t + 0.1906\sin 6\pi t$$
$$- 0.2750\cos 8\pi t. \tag{10.20}$$

圖 10.6 顯示了數據點和其三角內插函數。

❖ 10.2.2 三角函數的高效率求值

系理 10.8 是一個關於內插法極具威力的敘述。雖然一開始相當複雜，但有另一個方式來計算和畫出圖 10.5 及 10.6 裡的三角內插多項式，也就是利用離散傅立葉轉換來處理所有的工作，而不需要畫出 (10.19) 裡的正弦和餘弦函數結

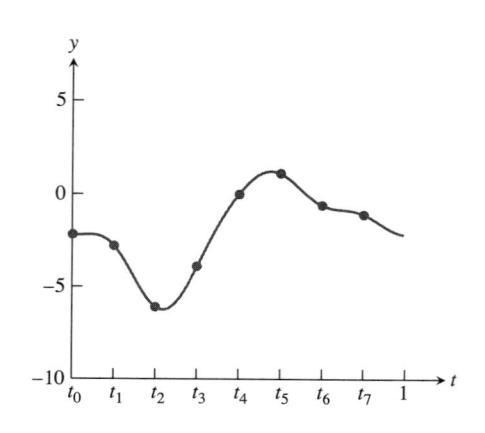

圖 10.6 範例 4.6 數據的三角內插函數。以 $n=8$ 的傅立葉轉換求數據點 $t=[0, 1/8, 1/4, 3/8, 1/2, 5/8, 3/4, 7/8]$、$x=[-2.2, -2.8, -6.1, -3.9, 0.0, 1.1, -0.6, -1.1]$ 的內插函數，利用程式 10.1 代入 $p=100$ 所得圖形結果。

三角內插與快速傅立葉轉換

果。畢竟，我們從定理 10.6 得知數據點 x 向量乘上 F_n，會將數據轉換成內插係數；相反地，我們也可以將內插係數轉換成數據點。與其計算 (10.19) 式，不如求逆離散傅立葉轉換：也就是將內插係數向量 $[a_k+ib_k]$ 乘上 F_n^{-1}。

當然，如果在 F_n 運算之後跟著乘上逆運算 F_n^{-1}，我們可得回原來的數據點，但沒有任何意義。與其如此，我們可以令 $p \geq n$ 為一個較大的數字，我們計畫把 (10.19) 式視為一個 p 階三角函數，然後用逆傅立葉轉換，來計算擬合 p 個等距點的曲線。我們可以取足夠大的 p 使得圖形看起來像是連續一般。

將 $P_n(t)$ 的係數視為 p 階三角多項式的係數，如此我們可以重新整理 (10.19) 式成為：

$$P_p(t) = \frac{\sqrt{\frac{p}{n}}a_0}{\sqrt{p}} + \frac{2}{\sqrt{p}}\sum_{k=1}^{p/2-1}\left(\sqrt{\frac{p}{n}}a_k\cos\frac{2k\pi(t-c)}{d-c} - \sqrt{\frac{p}{n}}b_k\sin\frac{2k\pi(t-c)}{d-c}\right)$$
$$+ \frac{\sqrt{\frac{p}{n}}a_{n/2}}{\sqrt{p}}\cos n\pi t \tag{10.21}$$

其中當 $k = \frac{n}{2}+1,\ldots,\frac{p}{2}$ 時，我們令 $a_k=b_k=0$。從 (10.21) 式可以推得，要得到落在曲線 (10.19) 式上 $t_j=c+j(d-c)/n$ (對 $j=0, ..., n-1$) 的 p 個點，必須將傅立葉係數乘上 $\sqrt{p/n}$，並求其逆離散傅立葉轉換。

我們以 MATLAB 程式碼來執行這個概念。大抵來說，要用 MATLAB 指令 `fft` 和 `ifft` 來計算，

$$F_p^{-1}\sqrt{\frac{p}{n}}F_n x$$

其中

$$F_p^{-1} = \sqrt{p}\cdot \text{ifft} \text{ 以及 } F_n = \frac{1}{\sqrt{n}}\cdot \text{fft}.$$

將以上公式結合在一起，便可得下列運算式：

$$\sqrt{p}\cdot \text{ifft}_{[p]}\sqrt{\frac{p}{n}}\frac{1}{\sqrt{n}}\cdot \text{fft}_{[n]} = \frac{p}{n}\cdot \text{ifft}_{[p]}\cdot \text{fft}_{[n]}. \tag{10.22}$$

當然，F_p^{-1} 只能應用在 p 維向量，因此我們需要在執行逆離散傅立葉轉換之前，將 n 次傅立葉係數寫入 p 維向量中。可用簡短的程式碼 `dftinterp.m` 完成這些步驟。

```
% 程式 10.1 傅立葉內插
% 在 [c,d] 間，以三角函數 p(t) 內插 n 個數據點
% 並以 p (>=n) 等距點繪出內插函數
% 輸入：區間 [c,d], 數據點 x, 偶數數據點個數 n, 偶數 p>=n
% 輸出：內插結果 xp
%Output: data points of interpolant xp
function xp=dftinterp(inter,x,n,p)
c=inter(1);d=inter(2);t=c+(d-c)*(0:n-1)/n; tp=c+(d-c)*(0:p-1)/p;
y=fft(x);                     % 進行 DFT
yp=zeros(p,1);                % yp 將用來存放 ifft 係數
yp(1:n/2+1)=y(1:n/2+1);       % 從 n 個頻率移動到 p 個頻率
yp(p-n/2+2:p)=y(n/2+2:n);     % 上半部亦相同
xp=real(ifft(yp))*(p/n);      % 用逆 FFT 來恢復數據點
plot(t,x,'o',tp,xp)           % 繪出數據點及其內插函數
```

執行函數 `dftinterp([0,1],[−2.2 −2.8 −6.1 −3.9 0.0 1.1 −0.6 −1.1],8,100)`，舉例來說，不需要直接利用正弦和餘弦函數便可以得到圖 10.6 中 $p=100$ 個繪圖點。程式碼中有些註解按順序下來，目的是執行 $\text{fft}_{[n]}$，接下來 $\text{ifft}_{[p]}$，再乘上 p/n。對 x 的 n 個值應用 `fft` 後，向量 y 的係數從 $P_n(t)$ 的 n 個頻率移動到有 p 個頻率的向量 y_p，其中 $p \geq n$。在 p 個頻率中位置在 $n/2+2$ 與 $p/2+1$ 之間，有許多高頻率並未被 P_n 使用，這些則以係數 0 代替。yp 的上半部元素和下半部是類似的，根據 (10.13) 式為共軛複數並反向排序。離散傅立葉轉換後為指令 `ifft` 的逆離散傅利葉轉換，雖然理論上所得應為實數，但實際上因為捨入誤差會有一些很小的虛數部分，所以用 `real` 指令來移除這些誤差。

有個特別簡單且有用的情況是當 $c=0$ 及 $d=n$，數據點 x_j 選定在整數內插節點 $s_j=j$，$j=0,...,n-1$。數據點 (j, x_j) 的內插三角函數為

$$P_n(s) = \frac{a_0}{\sqrt{n}} + \frac{2}{\sqrt{n}} \sum_{k=1}^{n/2-1} \left(a_k \cos \frac{2k\pi}{n} s - b_k \sin \frac{2k\pi}{n} s \right) + \frac{a_{n/2}}{\sqrt{n}} \cos \pi s. \quad (10.23)$$

在第 11 章裡，根據對於聲音和影像資料壓縮演算法一致的慣例，我們將只用

整數內插節點。

10.2 習題

1. 用離散傅立葉轉換和系理 10.8 求下列數據的三角內插函數：

(a)
t	x
0	0
$\frac{1}{4}$	1
$\frac{1}{2}$	0
$\frac{3}{4}$	-1

(b)
t	x
0	1
$\frac{1}{4}$	1
$\frac{1}{2}$	-1
$\frac{3}{4}$	-1

(c)
t	x
0	-1
$\frac{1}{4}$	1
$\frac{1}{2}$	-1
$\frac{3}{4}$	1

(d)
t	x
0	1
$\frac{1}{4}$	1
$\frac{1}{2}$	1
$\frac{3}{4}$	1

2. 用 (10.23) 式求下列數據的三角內插函數：

(a)
t	x
0	0
1	1
2	0
3	-1

(b)
t	x
0	1
1	1
2	-1
3	-1

(c)
t	x
0	1
1	2
2	4
3	1

(d)
t	x
0	1
1	0
2	1
3	0

3. 求下列數據的三角內插函數：

(a)
t	x
0	0
$\frac{1}{8}$	1
$\frac{1}{4}$	0
$\frac{3}{8}$	-1
$\frac{1}{2}$	0
$\frac{5}{8}$	1
$\frac{3}{4}$	0
$\frac{7}{8}$	-1

(b)
t	x
0	1
$\frac{1}{8}$	2
$\frac{1}{4}$	1
$\frac{3}{8}$	0
$\frac{1}{2}$	1
$\frac{5}{8}$	2
$\frac{3}{4}$	1
$\frac{7}{8}$	0

(c)
t	x
0	1
$\frac{1}{8}$	1
$\frac{1}{4}$	1
$\frac{3}{8}$	1
$\frac{1}{2}$	0
$\frac{5}{8}$	0
$\frac{3}{4}$	0
$\frac{7}{8}$	0

(d)
t	x
0	1
$\frac{1}{8}$	-1
$\frac{1}{4}$	1
$\frac{3}{8}$	-1
$\frac{1}{2}$	0
$\frac{5}{8}$	-1
$\frac{3}{4}$	1
$\frac{7}{8}$	-1

4. 求下列數據的三角內插函數：

(a)

t	x
0	0
1	1
2	0
3	-1
4	0
5	1
6	0
7	-1

(b)

t	x
0	1
1	2
2	1
3	0
4	1
5	2
6	1
7	0

(c)

t	x
0	1
1	0
2	1
3	0
4	1
5	0
6	1
7	0

(d)

t	x
0	-1
1	0
2	0
3	0
4	1
5	0
6	0
7	0

5. 當 n 為奇數，求出 (10.19) 式的內插函數版本。

10.2 電腦演算題

1. 求下列數據的八階三角內插函數 $P_8(t)$：

(a)

t	x
0	0
$\frac{1}{8}$	1
$\frac{1}{4}$	2
$\frac{3}{8}$	3
$\frac{1}{2}$	4
$\frac{5}{8}$	5
$\frac{3}{4}$	6
$\frac{7}{8}$	7

(b)

t	x
0	2
$\frac{1}{8}$	-1
$\frac{1}{4}$	0
$\frac{3}{8}$	1
$\frac{1}{2}$	1
$\frac{5}{8}$	3
$\frac{3}{4}$	-1
$\frac{7}{8}$	-1

(c)

t	x
0	3
1	1
2	4
3	2
4	3
5	1
6	4
7	2

(d)

t	x
1	1
2	-2
3	5
4	3
5	-2
6	-3
7	1
8	2

繪出數據點和 $P_8(t)$。

2. 求下列數據的八階三角內插函數 $P_8(t)$：

(a)

t	x
0	6
$\frac{1}{8}$	5
$\frac{1}{4}$	4
$\frac{3}{8}$	3
$\frac{1}{2}$	2
$\frac{5}{8}$	1
$\frac{3}{4}$	0
$\frac{7}{8}$	-1

(b)

t	x
0	3
$\frac{1}{8}$	1
$\frac{1}{4}$	2
$\frac{3}{8}$	-1
$\frac{1}{2}$	-1
$\frac{5}{8}$	-2
$\frac{3}{4}$	3
$\frac{7}{8}$	0

(c)

t	x
0	1
2	2
4	4
6	-1
8	0
10	1
12	0
14	2

(d)

t	x
-7	2
-5	1
-3	0
-1	5
1	7
3	2
5	1
7	-4

繪出數據點和 $P_8(t)$

3. 對等距點 $(j/8, f(j/8))$，$j=0, ..., 7$，求 $f(t)=e^t$ 的八階三角內插函數。繪出 $f(t)$、數據點以及內插函數。

4. 以 (a) $n=16$ 和 (b) $n=32$，在 [0, 1] 間繪出電腦演算題 3 的內插函數 $P_n(t)$，以及數據點和 $f(t)=e^t$。

5. 對等距點 $(1+j/8, f(1+j/8))$，$j=0, ..., 7$，求 $f(t)=\ln t$ 的八階三角內插函數。繪出 $f(t)$、數據點以及內插函數。

6. 以 (a) $n=16$ 和 (b) $n=32$，在 [0, 1] 間繪出電腦演算題 5 的內插函數 $P_n(t)$，以及數據點和 $f(t)=\ln t$。

10.3 快速傅立葉轉換和訊號處理

離散傅立葉轉換內插定理 10.6 只是傅立葉轉換的應用之一。在本節中，我們將從更普遍的觀點來看內插，說明如何用三角函數來找出最小平方近似函數；這些概念構成了現代訊號處理的基礎，它們將在第 11 章再次出現，應用於**離散餘弦轉換** (Discrete Cosine Transform)。

❖ 10.3.1 正交與內插

定理 10.6 的簡單內插結果，是用 $F_n^{-1} = \overline{F}_n^T = \overline{F}_n$ 的事實來完成，其中 F_n 為

么正矩陣。我們在第 4 章曾經遇到過這個定義的實數版本，如果 $U^{-1}=U^T$，則稱為矩陣 U 為正交矩陣。現在我們探討特別形式的正交矩陣，將可立刻轉換成好的內插運算。

定理 10.9 正交函數內插定理 (Orthogonal Function Interpolation Theorem)。令 $f_0(t), ..., f_{n-1}(t)$ 為 t 的函數，且 $t_0, ..., t_{n-1}$ 為實數。假設 $n \times n$ 矩陣

$$A = \begin{bmatrix} f_0(t_0) & f_0(t_1) & \cdots & f_0(t_{n-1}) \\ f_1(t_0) & f_1(t_1) & \cdots & f_1(t_{n-1}) \\ \vdots & \vdots & & \vdots \\ f_{n-1}(t_0) & f_{n-1}(t_1) & \cdots & f_{n-1}(t_{n-1}) \end{bmatrix} \tag{10.24}$$

為一實數 $n \times n$ 正交矩陣。若 $y = Ax$，函數

$$F(t) = \sum_{k=0}^{n-1} y_k f_k(t)$$

內插 $(t_0, x_0), ..., (t_{n-1}, x_{n-1})$，也就是說，$F(t_j) = x_j$，當 $j = 0, ..., n-1$。

證明： 由 $y = Ax$ 可得

$$x = A^{-1}y = A^T y,$$

這表示

$$x_j = \sum_{k=0}^{n-1} a_{kj} y_k = \sum_{k=0}^{n-1} y_k f_k(t_j)$$

對 $j = 0, ..., n-1$，便可得證。

範例 10.4
對區間 $[c, d]$ 和正偶數 n，證明定理 10.9 的假設在 $t_j = c + j(d-c)/n$ 成立，其中 $j = 0, ..., n-1$，且

$$f_0(t) = \sqrt{\frac{1}{n}}$$

$$f_1(t) = \sqrt{\frac{2}{n}} \cos \frac{2\pi(t-c)}{d-c}$$

$$f_2(t) = \sqrt{\frac{2}{n}} \sin \frac{2\pi(t-c)}{d-c}$$

$$f_3(t) = \sqrt{\frac{2}{n}} \cos \frac{4\pi(t-c)}{d-c}$$

$$f_4(t) = \sqrt{\frac{2}{n}} \sin \frac{4\pi(t-c)}{d-c}$$

$$\vdots$$

$$f_{n-1}(t) = \frac{1}{\sqrt{n}} \cos \frac{n\pi(t-c)}{d-c}.$$

矩陣為

$$A = \sqrt{\frac{2}{n}} \begin{bmatrix} \frac{1}{\sqrt{2}} & \frac{1}{\sqrt{2}} & \cdots & \frac{1}{\sqrt{2}} \\ 1 & \cos \frac{2\pi}{n} & \cdots & \cos \frac{2\pi(n-1)}{n} \\ 0 & \sin \frac{2\pi}{n} & \cdots & \sin \frac{2\pi(n-1)}{n} \\ \vdots & \vdots & & \vdots \\ \frac{1}{\sqrt{2}} & \frac{1}{\sqrt{2}} \cos \pi & \cdots & \frac{1}{\sqrt{2}} \cos(n-1)\pi \end{bmatrix}. \tag{10.25}$$

引理 10.10 證明了 A 的列為兩兩正交。

引理 10.10 令 $n \geq 1$ 且 k、l 為整數,則

$$\sum_{j=0}^{n-1} \cos \frac{2\pi jk}{n} \cos \frac{2\pi jl}{n} = \begin{cases} n & \text{如果 } (k-l)/n \text{ 和 } (k+l)/n \text{ 均為整數} \\ \frac{n}{2} & \text{如果 } (k-l)/n \text{ 和 } (k+l)/n \text{ 正好一個為整數} \\ 0 & \text{如果兩者均不為整數} \end{cases}$$

$$\sum_{j=0}^{n-1} \cos \frac{2\pi jk}{n} \sin \frac{2\pi jl}{n} = 0$$

$$\sum_{j=0}^{n-1} \sin\frac{2\pi jk}{n}\sin\frac{2\pi jl}{n} = \begin{cases} 0 & \text{如果 } (k-l)/n \text{ 和 } (k+l)/n \text{ 均為整數} \\ \frac{n}{2} & \text{如果 } (k-l)/n \text{ 為整數,但 } (k+l)/n \text{ 不是} \\ -\frac{n}{2} & \text{如果 } (k+l)/n \text{ 為整數,但 } (k-l)/n \text{ 不是} \\ 0 & \text{如果兩者均不為整數} \end{cases}$$

這個引理的證明是參照引理 10.1,見習題 5。

回到範例 10.4,令 $y=Ax$,定理 10.9 能夠立刻給出點 (t_j, x_j) 的內插函數

$$\begin{aligned} F(t) = & \frac{1}{\sqrt{n}}y_0 \\ & + \sqrt{\frac{2}{n}}y_1 \cos\frac{2\pi(t-c)}{d-c} + \sqrt{\frac{2}{n}}y_2 \sin\frac{2\pi(t-c)}{d-c} \\ & + \sqrt{\frac{2}{n}}y_3 \cos\frac{4\pi(t-c)}{d-c} + \sqrt{\frac{2}{n}}y_4 \sin\frac{4\pi(t-c)}{d-c} \\ & \vdots \\ & + \frac{1}{\sqrt{n}}y_{n-1}\cos\frac{n\pi(t-c)}{d-c} \end{aligned} \quad (10.26)$$

這與 (10.19) 式相符。

範例 10.5

以範例 10.4 的函數當基底函數來內插範例 10.3 的數據點 $x=[-2.2, -2.8, -6.1, -3.9, 0.0, 1.1, -0.6, -1.1]$。

計算 8×8 矩陣 A 與 x 相乘可得

$$Ax = \sqrt{\frac{2}{8}} \begin{bmatrix} \frac{1}{\sqrt{2}} & \frac{1}{\sqrt{2}} & \frac{1}{\sqrt{2}} & \cdots & \frac{1}{\sqrt{2}} \\ 1 & \cos 2\pi\frac{1}{8} & \cos 2\pi\frac{2}{8} & \cdots & \cos 2\pi\frac{7}{8} \\ 0 & \sin 2\pi\frac{1}{8} & \sin 2\pi\frac{2}{8} & \cdots & \sin 2\pi\frac{7}{8} \\ 1 & \cos 4\pi\frac{1}{8} & \cos 4\pi\frac{2}{8} & \cdots & \cos 4\pi\frac{7}{8} \\ 0 & \sin 4\pi\frac{1}{8} & \sin 4\pi\frac{2}{8} & \cdots & \sin 4\pi\frac{7}{8} \\ 1 & \cos 6\pi\frac{1}{8} & \cos 6\pi\frac{2}{8} & \cdots & \cos 6\pi\frac{7}{8} \\ 0 & \sin 6\pi\frac{1}{8} & \sin 6\pi\frac{2}{8} & \cdots & \sin 6\pi\frac{7}{8} \\ \frac{1}{\sqrt{2}} & \frac{1}{\sqrt{2}}\cos\pi & \frac{1}{\sqrt{2}}\cos 2\pi & \cdots & \frac{1}{\sqrt{2}}\cos 7\pi \end{bmatrix} \begin{bmatrix} -2.2 \\ -2.8 \\ -6.1 \\ -3.9 \\ 0.0 \\ 1.1 \\ -0.6 \\ -1.1 \end{bmatrix} = \begin{bmatrix} -5.5154 \\ -1.4889 \\ -5.1188 \\ 2.2500 \\ 1.6500 \\ -0.7111 \\ 0.3812 \\ -0.7778 \end{bmatrix}.$$

依據公式 (10.26) 可得內插函數

$$\begin{aligned} P(t) = & -1.95 - 0.7445\cos 2\pi t - 2.5594\sin 2\pi t \\ & + 1.125\cos 4\pi t + 0.825\sin 4\pi t \\ & - 0.3555\cos 6\pi t + 0.1906\sin 6\pi t \\ & - 0.2750\cos 8\pi t, \end{aligned}$$

與範例 10.3 所得相符。

❖ 10.3.2 用三角函數作最小平方擬合

系理 10.8 說明離散傅立葉轉換如何使內插 [0, 1] 間的 n 個等距數據點變得容易，這用到三角函數結果

$$P_n(t) = \frac{a_0}{\sqrt{n}} + \frac{2}{\sqrt{n}} \sum_{k=1}^{n/2-1} (a_k \cos 2k\pi t - b_k \sin 2k\pi t) + \frac{a_{n/2}}{\sqrt{n}} \cos n\pi t. \quad (10.27)$$

注意其項數為 n，和數據點個數相同 (在本章裡，我們假設 n 是偶數)。數據點越多，就有越多的餘弦和正弦函數加入幫助這個內插。

　　正如我們在第 3 章所發現的，當數據點個數 n 很大時，便較少用完全擬合模型。事實上，模型的一般應用要能摒除一些細節 (失真壓縮) 以簡化事物。第二個內插的理由我們在第 4 章討論過，是假設數據點並不完全準確，要精確地執行一個內插函數是不適當的。

> **聚焦　正交性**
>
> 在第四章中，我們建立了正規方程式 $A^T A \bar{x} = A^T b$，用基底函數來求最小平方近似函數。定理 10.9 的目的是找出特殊的情形，讓正規方程式變得明顯，因而大幅簡化了最小平方過程。這產生一個所謂正交函數的非常有用的理論，主要範例包括了本章中的傅立葉轉換，以及第 11 章的餘弦轉換。

這兩個問題都驅使我們找出一個最小平方法來擬合如 (10.27) 式類型的函數。因為係數 a_k 和 b_k 在模型中以線性出現，因此我們可以直接利用第 4 章中的同一個程式，利用正規方程式來求解最佳係數。當我們嘗試這個方法後，就會發現一個令人驚訝的結果，它將會把我們直接送回到離散傅立葉轉換。

回到定理 10.9，令 n 代表數據點 x_j 的個數，為了使其簡化，我們將該些數據點想成出現在區間 [0, 1] 裡的等距時間 $t_j = j/n$。我們將以正偶數 m 來代表最小平方擬合的基底函數個數。也就是說，我們將以前 m 個基底函數，$f_0(t)$, ..., $f_{m-1}(t)$，來進行擬合。擬合 n 個數據點的函數為

$$P_m(t) = \sum_{k=0}^{m-1} c_k f_k(t), \qquad (10.28)$$

其中 c_k 為所要求得的係數。當 $m=n$ 時，這個問題仍然是內插，但是當 $m<n$ 時，便成為壓縮問題。在此情況下，我們希望利用 P_m 以最小的誤差平方來擬合數據點。

最小平方問題是要求出係數 $c_0, ..., c_{m-1}$，使得等式

$$\sum_{k=0}^{m-1} c_k f_k(t_j) = x_j$$

的誤差盡可能地小。若以矩陣形式表示，則為

$$A_m^T c = x, \qquad (10.29)$$

其中 A_m 為 A 的前 m 列所組成的矩陣。依據定理 10.9 的假設，A_m^T 有兩兩正交的行，當我們設定正規方程式解 c，

$$A_m A_m^T c = A_m x$$

其中 $A_m A_m^T$ 會等於單位矩陣。因此最小平方解為

$$c = A_m x, \qquad (10.30)$$

便很容易可以求得。我們已經證明了以下由定理 10.9 所衍生的有用結果：

定理 10.11

正交函數最小平方近似定理 (Orthogonal Function Least Squares Approximation Theorem)　令整數 $m \leq n$，並假設給定數據點 $(t_0, x_0), ..., (t_{n-1}, x_{n-1})$；令 $y = Ax$，其中 A 為 (10.24) 形式的正交矩陣，則以基底函數 $f_0(t), ..., f_{n-1}(t)$ 所構成的內插函數為

$$F_n(t) = \sum_{k=0}^{n-1} y_k f_k(t), \tag{10.31}$$

且只利用函數 $f_0, ..., f_{m-1}$ 的最佳最小平方近似解為

$$F_m(t) = \sum_{k=0}^{m-1} y_k f_k(t). \tag{10.32}$$

這個既美麗又實用的事實表示，給定 n 個數據點，可求得 $m < n$ 項三角函數的最佳最小平方擬合數據。可以計算 n 項的實際內插函數，然後只保留所需的前 m 項；換句話說，當高頻率項次被移除時，x 的內插係數 Ax 也可以很容易地降低。保持 n 項展開式中的 m 個最低項，將保證符合 m 個最低頻率項目之最佳擬合。這個性質反映了基底函數的「正交性」。

依據定理 10.11 之前的推理，可以很容易用來證明一些比較一般性的事物。我們說明了如何由前 m 個基底函數構成最小平方解，但實際上，函數順序沒有意義；我們可以指定基底函數的任一個子集合；只要將 (10.31) 式內沒有包含在子集合裡的項目移除，就可以很簡單地找出所求之最小平方解。(10.32) 式的版本是一個**低通濾波器** (low-pass filter)，假設較低註標函數為較低「頻率」，但藉著改變基底函數的子集合，只要移除不要的係數，我們就能通過任何指定的頻率。

現在我們回到三角多項式 (10.27)，說明當 $m < n$ 時，如何以 m 階函數擬合 n 個數據點。所使用的基底函數是範例 10.4 裡的函數，其符合定理 10.9 的假設。定理 10.11 說明了，無論內插係數為何，都能藉由移除所有 m 階以上項目的係數，來找出 m 階的最佳最小平方近似解。我們來看下面的應用：

系理 10.12 對區間 $[c, d]$，令 m 為小於 n 的正偶數，$x = (x_0, ..., x_{n-1})$ 為 n 個實數的向量，以及 $t_j = c + j(d-c)/n$，對 $j = 0, ..., n-1$；令 $\{a_0, a_1, b_1, a_2, b_2, ..., a_{n/2-1}, b_{n/2-1}, a_{n/2}\} = F_n x$ 為 x 的內插係數，使得

$$x_j = P_n(t_j) = \frac{a_0}{\sqrt{n}} + \frac{2}{\sqrt{n}} \sum_{k=1}^{\frac{n}{2}-1} \left(a_k \cos \frac{2k\pi(t_j - c)}{d-c} - b_k \sin \frac{2k\pi(t_j - c)}{d-c} \right) + \frac{a_{\frac{n}{2}}}{\sqrt{n}} \cos \frac{n\pi(t_j - c)}{d-c}$$

對 $j = 0, ..., n-1$。則

$$P_m(t) = \frac{a_0}{\sqrt{n}} + \frac{2}{\sqrt{n}} \sum_{k=1}^{\frac{m}{2}-1} \left(a_k \cos \frac{2k\pi(t - c)}{d-c} - b_k \sin \frac{2k\pi(t - c)}{d-c} \right) + \frac{2a_{\frac{m}{2}}}{\sqrt{n}} \cos \frac{n\pi(t - c)}{d-c}$$

為擬合數據 (t_j, x_j) 的最佳 m 階最小平方擬合函數，其中 $j = 0, ..., n-1$。

另一個體會定理 10.11 威力的方法是，把它和之前在最小平方模型所使用的單項式基底函數來比較。擬合點 $(0, 3)$、$(1, 3)$、$(2, 5)$ 的最佳最小平方拋物線為 $y = x^2 - x + 3$。換句話說，$y = a + bx + cx^2$ 模型最好的係數為 $a = 3$、$b = -1$、$c = 1$ (因為在此例中的平方誤差為零——此為內插拋物線)。現在我們來找出基底函數的子集合，例如，將模型改為 $y = a + bx$，我們計算出最適合的直線為 $a = 8/3$、$b = 1$，注意這個一次的係數跟它們在二次的對應係數並無關係，而這是在三角基底函數裡不會發生的情況。一個內插函數，或是如 (10.28) 式的任何一個最小平方擬合，都明確地包含了所有較低階最小平方擬合的資訊。

因為離散傅立葉轉換有非常簡單的最小平方解，所以特別容易寫成電腦程式來執行這些步驟。令整數 $m < n < p$，其中 n 代表數據點點數，m 為最小平方三角函數模型的階數，而 p 則是控制繪製最佳模型圖形的解析度。我們可以把最小平方想成「濾除」n 階內插值的高頻率部分，只留下最低的 m 個頻率。

```
% 程式 10.2 最小平方三角擬合
% [c,d]間 n 數據點的三角函數最小平方
%      其中 2 <=m <=n. 用 p(>=n)點最佳擬合函數值來繪圖
```

```
% 輸入：區間[ c,d] ,數據點 x, 偶數 m,
        偶數的數據點 n,偶數 p>=n
% 輸出：濾波點 xp
function xp=dftfilter(inter,x,m,n,p)
c=inter(1); d=inter(2);
t=c+(d-c)*(0:n-1)/n;        %  (n)數據點的時間點
tp=c+(d-c)*(0:p-1)/p;       %  (p)內插點的時間點
y=fft(x);                   %  計算內插係數
yp=zeros(p,1);              %  保留係數等 ifft 叫用
yp(1:m/2)=y(1:m/2);         %  只保留前 m 個頻率
yp(m/2+1)=real(y(m/2+1));   %  因為 m 為偶數,只保留了 cos 項
if(m<n)                     %  除非在最高頻部分
  yp(p-m/2+1)=yp(m/2+1);    %     將共軛複數
end                         %     加到上半部對應位置
yp(p-m/2+2:p)=y(n-m/2+2:n); %  上半部其他的共軛複數
xp=real(ifft(yp))*(p/n);    %  以逆 fft 復原數據點
plot(t,x,'o',tp,xp)         %  畫出數據點和最小平方近似函數
```

範例 10.6

求擬合範例 10.3 溫度資料的四階和六階最小平方三角函數。

系理 10.12 的特點在於我們可以運用 F_n 來內插數據點,然後削減項目以得到較低階的最小平方擬合函數。以範例 10.3 所得的結果為：

$$\begin{aligned} P_8(t) = &-1.95 - 0.7445\cos 2\pi t - 2.5594\sin 2\pi t \\ &+ 1.125\cos 4\pi t + 0.825\sin 4\pi t \\ &- 0.3555\cos 6\pi t + 0.1906\sin 6\pi t \\ &- 0.2750\cos 8\pi t. \end{aligned} \tag{10.33}$$

因此,四階和六階的最小平方模型為

$$\begin{aligned} P_4(t) = &-1.95 - 0.7445\cos 2\pi t - 2.5594\sin 2\pi t + 1.125\cos 4\pi t \\ P_6(t) = &-1.95 - 0.7445\cos 2\pi t - 2.5594\sin 2\pi t \\ &+ 1.125\cos 4\pi t - 0.825\sin 4\pi t - 0.3555\cos 6\pi t. \end{aligned}$$

圖 10.7 顯示了這兩個最小平方擬合函數,分別以 $m=4$ 和 6 代入以下函式求得,

```
dftfilter([0,1],[-2.2,-2.8,-6.1,-3.9,0.0,1.1,-0.6,-1.1],m,8,200)
```

$m=4$ 的擬合函數和範例 4.6 以基底 1、$\cos 2\pi t$、$\sin 2\pi t$、$\cos 4\pi t$ 所得擬合函數相同，並繪於圖 4.5(b) 中。

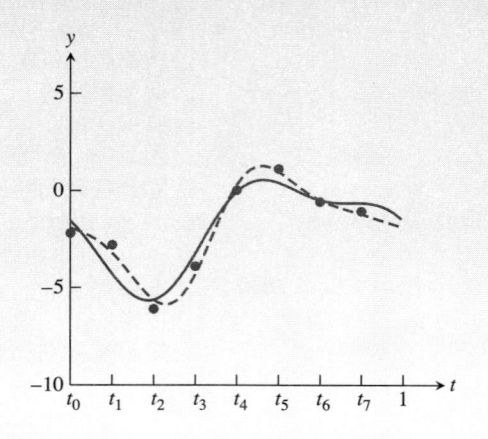

圖 10.7 範例 10.6 的最小平方三角擬合。$m=4$ (實線) 和 $m=6$ (虛線) 的擬合函數。輸入向量 x 為 $[-2.2, -2.8, -6.1, -3.9, 0.0, -0.6, -1.1]^T$。當 $m=8$ 時擬合函數即為圖 10.6 的三角內插函數。

◆

程式 `dftfilter.m` 可以改得更有效率，它可計算 n 階內插函數係數而忽略掉多於的 $n-m$ 個係數。當然，如果我們只需知道 n 數據點的前 m 個傅立葉係數，我們可以只用傅立葉矩陣 F_n 的前 m 列來乘上 x 即可。換句話說，可以 $m \times n$ 子矩陣來取代 $n \times n$ 矩陣 F_n。利用此特性便可完成 `dftfilter.m` 的改良版本。

❖ 10.3.3 聲音、雜訊和濾波

上一節裡的 `dftfilter.m` 程式碼，簡介了數位訊號處理的廣大領域。我們用傅立葉轉換把訊號 $\{x_0, ..., x_{n-1}\}$ 的資訊，從「時間域」轉換到比較容易運用的「頻率域」。當我們完成所需要的改變後，就能夠藉著逆快速傅立葉轉換將訊號送回到時間域。

如果 x 代表聲音訊號，由於我們的聽覺系統建構的方式，這樣處理是有幫

助的。人類耳朵含有能夠回應頻率的結構,因此建構頻率域有著直接的意義。我們將以聲音和訊號處理的基本概念,以及一些簡易的 MATLAB 指令來作說明。

一個聲音訊號包含了一組以時間為指標的實數,每個實數代表了一個聲音強度。當聲音訊號傳送回來時,喇叭便會振動,振幅跟訊號相符,造成周圍空氣以相同頻率振動。當聲波傳送到你的耳朵時,你就會感覺到聲音。

MATLAB 提供韓德爾哈利路亞合唱 (Handel's Hallelujah Chorus) 中最初九秒的聲音訊號做為樣本,圖 10.8 的曲線顯示了檔案的前 $2^8 = 256$ 個值,代表了聲音的強度;音樂的取樣速率為 $2^{13} = 8192$ Hz,也就是說,強度以每秒 2^{13} 個的速率播送,且為等距的。要取得該訊號,請輸入:

```
>> load handel
```

它將在**工作區** (workspace) 中放入變數 Fs 和 y,第一個變數是取樣速率 $Fs = 8192$,變數 y 則是一個長度為 73113 之聲音訊號的向量。如果你有電腦喇叭,MATLAB 指令

```
>> sound(y,Fs)
```

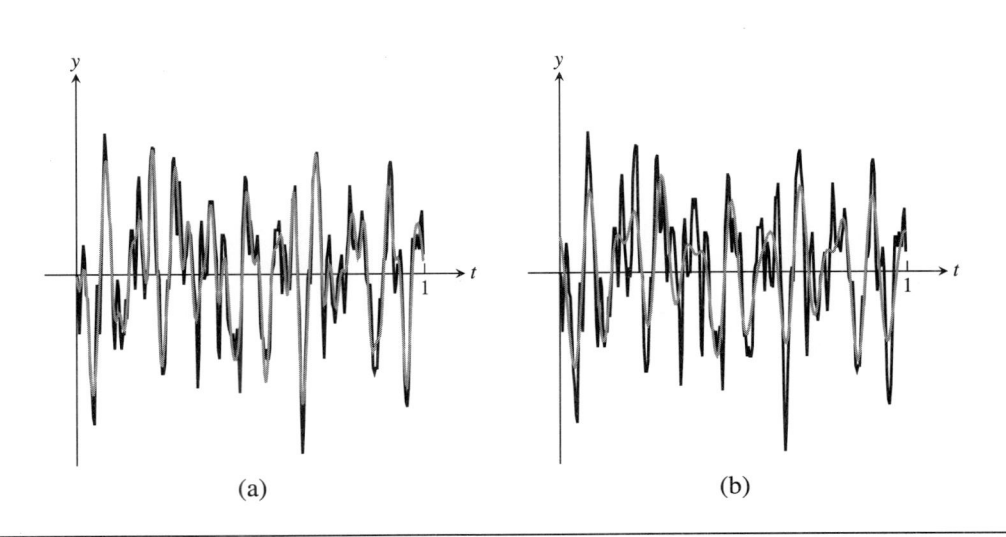

圖 10.8 聲音曲線及其濾波版本。哈利路亞合唱的前 1/32 秒 (黑色曲線上有 256 個點),以及濾波版本 (灰色曲線)。(a) 64 個基底函數、4:1 壓縮比與 (b) 32 個基底函數、8:1 壓縮比。

可以用正確的取樣速率 Fs 來播放此訊號。

可以用系理 10.12 對哈利路亞合唱數據進行濾波。利用 `dftfilter.m` 加上前 $n=256$ 訊號樣本，以及 $m=64$ 和 32 個基底函數，所產生的結果為圖 10.8 裡的灰色曲線。讀者可以試著用其他聲音檔案來探討濾波功能。

有個常見的聲音檔案格式為 `.wav`。這種立體聲 `.wav` 檔案有兩個配對訊號，分別從兩個不同的喇叭播放。例如，用 MATLAB 指令

```
>> [y,Fs]=wavread('castanets')
```

可以從檔案 `castanets.wav` 中擷取立體聲訊號，然後載入到 MATLAB 的 $n \times 2$ 矩陣 y，每一行為一分開的聲音訊號 (`castanets.wav` 檔案為常見的聲音測試檔案，很容易從網路搜尋取得)。MATLAB 指令 `wavwrite` 將過程倒轉，可由簡單的聲音訊號產生一個 `.wav` 檔案。

濾波功能有兩種使用方式，它可以用一個簡單些的函數盡可能地去符合原始聲波。這是一個壓縮格式，與其用 256 個數字來儲存聲波，不如只儲存最低的 m 頻率元件，然後當需要時再用系理 10.12 的方式來重組聲波。圖 10.8(a) 中，我們利用 $m=64$ 個實數，來代替原本的 256 個，壓縮比為 4：1。要注意此為失真壓縮，因為我們無法完全精確重組原始聲波。

濾波功能第二個主要的應用是要消除雜訊，已知一個音樂檔案，其中音樂或是說話聲被高頻率雜訊 (或嘶嘶聲) 所毀損，要提高聲音的品質，重點是要消除較高頻雜訊。當然，所謂的低通濾波器像一個遲鈍的鐵鎚，聲音的高頻部分可能是泛音，對於聽者來說甚至可能不明顯，也許也會被刪除。濾波的主題

聚焦　壓縮

濾波是一個失真壓縮的作法，對於聲音訊號來說，目的在於降低儲存或傳送聲音所需的資料量，卻不需要犧牲音樂效果或說話資訊等訊號原始所要保存的效果。這最好是在頻率域中進行，意思是應用離散傅立葉轉換來巧妙處理頻率的組成要件，然後再做逆離散傅立葉轉換。

是訊號處理眾多文獻的一部分，讀者可以參考 [9] 做更深入的學習。在實作 10 中，我們將探討一個被廣泛應用的濾波，稱為 **Wiener 濾波器** (Wiener filter)。

10.3 習 題

1. 對習題 10.2.1 的數據，求以 1 和 $\cos 2\pi t$ 為基底函數的最佳二階最小平方近似函數。

2. 對習題 10.2.1 的數據，求以 1、$\cos 2\pi t$、$\sin 2\pi t$ 為基底函數的最佳三階最小平方近似函數。

3. 對習題 10.2.3 的數據，求以 1、$\cos 2\pi t$、$\sin 2\pi t$、$\cos 4\pi t$ 為基底函數的最佳四階最小平方近似函數。

4. 對習題 10.2.4 的數據，求以 1、$\cos \frac{\pi}{4} t$、$\sin \frac{\pi}{4} t$ 及 $\cos \frac{\pi}{2} t$ 為基底函數的最佳四階最小平方近似函數。

5. 證明引理 10.10。[提示：以 $(e^{i2\pi jk/n} + e^{-i2\pi jk/n})/2$ 表示 $\cos 2\pi jk/n$，並將每一項都以 $\omega = e^{-i2\pi/n}$ 表示，如此便可應用引理10.1。]

10.3 電腦演算題

1. 對下列數據點分別求 $m = 2$ 階和 4 階的最小平方三角近似函數：

(a)

t	y
0	3
$\frac{1}{4}$	0
$\frac{1}{2}$	-3
$\frac{3}{4}$	0

(b)

t	y
0	2
$\frac{1}{4}$	0
$\frac{1}{2}$	5
$\frac{3}{4}$	1

(c)

t	y
0	5
1	2
2	6
3	1

(d)

t	y
1	-1
2	1
3	4
4	3
5	3
6	2

用 `dftfilter.m`，如圖 10.7 般繪製數據點和近似函數圖形。

2. 對下列數據點分別求 4、6、8 階的最小平方三角近似函數：

(a)	t	y
	0	3
	$\frac{1}{8}$	0
	$\frac{1}{4}$	−3
	$\frac{3}{8}$	0
	$\frac{1}{2}$	3
	$\frac{5}{8}$	0
	$\frac{3}{4}$	−6
	$\frac{7}{8}$	0

(b)	t	y
	0	1
	$\frac{1}{8}$	0
	$\frac{1}{4}$	−2
	$\frac{3}{8}$	1
	$\frac{1}{2}$	3
	$\frac{5}{8}$	0
	$\frac{3}{4}$	−2
	$\frac{7}{8}$	1

(c)	t	y
	0	1
	$\frac{1}{8}$	2
	$\frac{1}{4}$	3
	$\frac{3}{8}$	1
	$\frac{1}{2}$	−1
	$\frac{5}{8}$	−1
	$\frac{3}{4}$	−3
	$\frac{7}{8}$	0

(d)	t	y
	0	4.2
	$\frac{1}{8}$	5.0
	$\frac{1}{4}$	3.8
	$\frac{3}{8}$	1.6
	$\frac{1}{2}$	−2.0
	$\frac{5}{8}$	−1.4
	$\frac{3}{4}$	0.0
	$\frac{7}{8}$	1.0

用 `dftfilter.m`，如圖 10.7 般繪製數據點和近似函數圖形。

3. 用包含 MATLAB `handel` 聲音檔的前 2^{14} 個聲音強度值的向量 x，畫出 $m=n/2$、$n/4$、$n/8$ 階的最小平方三角近似函數。(這會涵蓋大約兩秒的聲音，MATLAB 程式碼 `dftfilter` 可以用於 $p=n$，分別畫出三個獨立的圖形。) 使用 MATLAB `sound` 指令來比較原始數據與近似函數結果，音質中少了什麼？

4. 從適當的網站下載 `castanets.wav`，然後組成一個包含前 2^{14} 個樣本訊號的向量。接著分別對每個立體聲道完成電腦演算題 3 的步驟。

5. 從報紙或是網站上收集連續 24 小時的溫度，畫出數據點，以及 (a) 三角內插函數和 (b) $m=6$ 階、(c) $m=12$ 階的最小平方近似函數。

實作 10　Wiener 濾波器

假設 c 為一個清晰的聲音訊號，將 c 加上一個相同長度的向量 r。訊號 $x=c+r$ 會有雜訊嗎？如果 $r=c$，我們將不認為 r 為雜訊，因為它只是比較大聲，但仍然是清晰的版本 c。按照定義，雜訊和訊號應該是沒有關聯的；換句話說，如果 r 是雜訊，那麼內積 $c^T r$ 的期望值為零。我們接著將會探討這個缺乏關聯性的問題。

在一個典型的應用中，我們會拿到一個含雜訊的聲音訊號 x，然後必須要找出 c。訊號 c 可能是一個重要的系統變數值，從吵雜環境下監聽所得；或是像下面的範例，c 可能是一個我們想從雜訊中拿出來的聲音樣本。在 20 世紀

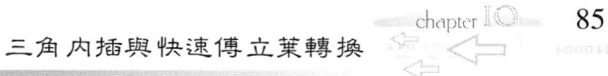

中期，Norbert Wiener 建議，若要從 x 移除雜訊，需要找一個根據最小平方誤差而言之最佳濾波器。他建議找出一個實數對角矩陣 Φ 使得

$$F^{-1}\Phi F x - c$$

的歐氏範數越小越好，其中 F 代表離散傅立葉轉換。此概念是應用傅立葉轉換來淨化訊號 x，將頻率元件乘上 Φ 後，再進行逆傅立葉轉換。這就是在頻率域裡濾波，因為我們改變的是 x 的傅立葉轉換版本，而不是 x 本身。

要求得最佳的對角矩陣 Φ，由於

$$\begin{aligned}||F^{-1}\Phi F x - c||_2 &= ||\Phi F x - Fc||_2 \\ &= ||\Phi F(c+r) - Fc||_2 \\ &= ||(\Phi - I)C + \Phi R||_2,\end{aligned} \tag{10.34}$$

其中我們令傅立葉轉換 $C=Fc$ 以及 $R=Fr$。另外根據雜訊的定義可得

$$\overline{C}^T R = \overline{Fc}^T Fr = c^T \overline{F}^T Fr = c^T r = 0.$$

可以據此忽略範數中的交叉項，所以平方大小可化簡為

$$\begin{aligned}\left(\overline{(\Phi - I)C + \Phi R}\right)^T ((\Phi - I)C + \Phi R) &= \left(\overline{C}^T(\Phi - I) + \overline{R}^T \Phi\right)((\Phi - I)C + \Phi R) \\ &\approx \overline{C}^T (\Phi - I)^2 C + \overline{R}^T \Phi^2 R \\ &= \sum_{i=1}^{n}(\phi_i - 1)^2 |C_i|^2 + \phi_i^2 |R_i|^2.\end{aligned} \tag{10.35}$$

求對角元素 ϕ_i 使得上式最小化，對每個 ϕ_i 微分得

$$2(\phi_i - 1)|C_i|^2 + 2\phi_i |R_i|^2 = 0，$$

可解得 ϕ_i，

$$\phi_i = \frac{|C_i|^2}{|C_i|^2 + |R_i|^2}. \tag{10.36}$$

此公式求得 Wiener 值，即對角矩陣 Φ 的元素，使濾波版本 $F^{-1}\Phi F x$ 和清晰訊號 c 的差最小化。剩下唯一的問題是，一般情況下我們不知道 C 或 R，而必須取其近似值來代入公式中。

你的工作是研究如何找出二者相加的近似值，令 $X=Fx$ 為一傅立葉轉換，我們再次用訊號和雜訊的不相關性，得近似值

$$|X_i|^2 \approx |C_i|^2 + |R_i|^2.$$

於是我們可以把最佳選擇寫成

$$\phi_i \approx \frac{|X_i|^2 - |R_i|^2}{|X_i|^2} \tag{10.37}$$

並利用我們對雜訊水平最好的知識。舉例來說，如果雜訊和**高斯雜訊** (Gaussian noise；其模型為將清晰的訊號樣本獨立加上一個常態亂數) 無關，我們可將 (10.37) 式中的 $|R_i|^2$ 代換為常數 $(p\sigma)^2$，其中 σ 為雜訊的標準差，p 為接近 1 的自選參數。由於

$$\sum_{i=1}^{n}|R_i|^2 = \overline{R}^T R = r\overline{F}^T Fr = r^T r = \sum_{i=1}^{n} r_i^2.$$

在以下的程式碼中，我們在韓德爾聲音訊號中加入 50% 的雜訊，且利用 $p=1.3$ 標準差來近似 R_i：

```
load handel                              % y 為清晰的訊號
c=y(1:40000);                            % 使用前 40K 個樣本
p=1.3;                                   % 消除雜訊的參數
noise=std(c)*.50;                        % 50% 的雜訊
n=length(c);                             % n 為訊號的長度
r=noise*randn(n,1);                      % 純粹的雜訊
x=c+r;                                   % 含雜訊的訊號
fx=fft(x);sfx=conj(fx).*fx;              % 對訊號進行 fft，以及
sfcapprox=max(sfx-n*(p*noise)^2,0);      % 運用消除雜訊工作
phi=sfcapprox./sfx;                      % 定義 phi 為導出的
xout=real(ifft(phi.*fx));                % 逆 fft
% 比較 sound(x)和 sound(xout)
```

建議活動：

1. 執行程式碼以取得濾波訊號 yf，並用 MATLAB 的 sound 指令來比較輸入及輸出訊號。

2. 計算輸入 (ys)、輸出 (yf) 與清晰訊號 (yc) 的**均方差** (mean squared error；MSE)。
3. 求 50% 雜訊下，最佳的 p 參數值。比較這些數值，最好聽的應該能使均方差最小化。
4. 將雜訊標準調整至 10%、25%、100%、200%，並重複步驟 3。綜合一下你的結論。
5. 用 10.2 節介紹的低通濾波器來設計 Wiener 濾波器的公平比較辦法，並完成比較。
6. 任意下載一個 .wav 檔，加入雜訊，並執行上述步驟。

軟體和延伸閱讀

[3, 1, 2] 是關於離散傅立葉轉換更深入的參考資料，Cooley 和 Tukey 最初的突破性發展在 [5]。另外，現代訊號處理的計算改進一直是快速傅立葉轉換 (FFT) 的重心，可以參考 [11, 10, 4]。快速傅立葉轉換本身是一個重要的演算法，此外，因為它的高執行效率，也被用做其他演算法的基礎工具；例如在第 11 章中，MATLAB 用它來計算離散餘弦轉換。有趣的是，Cooley 和 Tukey 所使用的分治 (divide and conquer) 策略，後來成功地被應用到許多其他的計算問題上。

MATLAB 的 fft 指令是依據 1990 年代在麻省理工學院 [7] 所發展出的**西方最快傅立葉轉換** (Fastest Fourier Transform in the West；FFTW)。假設 n 不是 2 的次方，FFTW 利用 n 的質因數將問題分解成較小的「小碎碼」(codelets)，以最佳適合特別的大小。有關 FFTW 更多的資訊，包括可供下載的程式碼，都可以在 http://www.fftw.org 網站中找到。IMSL 所提供的前向轉換 FFTCF 和逆轉換 FFTCB，都是以 Netlib 的 FFTPACK [8] 為基礎，這是 Fortran 副程式套件，用來做快速傅立葉轉換，也是平行計算的最佳選擇。

CHAPTER 11

壓 縮

全球資訊流通日益快速的原因在於巧妙的資料表現方法，基於正交轉換才使得這些方法成為可能。圖片的 JPEG 格式是根據本章的離散餘弦轉換所發展；適用於電視和影像數據的 MPEG-1 和 MPEG-2 格式以及視訊電話的 H.263 格式，都是以離散餘弦轉換 (Discrete Cosine Transform; DCT) 為基礎，但特別強調在時間維度的壓縮。

聲音檔案可以被壓縮成許多不同格式，例如 MP3、AAC (Advanced Audio Coding；進階音訊編碼；用在蘋果電腦的 iTune 播放軟體和 XM 衛星電台)、微軟的 WMA (Windows Media Audio; 視窗媒體音效) 以及其他先進的格式。這些格式的共通點，在於它們的核心壓縮是藉由不同的 DCT 所做成，這些 DCT 稱為修正離散餘弦轉換 (Modified Discrete Cosine Transform; MDCT)。

本章結尾的實作 11 將利用 MDCT 發展一個簡單可用的聲音壓縮演算法。

在第 4 章和第 10 章中，我們觀察到以正交性來壓縮與表示數據的益處。在第 11 章裡，我們介紹**離散餘弦轉換** (Discrete Cosine Transform；DCT)，也就是一種能在實數算術中計算的傅立葉轉換之變形，這也是目前壓縮聲音和影像檔案所常用的方法。

傅立葉轉換的簡易特性來自於正交性，因為它可表示為一個複數么正矩陣。離散餘弦轉換 (DCT) 可以用一個實數正交矩陣表示，因此相同的正交性質讓它可以很容易地運算，也很容易逆轉。而它和離散傅立葉轉換 (DFT) 非常相似，也有一個快速版本的離散餘弦轉換存在，類似快速傅立葉轉換。

本章將講解離散餘弦轉換的基本性質，以及探討壓縮格式的處理。例如，知名的 JPEG 格式以二維離散餘弦轉換應用在圖像的 8×8 像素區塊中，然後用霍夫曼編碼 (Huffman coding) 來儲存結果。JPEG 壓縮的細節，將在第 11.2-11.3 節的個案研究中探討。

離散餘弦轉換的改良版本稱為**修正離散餘弦轉換** (Modified Discrete Cosine Transform; MDCT)，它是許多現代音訊壓縮格式的基礎，也是目前聲音檔案壓縮方法的黃金標準。我們將介紹修正離散餘弦轉換並探討它在編碼和解碼上的應用，這些應用提供了像 MP3 和 AAC 等檔案格式的核心技術。

11.1 離散餘弦轉換

本節將介紹離散餘弦轉換 (DCT)，如此取名是因轉換中用來做數據插值的基底函數全都是餘弦函數，且它只需用到實數運算。它的正交特性讓最小平方近似函數變得簡單，就像離散傅立葉轉換 (DFT) 的情況一樣。

❖ 11.1.1 一維離散餘弦轉換

令 n 為正整數，一維 n 階的離散餘弦轉換被 $n \times n$ 矩陣 C 所定義，其元素值為：

$$C_{ij} = \sqrt{\frac{2}{n}} \begin{cases} 1/\sqrt{2} & \text{若 } i = 0, j = 0, \ldots, n-1 \\ \cos \frac{i(j+\frac{1}{2})\pi}{n} & \text{若 } i > 0, j = 0, \ldots, n-1 \end{cases} \tag{11.1}$$

或

$$C = \sqrt{\frac{2}{n}} \begin{bmatrix} \frac{1}{\sqrt{2}} & \frac{1}{\sqrt{2}} & \cdots & \frac{1}{\sqrt{2}} \\ \cos \frac{\pi}{2n} & \cos \frac{3\pi}{2n} & \cdots & \cos \frac{(2n-1)\pi}{2n} \\ \cos \frac{2\pi}{2n} & \cos \frac{6\pi}{2n} & \cdots & \cos \frac{2(2n-1)\pi}{2n} \\ \vdots & \vdots & & \vdots \\ \cos \frac{(n-1)\pi}{2n} & \cos \frac{(n-1)3\pi}{2n} & \cdots & \cos \frac{(n-1)(2n-1)\pi}{2n} \end{bmatrix}. \tag{11.2}$$

二維的概念習慣上開始於 0 而不是 1，如果將此慣例沿用到矩陣編號，就像在 (11.1) 式中所做一樣，那麼標記就會簡單許多。在第 11 章裡，$n \times n$ 矩陣的下標符號將會從 0 到 $n-1$。為求簡化，我們接下來的討論只侷限於 n 為偶數的情況。

定義 11.1 $x = [x_0, \ldots, x_{n-1}]^T$ 的離散餘弦轉換為 n 維向量 $y = [y_0, \ldots, y_{n-1}]^T$，且

$$y = Cx. \tag{11.3}$$

其中 C 的定義如 (11.2) 式。

注意，C 為實數正交矩陣，這表示其轉置矩陣即為反矩陣：

$$C^{-1} = C^T = \sqrt{\frac{2}{n}} \begin{bmatrix} \frac{1}{\sqrt{2}} & \cos\frac{\pi}{2n} & \cdots & \cos\frac{(n-1)\pi}{2n} \\ \frac{1}{\sqrt{2}} & \cos\frac{3\pi}{2n} & \cdots & \cos\frac{(n-1)3\pi}{2n} \\ \vdots & \vdots & & \vdots \\ \frac{1}{\sqrt{2}} & \cos\frac{(2n-1)\pi}{2n} & \cdots & \cos\frac{(n-1)(2n-1)\pi}{2n} \end{bmatrix}. \tag{11.4}$$

正交矩陣的列是兩兩正交的單位向量，而 C 的正交性是因為 C^T 的行是 $n \times n$ 實數對稱矩陣

$$\begin{bmatrix} 1 & -1 & & & & \\ -1 & 2 & -1 & & & \\ & -1 & 2 & -1 & & \\ & & \ddots & \ddots & \ddots & \\ & & & -1 & 2 & -1 \\ & & & & -1 & 1 \end{bmatrix}. \tag{11.5}$$

的單位特徵向量。習題 6 要求讀者自行檢驗這個特性。

C 為實數正交矩陣的性質，讓 DCT 變得有用。**正交函數內插定理** (orthogonal function interpolation theorem) 10.9 應用於矩陣 C 就成了定理 11.2。

定理 11.2 **離散餘弦轉換內插定理** (DCT Interpolation Theorem)　令 $x = [x_0, ..., x_{n-1}]^T$ 為 n 個實數所組成的向量，定義 $y = [y_0, ..., y_{n-1}]^T = Cx$，其中 C 為離散餘弦轉換。則實數函數

$$P_n(t) = \frac{1}{\sqrt{n}} y_0 + \frac{\sqrt{2}}{\sqrt{n}} \sum_{k=1}^{n-1} y_k \cos\frac{k(2t+1)\pi}{2n}$$

滿足 $P_n(j) = x_j$，對 $j = 0, ..., n-1$。

證明：可由定理 10.9 直接推得。

定理 11.2 說明，$n \times n$ 矩陣 C 將 n 個數據點轉換為 n 個內插係數。正如離散傅立葉轉換 (DFT) 一樣，離散餘弦轉換 (DCT) 提供了三角內插函數的係數；不同於 DFT，DCT 只需使用餘弦項，而且完全都是實數計算。

範例 11.1

用 DCT 來內插點 $(0, 1)$、$(1, 0)$、$(2, -1)$ 和 $(3, 0)$。

透過仔細觀察，用基礎三角學運算，可將 4×4 DCT 矩陣看成：

$$C = \frac{1}{\sqrt{2}} \begin{bmatrix} \frac{1}{\sqrt{2}} & \frac{1}{\sqrt{2}} & \frac{1}{\sqrt{2}} & \frac{1}{\sqrt{2}} \\ \cos\frac{\pi}{8} & \cos\frac{3\pi}{8} & \cos\frac{5\pi}{8} & \cos\frac{7\pi}{8} \\ \cos\frac{2\pi}{8} & \cos\frac{6\pi}{8} & \cos\frac{10\pi}{8} & \cos\frac{14\pi}{8} \\ \cos\frac{3\pi}{8} & \cos\frac{9\pi}{8} & \cos\frac{15\pi}{8} & \cos\frac{21\pi}{8} \end{bmatrix} = a \begin{bmatrix} a & a & a & a \\ b & c & -c & -b \\ a & -a & -a & a \\ c & -b & b & -c \end{bmatrix}, \quad (11.6)$$

其中

$$a = \cos\frac{\pi}{4} = \frac{1}{\sqrt{2}}, b = \cos\frac{\pi}{8} = \frac{\sqrt{2+\sqrt{2}}}{2}, c = \cos\frac{3\pi}{8} = \frac{\sqrt{2-\sqrt{2}}}{2}. \quad (11.7)$$

四階 DCT 乘上數據 $x = (1, 0, -1, 0)^T$ 得到

$$a \begin{bmatrix} a & a & a & a \\ b & c & -c & -b \\ a & -a & -a & a \\ c & -b & b & -c \end{bmatrix} \begin{bmatrix} 1 \\ 0 \\ -1 \\ 0 \end{bmatrix} = \begin{bmatrix} 0 \\ a(c+b) \\ 2a^2 \\ a(c-b) \end{bmatrix} = \begin{bmatrix} 0 \\ \frac{\sqrt{2-\sqrt{2}}+\sqrt{2+\sqrt{2}}}{2\sqrt{2}} \\ 1 \\ \frac{\sqrt{2-\sqrt{2}}-\sqrt{2+\sqrt{2}}}{2\sqrt{2}} \end{bmatrix} \approx \begin{bmatrix} 0.0000 \\ 0.9239 \\ 1.0000 \\ -0.3827 \end{bmatrix}.$$

根據定理 11.2，當 $n = 4$，函數

$$P_4(t) = \frac{1}{\sqrt{2}} \left[0.9239 \cos\frac{(2t+1)\pi}{8} + \cos\frac{2(2t+1)\pi}{8} - 0.3827 \cos\frac{3(2t+1)\pi}{8} \right] \quad (11.8)$$

內插該四個數據點。函數 $P_4(t)$ 圖形為圖 11.1 的實線部分。

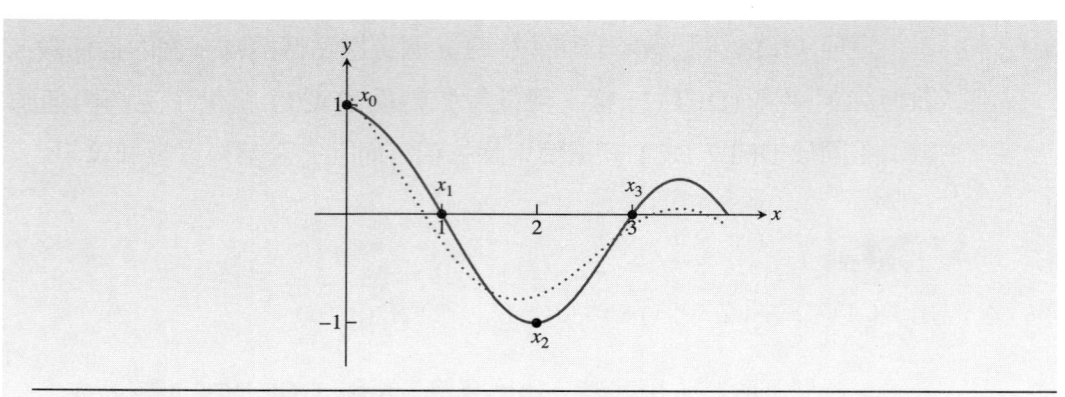

圖 11.1 DCT 內插與最小平方近似。數據點為 (j, x_j)，其中 $x = (1, 0, -1, 0)$。(11.8) 式的 DCT 內插函數 $P_4(t)$ 如圖中的實線部分，一旁的虛線則為 (11.9) 式的最小平方 DCT 近似函數 $P_3(t)$。

❖ 11.1.2 離散餘弦轉換和最小平方近似

正如離散餘弦轉換內插定理 11.2 可由定理 10.9 直接推導而得，最小平方結果定理 10.11 則說明了如何利用部分基底函數，來找出數據點的離散餘弦轉換最小平方近似解。有了基底函數的正交性，因此只要刪除較高頻率的項目，就能達到上述結果。

定理 11.3 離散餘弦轉換最小平方近似定理 (DCT Least Squares Approximation Theorem)

令 $x = [x_0, ..., x_{n-1}]^T$ 為 n 個實數所組成的向量，定義 $y = [y_0, ..., y_{n-1}]^T = Cx$，其中 C 為離散餘弦轉換矩陣。若整數 m 滿足 $1 \le m \le n$，則函數

$$P_m(t) = \frac{1}{\sqrt{n}} y_0 + \frac{\sqrt{2}}{\sqrt{n}} \sum_{k=1}^{m-1} y_k \cos \frac{k(2t+1)\pi}{2n}$$

的係數 $y_0, ..., y_{m-1}$ 可使得 n 數據點的平方近似誤差 $\sum_{j=0}^{n-1}(P_m(j) - x_j)^2$ 為最小。

證明：可由定理 10.11 直接推導。

> **聚焦　正交性**
>
> 最小平方近似隱涵的概念是要找出從點到面 (或常說為子空間) 最短的距離，也就是建構從點到面的垂直線；這個建構可以用第 4 章裡的正規方程來完成。在第 10 和 11 章裡，這個概念被應用到以相對小的基底函數集合來盡可能地近似數據點，其結果就是壓縮。這裡的基本含意是去選擇正交的基底函數，就像 DCT 矩陣裡的列。然後正規方程的運算就變得非常簡單 (見定理 10.11)。

參照範例 11.1，如果對相同的 4 個數據點，只利用三個基底函數

$$1, \cos\frac{(2t+1)\pi}{8}, \cos\frac{2(2t+1)\pi}{8}$$

來求最佳的最小平方近似函數，所得函數為

$$P_3(t) = \frac{1}{2}\cdot 0 + \frac{1}{\sqrt{2}}\left[0.9239\cos\frac{(2t+1)\pi}{8} + \cos\frac{2(2t+1)\pi}{8}\right]. \tag{11.9}$$

圖 11.1 中將最小平方解 P_3 和內插函數 P_4 做比較。

範例 11.2

用 DCT，分別以 $m=4$、6 和 8，求擬合數據 $t=0, ..., 7$ 和 $x=[-2.2, -2.8, -6.1, -3.9, 0.0, 1.1, -0.6, -1.1]$ 的最小平方近似。

令 $n=8$，我們可得該些數據點的 DCT 為

$$y = Cx = \begin{bmatrix} -5.5154 \\ -3.8345 \\ 0.5833 \\ 4.3715 \\ 0.4243 \\ -1.5504 \\ -0.6243 \\ -0.5769 \end{bmatrix}.$$

依據定理 11.2，8 個數據點的離散餘弦內插函數為

$$P_8(t) = \frac{1}{\sqrt{8}}(-5.5154) + \frac{1}{2}\bigg[-3.8345\cos\frac{(2t+1)\pi}{16} + 0.5833\cos\frac{2(2t+1)\pi}{16}$$
$$+ 4.3715\cos\frac{3(2t+1)\pi}{16} + 0.4243\cos\frac{4(2t+1)\pi}{16}$$
$$- 1.5504\cos\frac{5(2t+1)\pi}{16} - 0.6243\cos\frac{6(2t+1)\pi}{16}$$
$$- 0.5769\cos\frac{7(2t+1)\pi}{16}\bigg].$$

◆

圖 11.2 畫出內插函數 P_8，以及最小平方擬合函數 P_6 和 P_4。後者是依據定理 11.3，分別保留 P_8 的前六項或前四項而得。

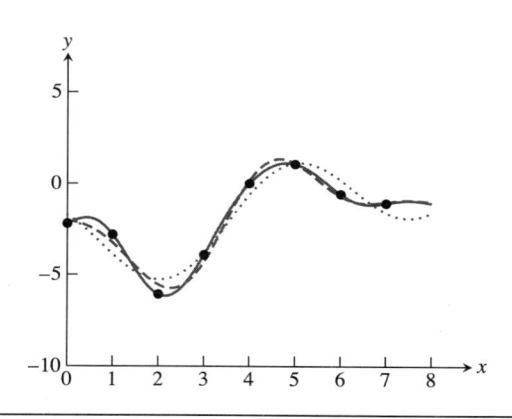

圖 11.2 DCT 內插與最小平方近似。實線為範例 11.2 中數據點的 DCT 內插函數，虛線為只取前六項的最小平方擬合函數，而點線則只取了四項。

11.1 習題

1. 用 2×2 DCT 矩陣和定理 11.2 求下列數據點的 DCT 內插函數。

(a)

t	x
0	3
1	3

(b)

t	x
0	2
1	-2

(c)

t	x
0	3
1	1

(d)

t	x
0	4
1	-1

2. 以數據點 $(0, x_0)$、$(1, x_1)$ 來說明 $m=1$ 的最小平方 DCT 近似函數。

3. 求下列數據向量 x 的 DCT，以及對應於數據點 (i, x_i)，$i=0, ..., n-1$ 的內插函數 $P_n(t)$。(你可以用 (11.7) 式定義的 b 和 c 來寫下答案。)

(a)
t	x
0	1
1	0
2	1
3	0

(b)
t	x
0	1
1	1
2	1
3	1

(c)
t	x
0	1
1	0
2	0
3	0

(d)
t	x
0	1
1	2
2	3
3	4

4. 以習題 3 的數據點及 $m=2$，求 DCT 最小平方近似函數。

5. 完成建立 (11.6) 和 (11.7) 式所需的三角函數計算。

6. (a) 證明三角公式 $\cos(x+y) + \cos(x-y) = 2\cos x \cos y$ 對任意 x、y 成立。

   (b) 證明 C^T 的行向量為 (11.5) 式 T 矩陣的特徵向量，並求其特徵值。

   (c) 證明 C^T 的行向量為單位向量。

7. 按以下方法推廣 DCT 內插定理 11.2 到區間 $[c, d]$ 中。令 n 為正整數，且 $\Delta_t = (d-c)/n$，利用 DCT 產生多項式 $P_n(t)$ 使滿足 $P_n(c+j\Delta_t) = x_j$，對 $j=0, ..., n-1$。

11.1 電腦演算題

1. 繪出習題 3 的數據點，及其 DCT 內插函數與 $m=2$ 的 DCT 最小平方近似函數。

2. 繪出下列數據點，及其 $m=4$、6 和 8 的 DCT 最小平方近似函數。

(a)
t	x
0	3
1	5
2	-1
3	3
4	1
5	3
6	-2
7	4

(b)
t	x
0	4
1	1
2	-3
3	0
4	0
5	2
6	-4
7	0

(c)
t	x
0	3
1	-1
2	-1
3	3
4	3
5	-1
6	-1
7	3

(d)
t	x
0	4
1	2
2	-4
3	2
4	4
5	2
6	-4
7	2

3. 繪出函數 $f(t)$，數據點 $(j, f(j))$，$j=0, ..., 7$，及其 DCT 內插函數。
   (a) $f(t) = e^{-t/4}$ (b) $f(t) = \cos\frac{\pi}{2}t$

11.2 二維離散餘弦轉換和影像壓縮

二維離散餘弦轉換 (2D-DCT) 通常被用來壓縮影像裡的小區塊，比如小至 8×8 像素。這樣的壓縮是失真的，也就是說區塊裡有部分的資訊被忽略。DCT 的關鍵特色是協助組織資訊，使得被忽略的部分也是人類肉眼比較不容易發覺的部分。更精確地說，DCT 將會展示如何以一組基底函數來進行插值，這些函數是依照人類視覺系統，以重要性遞減之順序排列；視需要可以刪除較不重要的插值項，就如同報社編輯在截稿前刪減長篇報導。

稍後我們將應用所學以 DCT 來壓縮影像，利用**量化** (quantization) 工具以及霍夫曼編碼，每個 8×8 影像區塊都能夠縮減成位元串流，並且和其他影像區塊的位元串流一同儲存。當影像需要被解壓縮顯示時，這個完整的位元串流便會被解碼，也就是將編碼程序反轉。我們將稱這個方式為**基線 JPEG 法** (Baseline JPEG)，它正是儲存 JPEG 影像的預設方法。

❖ 11.2.1 二維離散餘弦轉換

二維離散餘弦轉換 (2D-DCT)，其實就是將一維離散餘弦轉換 (1D-DCT) 一個一個地應用在二維裡。類似一維的範例，它可以被用來內插或擬合在二維網格裡的數據。在影像處理中，二維網格代表了一個區塊的像素值，例如，灰階或彩色的強度。

只有在第 11 章裡，當談論到二維點時候，我們先列出垂直座標，然後再列出水平座標，如圖 11.3 所示。目的是要與平常的矩陣慣例一致，其中矩陣元素 x_{ij} 的指數 i 會沿著垂直方向改變，而 j 沿水平方向改變。在本節中的一個主要應用是將影像像素化寫入檔案，且大部分看起來就如矩陣數字一般。

圖 11.3 說明了在二維平面 (s, t) 點的網格中，每一個矩形網格點 (s_i, t_i) 的值為 x_{ij}。具體而言，我們將用整數網格，其中 $s_i = \{0, 1, ..., n-1\}$ 沿著垂直

壓縮

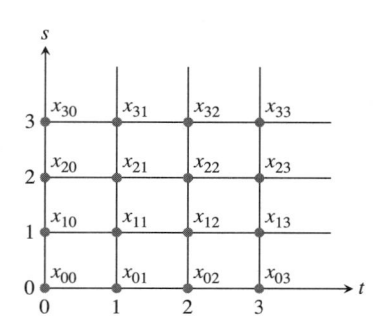

```
   s
3  x₃₀   x₃₁   x₃₂   x₃₃
2  x₂₀   x₂₁   x₂₂   x₂₃
1  x₁₀   x₁₁   x₁₂   x₁₃
0  x₀₀   x₀₁   x₀₂   x₀₃   t
   0    1    2    3
```

圖 11.3 數據點的二維網格。二維離散餘弦轉換 可用來在正方網格中內插函數值，例如用影像的像素值。

軸，及 $t_j = \{0, 1, ..., n-1\}$ 沿著水平軸。二維離散餘弦轉換的目的是建構出內插函數 $F(s, t)$ 來擬合 n^2 個點 (s_i, t_j, x_{ij})，對 $i, j = 0, ..., n-1$。就最小平方的觀點來看，2D-DCT 以最理想的方式來完成，也就是說，當基底函數從內插函數刪去時，擬合程度也漸漸降低。

2D-DCT 是將 1D-DCT 連續在水平和垂直方向應用。假設矩陣 X 包含了如圖 11.3 的 x_{ij} 值，要將 1D-DCT 應用在水平 s 方向，首先我們需要將 X 轉置，並乘上 C。所得行向量是 X 列向量的 1D-DCT。CX^T 的每一行對應到一個固定的 t_i。在 t 方向裡做 1D-DCT，代表了跨列移動，所以，再次轉置並乘以 C 可得：

$$C(CX^T)^T = CXC^T. \tag{11.10}$$

定義 11.4 $n \times n$ 矩陣 X 的**二維離散餘弦轉換** (two-dimensional Discrete Cosine Transform；2D-DCT) 為矩陣 $Y = CXC^T$，其中 C 的定義如 (11.1) 式。

範例 11.3

求圖 11.4(a) 中數據的二維離散餘弦轉換。

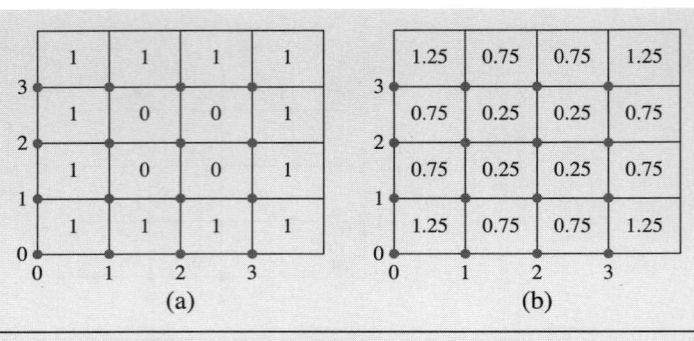

圖 11.4 範例 11.3 的二維數據。(a) 16 個數據點 (i, j, x_{ij})。
(b) 依據 (11.14) 在網格點的最小平方近似函數值。

根據定義和 (11.6) 式，2D-DCT 為矩陣

$$Y = CXC^T = a\begin{bmatrix} a & a & a & a \\ b & c & -c & -b \\ a & -a & -a & a \\ c & -b & b & -c \end{bmatrix}\begin{bmatrix} 1 & 1 & 1 & 1 \\ 1 & 0 & 0 & 1 \\ 1 & 0 & 0 & 1 \\ 1 & 1 & 1 & 1 \end{bmatrix} a\begin{bmatrix} a & b & a & c \\ a & c & -a & -b \\ a & -c & -a & b \\ a & -b & a & -c \end{bmatrix}$$

$$= \begin{bmatrix} 3 & 0 & 1 & 0 \\ 0 & 0 & 0 & 0 \\ 1 & 0 & -1 & 0 \\ 0 & 0 & 0 & 0 \end{bmatrix}. \tag{11.11}$$

◆

2D-DCT 的反矩陣可以輕易地以 DCT 矩陣 C 來表示。這是因為 $Y = CXC^T$ 且 C 為正交矩陣，利用 $X = C^T Y C$ 即可重新得到 X。

定義 11.5 $n \times n$ 矩陣 Y 的**逆二維離散餘弦轉換** (inverse two-dimensional Discrete Cosine Transform) 為矩陣 $X = C^T Y C$。

■

我們已經知道，正交轉換 (如 2D-DCT) 的逆轉和內插之間有緊密的關聯。內插的目的是要取得函數的原始數據點，而這些函數是由轉換產生的內插係數所建構。因為 C 是一個正交矩陣，所以 $C^{-1} = C^T$；且在方程式中 x_{ij} 可以寫成餘弦的乘積，所以逆 2D-DCT 也可寫為內插函數，$X = C^T Y C$。

要將內插函數寫成有用的表示法,須注意在 (11.1) 裡 C 的定義可寫成:

$$C_{ij} = \sqrt{\frac{2}{n}} a_i \cos \frac{i(2j+1)\pi}{2n} \tag{11.12}$$

其中 $i, j = 0, ..., n-1$,對

$$a_i \equiv \begin{cases} 1/\sqrt{2} & \text{若 } i = 0, \\ 1 & \text{若 } i = 1, ..., n-1 \end{cases}.$$

依據矩陣乘法規則,方程式 $X = C^T Y C$ 可解釋為

$$\begin{aligned} x_{ij} &= \sum_{k=0}^{n-1} \sum_{l=0}^{n-1} C^T_{ik} y_{kl} C_{lj} \\ &= \sum_{k=0}^{n-1} \sum_{l=0}^{n-1} C_{ki} y_{kl} C_{lj} \\ &= \frac{2}{n} \sum_{k=0}^{n-1} \sum_{l=0}^{n-1} y_{kl} a_k a_l \cos \frac{k(2i+1)\pi}{2n} \cos \frac{l(2j+1)\pi}{2n}. \end{aligned} \tag{11.13}$$

這正是我們所要找的內插函數。

定理 11.6 **2D-DCT 內插定理** (2D-DCT Interpolation Theorem)　令 $X = (x_{ij})$ 為 n^2 個實數所組成的矩陣,$Y = (y_{kl})$ 為 X 的二維離散餘弦轉換;定義 $a_0 = 1/\sqrt{2}$ 及 $a_k = 1$ (當 $k > 0$),則實數函數

$$P_n(s, t) = \frac{2}{n} \sum_{k=0}^{n-1} \sum_{l=0}^{n-1} y_{kl} a_k a_l \cos \frac{k(2s+1)\pi}{2n} \cos \frac{l(2t+1)\pi}{2n}$$

滿足 $P_n(i, j) = x_{ij}$,對 $i, j = 0, ..., n-1$。

回到範例 11.3,非零的內插係數為 $y_{00} = 3$、$y_{02} = y_{20} = 1$ 以及 $y_{22} = -1$。將定理 11.6 的內插函數寫下來可得

$$P_4(s,t) = \frac{2}{4}\left[\frac{1}{2}y_{00} + \frac{1}{\sqrt{2}}y_{02}\cos\frac{2(2t+1)\pi}{8} + \frac{1}{\sqrt{2}}y_{20}\cos\frac{2(2s+1)\pi}{8}\right.$$
$$\left. + y_{22}\cos\frac{2(2s+1)\pi}{8}\cos\frac{2(2t+1)\pi}{8}\right]$$
$$= \frac{1}{2}\left[\frac{1}{2}(3) + \frac{1}{\sqrt{2}}(1)\cos\frac{2(2t+1)\pi}{8} + \frac{1}{\sqrt{2}}(1)\cos\frac{2(2s+1)\pi}{8}\right.$$
$$\left. + (-1)\cos\frac{2(2s+1)\pi}{8}\cos\frac{2(2t+1)\pi}{8}\right]$$
$$= \frac{3}{4} + \frac{1}{2\sqrt{2}}\cos\frac{(2t+1)\pi}{4} + \frac{1}{2\sqrt{2}}\cos\frac{(2s+1)\pi}{4}$$
$$- \frac{1}{2}\cos\frac{(2s+1)\pi}{4}\cos\frac{(2t+1)\pi}{4}.$$

檢查我們所得的內插函數，例如，

$$P_4(0,0) = \frac{3}{4} + \frac{1}{4} + \frac{1}{4} - \frac{1}{4} = 1$$

及

$$P_4(1,2) = \frac{3}{4} - \frac{1}{4} - \frac{1}{4} - \frac{1}{4} = 0,$$

這和圖 11.4 的數據吻合。內插函數的常數項 y_{00}/n 被稱為「DC」(direct current；直流)，它是數據點的簡單平均值。非常數項包含了數據點對此平均值的波動。在此範例中，12 個 1 和 4 個 0 的平均值為 $y_{00}/4 = 3/4$。

2D-DCT 的最小平方近似函數可以用 1D-DCT 相同的方式來求解。例如，要執行一個**低通濾波器** (low pass filter) 就只要刪除**高頻** (high-frequency) 分量，也就是元素的內插函數係數有較大的下標者。在範例 11.3 中，以基底函數

$$\cos\frac{i(2s+1)\pi}{8}\cos\frac{j(2t+1)\pi}{8}$$

其中 $i+j \leq 2$，所構成的最佳最小平方擬合函數刪除了所有不滿足 $i+j \leq 2$ 的。在此範例，唯一非零的「高頻」項為 $i=j=2$ 項，如此便剩下

$$P_2(s,t) = \frac{3}{4} + \frac{1}{2\sqrt{2}}\cos\frac{(2t+1)\pi}{4} + \frac{1}{2\sqrt{2}}\cos\frac{(2s+1)\pi}{4}. \tag{11.14}$$

這個最小平方近似函數如圖 11.4(b) 所示。

以 MATLAB 計算向量 x 的一維 DCT，指令為

```
>> y=dct(x)
```

dct 的輸入值可以是向量或矩陣，如果是矩陣，會傳回每一行的 DCT。出人意外地，MATLAB 並非以適合的 DCT 矩陣 C 用矩陣乘法來計算 DCT，而是用快速傅立葉轉換的方式，以求最大效率。當然，我們可以對單位矩陣進行轉換，便可強制 MATLAB 顯示 $n \times n$ DCT 矩陣，此 MATLAB 指令為：

```
>> C=dct(eye(n))
```

要以 MATLAB 完成 2D-DCT，我們要回到 (11.10) 裡的定義。那麼對矩陣 X，指令

```
>> Y=dct(dct(X')')
```

以叫用兩次 1D-DCT 來計算 2D-DCT。

❖ 11.2.2　影像壓縮

離散餘弦轉換裡所代表的正交性概念，在影像壓縮處理上是相當重要的。影像所包含的像素，每個都是以一個數字 (對彩色影像則為向量) 來表示。這方法便利的地方在於可以 DCT 完成最小平方近似函數；如此一來，減少代表像素值所需的位元數就變得容易。而這只會些微地降低影像品質，觀看的人也許都沒有察覺。

圖 11.5(a) 展示了一張 256×256 像素陣列的**灰階** (grayscale) 影像。每個像素的灰色用一個**位元組** (byte) 來代表，一個 8 位元 (bit) 的組合代表從 0 到 255 的數字，0 是黑色，255 則是白色。我們可以把圖裡的資訊想成一個 256×256 的整數陣列，以此表現方式，則圖像就包含了 $(256)^2 = 2^{16} = 64$ K 位元組的資訊量。

104　數值分析

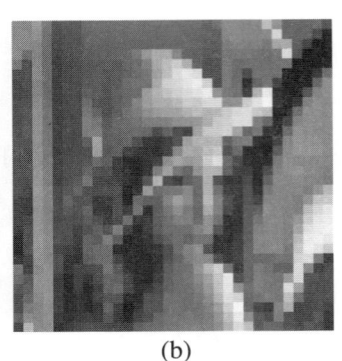

(a)　　　　　　　　　　(b)

圖 11.5　灰階影像。(a) 在 256×256 網格中的每個像素用介於 0 到 255 的整數表示。(b) 粗糙壓縮，每個 8×8 見方的像素以其平均灰階值來代表上色。

MATLAB 以標準影像格式來輸入影像的灰階或 RGB 值。例如，已知一個灰階影像檔 `picture.jpg`，指令

```
>> xin = imread('picture.jpg');
>> x = double(xin);
```

可將灰階值矩陣放入雙精準變數 x 中；如果影像為 RGB 彩色，那麼陣列變數將會增加第三維來表示三個顏色。本章大部分的討論將侷限在灰階的應用，最後才推廣並討論彩色的情況。回到 MATLAB 指令 `imagesc(x)`，會產生灰階或彩色影像的陣列，端看 x 是二維或三維來決定。

圖 11.5(b) 顯示了一個粗糙的壓縮方法，其中，每個 8×8 像素區塊以它的平均像素值來代替。資料壓縮量是非常可觀的，共有 $(32)^2 = 2^{10}$ 個區塊，現在每個區塊以單一整數來表示，但是所產生的影像品質非常差。我們的目標是用比較不粗糙的方式來壓縮，改用幾個整數來取代每個 8×8 區塊，如此一來，便能保有更多的原始影像資訊。

一開始我們簡化問題到單一的 8×8 像素區塊內，如圖 11.6(a) 所示，而這個區塊是從圖 11.5 裡人物的右眼區域取得。圖 11.6(b) 以 64 個一位元組整數來代表 64 個像素的灰階值。在圖 11.6(c) 中，我們將像素數字減去 $256/2 = 128$，好讓它們的中間值趨近於零；這個步驟雖非必要，但卻能使得 2D-DCT 更好利用。

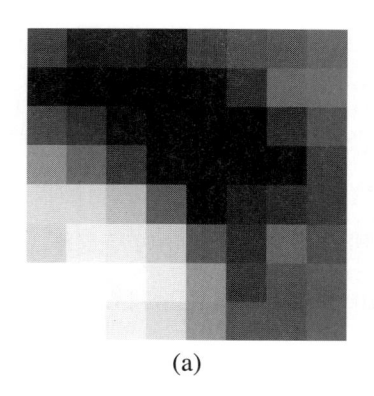

圖 11.6　8×8 區塊範例。(a) 灰階影像。(b) 像素灰階值。(c) 像素灰階值減去 128。

為了要壓縮這個 8×8 像素區塊，我們將轉換像素灰階值矩陣

$$X = \begin{bmatrix} -65 & -95 & -92 & -100 & -65 & -47 & -42 & -30 \\ -101 & -110 & -111 & -117 & -106 & -80 & -24 & -20 \\ -56 & -76 & -100 & -113 & -111 & -112 & -81 & -51 \\ 4 & -28 & -72 & -109 & -118 & -119 & -107 & -73 \\ 59 & 58 & 38 & -40 & -115 & -94 & -85 & -77 \\ 56 & 75 & 71 & 49 & -46 & -84 & -31 & -55 \\ 83 & 86 & 80 & 70 & 6 & -76 & -50 & -45 \\ 83 & 82 & 75 & 63 & 5 & -49 & -54 & -42 \end{bmatrix} \quad (11.15)$$

然後依據 2D-DCT 按照人類視覺系統的重要性來將資訊分類。X 的 2D-DCT 計算如下：

$$Y = C_8 X C_8^T = \begin{bmatrix} -304 & 210 & 104 & -69 & 10 & 20 & -12 & 7 \\ -327 & -260 & 67 & 70 & -10 & -15 & 21 & 8 \\ 93 & -84 & -66 & 16 & 24 & -2 & -5 & 9 \\ 89 & 33 & -19 & -20 & -26 & 21 & -3 & 0 \\ -9 & 42 & 18 & 27 & -7 & -17 & 29 & -7 \\ -5 & 15 & -10 & 17 & 32 & -15 & -4 & 7 \\ 10 & 3 & -12 & -1 & 2 & 3 & -2 & -3 \\ 12 & 30 & 0 & -3 & -3 & -6 & 12 & -1 \end{bmatrix}, \quad (11.16)$$

為求簡化，四捨五入取其最接近的整數；這個捨入動作會產生些許的額外誤差，它非必要過程，但將有助於壓縮。注意，相對而言，有較多的資訊傾向儲存在轉換矩陣 Y 的左上方。右下方代表較高頻率的基底函數，對於視覺系統

來說，這些通常比較不重要。然而，因為 2D-DCT 是一個可逆轉換，所以在 Y 所包含的資訊可將原始影像完整地重新組合，但除了一些捨入誤差以外。

我們將嘗試的第一個壓縮策略是低通濾波形式。如前一節所討論過，2D-DCT 的最小平方近似函數，是從內插函數 $P_8(s, t)$ 刪除一些項目。例如，我們可以藉著設定 $k+l \geq 7$ 時 $y_{kl}=0$ (記得，我們持續將矩陣內的元素標記為 $0 \leq k, l \leq 7$)，來刪減相對高的**空間頻率** (spatial frequency) 之函數。低通濾波之後，轉換係數為

$$Y_{\text{low}} = \begin{bmatrix} -304 & 210 & 104 & -69 & 10 & 20 & -12 & 0 \\ -327 & -260 & 67 & 70 & -10 & -15 & 0 & 0 \\ 93 & -84 & -66 & 16 & 24 & 0 & 0 & 0 \\ 89 & 33 & -19 & -20 & 0 & 0 & 0 & 0 \\ -9 & 42 & 18 & 0 & 0 & 0 & 0 & 0 \\ -5 & 15 & 0 & 0 & 0 & 0 & 0 & 0 \\ 10 & 0 & 0 & 0 & 0 & 0 & 0 & 0 \\ 0 & 0 & 0 & 0 & 0 & 0 & 0 & 0 \end{bmatrix}. \tag{11.17}$$

我們將利用逆 2D-DCT 以 $C_8^T Y_{\text{low}} C_8$ 來重組影像，取得圖 11.7 裡的像素灰階值。(a) 部分的影像類似於圖 11.6(a) 裡的原始版本，但細節有所不同。

我們從 8×8 區塊裡壓縮了多少資訊量呢？藉由逆 2D-DCT (11.6) 式，以及加回 128 的方式，可以重組原始圖像 (不失真，除了捨入整數的一點影響外)。在用矩陣 (11.7) 式進行低波過濾時，我們已經刪減了大約一半的儲存需求，但保留了區塊中主要的視覺上性質。

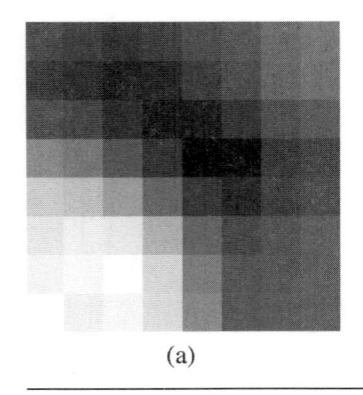

(b)							
55	41	27	39	56	69	92	106
35	22	7	16	35	59	88	101
65	49	21	5	6	28	62	73
130	114	75	28	−7	−1	33	46
180	175	148	95	33	16	45	59
200	206	203	165	92	55	71	82
205	207	214	193	121	70	75	83
214	205	209	196	129	75	78	85

(c)							
−73	−87	−101	−89	−72	−59	−36	−22
−93	−106	−121	−112	−93	−69	−40	−27
−63	−79	−107	−123	−122	−100	−66	−55
2	−14	−53	−100	−135	−129	−95	−82
52	47	20	−33	−95	−112	−83	−69
72	78	75	37	−36	−73	−57	−46
77	79	86	65	−7	−58	−53	−45
86	77	81	68	1	−53	−50	−43

圖 11.7 低通濾波的結果。(a) 濾波圖像。(b) 經過轉換並加上 128 的像素灰階值。(c) 逆轉換所得數據。

❖ 11.2.3 量 化

量化的概念將使得低通濾波的效果以更有選擇性的方式來達成；與其完全忽略係數，我們可以較低的儲存成本來保留某些係數的低準確性版本。這個想法和人類視覺系統的概念相同，也就是對於較高的空間頻率較不敏銳；其主要的概念是分派較少的位元去儲存轉換矩陣 Y 右下角的資訊，而非將其捨棄。

> **量化模數 q**
>
> 量化：$z = \text{round}\left(\dfrac{y}{q}\right)$
>
> 解量化 (dequantization)：$\bar{y} = qz$ (11.18)

此處「round」表示「取最接近的整數」。**量化誤差** (quantization error) 為輸入 y 和經過量化與解量化所得輸出 $\bar{y}$ 之間的差值，量化模數 q 的最大誤差為 $q/2$。

範例 11.4

以模數 8 來量化數字 -10、3 和 65。

量化數值為 -1、0 和 8，再解量化的結果為 -8、0 和 64，誤差分別為 $|-2|$、$|3|$ 和 $|1|$，均小於 $q/2=4$。

◆

回到影像範例中，每個頻率的位元數可以任意選取。令 Q 為 8×8 矩陣且被稱為**量化矩陣** (quantization matrix)，其構成元素 q_{kl}, $0 \leq k, l \leq 7$，將管控我們分配給轉換矩陣 Y 的每個元素多少位元。以壓縮矩陣取代 Y

$$Y_Q = \text{round}\left[\dfrac{y_{kl}}{q_{kl}}\right]. \tag{11.19}$$

矩陣 Y 的元素分別除以量化矩陣的元素，接下來的捨入將產生失真，使得這個方法成為失真壓縮的形式。值得注意的是，Q 的元素越大，量化時就越有可能有損耗。

首先，定義**線性量化** (linear quantization) 為矩陣

$$q_{kl} = 8p(k+l+1) \quad \text{對} \ \ 0 \leq k, l \leq 7 \tag{11.20}$$

其中 p 為任意常數，稱為**損耗參數** (loss parameter)。因此

$$Q = p \begin{bmatrix} 8 & 16 & 24 & 32 & 40 & 48 & 56 & 64 \\ 16 & 24 & 32 & 40 & 48 & 56 & 64 & 72 \\ 24 & 32 & 40 & 48 & 56 & 64 & 72 & 80 \\ 32 & 40 & 48 & 56 & 64 & 72 & 80 & 88 \\ 40 & 48 & 56 & 64 & 72 & 80 & 88 & 96 \\ 48 & 56 & 64 & 72 & 80 & 88 & 96 & 104 \\ 56 & 64 & 72 & 80 & 88 & 96 & 104 & 112 \\ 64 & 72 & 80 & 88 & 96 & 104 & 112 & 120 \end{bmatrix}.$$

損耗參數越小，重組的結果越好。以矩陣 Y_Q 所得的數字代表影像的新版本。

為了要將檔案解壓縮，Y_Q 矩陣藉著反轉過程來解量化，也就是將元素分別乘上 Q 的對應元素；這是影像編碼的失真部分。將元素 y_{kl} 除以 q_{kl} 並捨入，然後乘上 q_{kl} 來重組影像，但所得可能已被加上 $q_{kl}/2$ 大小的誤差到 y_{kl}；這就是量化誤差，q_{kl} 越大的話，重組影像的可能誤差也將會越大。另一方面來說，如果 q_{kl} 越大，Y_Q 的整數元素就會越小，而儲存它們所需要的位元數也就越少。這是影像準確性和檔案大小間的一個折衷。

事實上，量化完成了兩件事：較高頻率裡的許多小的計算結果立刻被 (11.19) 式設定為零，而剩下的非零部分大小會減小，因此它們可以用較少的位元來傳送或是儲存。所得的數字集合可以用霍夫曼編碼來轉換成位元串流，我們將在下一節中討論。

損耗參數 p 就像一個旋鈕，可以轉動它來以位元數交換視覺準確性。為了應用線性量化，可以將轉換 Y 的元素 y_{kl} 除以 $8p(k+l+1)$，然後捨入到最接近的整數。這在 MATLAB 裡可以很容易地完成：

```
>> Yq = round(Y.*hilb(8)/(8*p));
```

當線性量化以 $p=1$ 應用於 (11.16) 式，其所得係數為

$$\begin{bmatrix} -38 & 13 & 4 & -2 & 0 & 0 & 0 & 0 \\ -20 & -11 & 2 & 2 & 0 & 0 & 0 & 0 \\ 4 & -3 & -2 & 0 & 0 & 0 & 0 & 0 \\ 3 & 1 & 0 & 0 & 0 & 0 & 0 & 0 \\ 0 & 1 & 0 & 0 & 0 & 0 & 0 & 0 \\ 0 & 0 & 0 & 0 & 0 & 0 & 0 & 0 \\ 0 & 0 & 0 & 0 & 0 & 0 & 0 & 0 \\ 0 & 0 & 0 & 0 & 0 & 0 & 0 & 0 \end{bmatrix}. \tag{11.21}$$

要重組影像，轉換必須被乘上 Q 且轉換回像素灰階值。在 MATLAB 中，顛倒先前的指令可得

```
>> ydq = 8*p*Yq./hilb(8);
```

在圖 11.8(a) 裡，利用 $p=1$ 及 Y_Q 來重組影像區塊，與原始區塊雖然有些微差異，但仍較低通濾波重組來得準確。

若以 $p=2$ 進行線性量化，量化轉換係數為

$$Y_Q = \begin{bmatrix} -19 & 7 & 2 & -1 & 0 & 0 & 0 & 0 \\ -10 & -5 & 1 & 1 & 0 & 0 & 0 & 0 \\ 2 & -1 & -1 & 0 & 0 & 0 & 0 & 0 \\ 1 & 0 & 0 & 0 & 0 & 0 & 0 & 0 \\ 0 & 0 & 0 & 0 & 0 & 0 & 0 & 0 \\ 0 & 0 & 0 & 0 & 0 & 0 & 0 & 0 \\ 0 & 0 & 0 & 0 & 0 & 0 & 0 & 0 \\ 0 & 0 & 0 & 0 & 0 & 0 & 0 & 0 \end{bmatrix}, \tag{11.22}$$

而以 $p=4$ 進行線性量化，量化轉換係數為

$$Y_Q = \begin{bmatrix} -9 & 3 & 1 & -1 & 0 & 0 & 0 & 0 \\ -5 & -3 & 1 & 0 & 0 & 0 & 0 & 0 \\ 1 & -1 & 0 & 0 & 0 & 0 & 0 & 0 \\ 1 & 0 & 0 & 0 & 0 & 0 & 0 & 0 \\ 0 & 0 & 0 & 0 & 0 & 0 & 0 & 0 \\ 0 & 0 & 0 & 0 & 0 & 0 & 0 & 0 \\ 0 & 0 & 0 & 0 & 0 & 0 & 0 & 0 \\ 0 & 0 & 0 & 0 & 0 & 0 & 0 & 0 \end{bmatrix}. \tag{11.23}$$

圖 11.8 為三個不同損耗參數 p 值的線性量化結果。損耗參數 p 的值越大，經

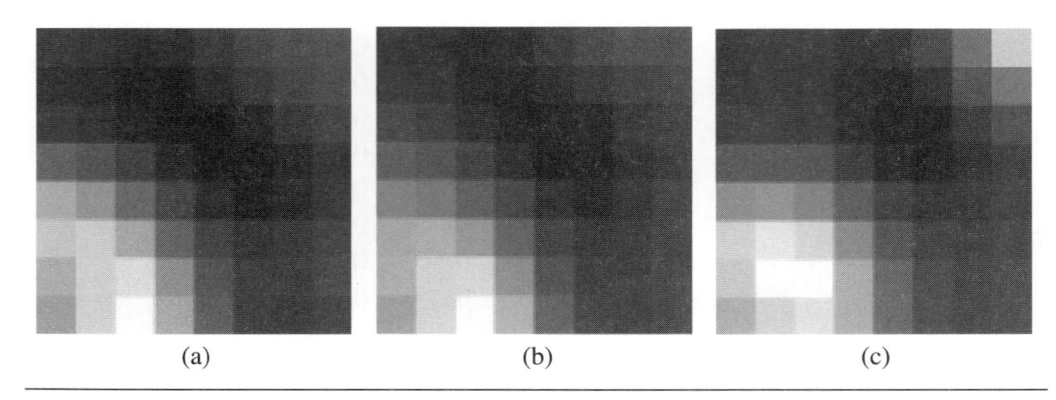

圖 11.8 線性量化的結果。損耗參數為 (a) $p=1$，(b) $p=2$，(c) $p=4$。

量化程序所得矩陣 Y_Q 的元素成為零的也越多，代表像素的數據需求越小，而所重組的原始影像也就越不準確。

接下來，我們要量化圖 11.5 影像的全部 1024 個區塊；也就是說，我們要像前個範例一樣進行 1024 次。損耗參數 $p=1$、2、4 的結果如圖 11.9，當 $p=4$ 時，影像已經明顯惡化。

我們可以粗略地計算一下量化可壓縮多少影像。原始影像使用的像素值從 0 到 255，需要 1 位元組 (或 8 位元) 來儲存。每個 8×8 區塊在未壓縮情況所需要的位元總數為 $8(8)^2 \approx 512$ 位元。

現在，假設使用損耗參數 $p=1$ 的線性量化，假設轉換矩陣 Y 的最大元素

圖 11.9 對所有 1024 個 8×8 區塊進行線性量化的結果。
損耗參數為 (a) $p=1$，(b) $p=2$，(c) $p=4$。

是 255，那麼用 Q 量化後，Y_Q 的最大可能元素為

$$\begin{bmatrix} 32 & 16 & 11 & 8 & 6 & 5 & 5 & 4 \\ 16 & 11 & 8 & 6 & 5 & 5 & 4 & 4 \\ 11 & 8 & 6 & 5 & 5 & 4 & 4 & 3 \\ 8 & 6 & 5 & 5 & 4 & 4 & 3 & 3 \\ 6 & 5 & 5 & 4 & 4 & 3 & 3 & 3 \\ 5 & 5 & 4 & 4 & 3 & 3 & 3 & 2 \\ 5 & 4 & 4 & 3 & 3 & 3 & 2 & 2 \\ 4 & 4 & 3 & 3 & 3 & 2 & 2 & 2 \end{bmatrix}.$$

因為正數和負數的元素都有可能，所以儲存每個元素所需要的位元數為：

$$\begin{bmatrix} 7 & 6 & 5 & 5 & 4 & 4 & 4 & 4 \\ 6 & 5 & 5 & 4 & 4 & 4 & 4 & 4 \\ 5 & 5 & 4 & 4 & 4 & 4 & 4 & 3 \\ 5 & 4 & 4 & 4 & 4 & 4 & 3 & 3 \\ 4 & 4 & 4 & 4 & 4 & 3 & 3 & 3 \\ 4 & 4 & 4 & 4 & 3 & 3 & 3 & 3 \\ 4 & 4 & 4 & 3 & 3 & 3 & 3 & 3 \\ 4 & 4 & 3 & 3 & 3 & 3 & 3 & 3 \end{bmatrix}.$$

此 64 個數字的總和為 249，或說 249/64 ≈ 3.89 位元/像素，這小於儲存原始 8×8 影像矩陣的像素值所需位元數 (512，或 8 位元/像素) 的一半。對其他 p 值的對應結果統計於下表：

p	總位元數	位元 / 像素
1	249	3.89
2	191	2.98
4	147	2.30

如表格中所見，代表影像所需要的位元數，在 $p=1$ 時以 2 的倍數減少，我們可以感覺到影像有些微的改變。這樣的壓縮是因為量化的緣故。為了要進一步壓縮，我們可以利用一個特性，也就是許多轉換中的高頻項目在量化之後變成了零，對此使用霍夫曼編碼和**長度編碼** (run-length coding) 是最有效率的方式，我們將在下節介紹。

以 $p=1$ 的線性量化接近預設的 JPEG 量化，量化矩陣提供最大壓縮但卻

有最少的影像畫質下降，也一直是許多研究和討論的主題。JPEG 標準包含了一個附錄名為「附錄 K：範例和規則」(Annex K)，提供了一個以人類視覺系統實驗為基礎的 Q，矩陣

$$Q_Y = p \begin{bmatrix} 16 & 11 & 10 & 16 & 24 & 40 & 51 & 61 \\ 12 & 12 & 14 & 19 & 26 & 58 & 60 & 55 \\ 14 & 13 & 16 & 24 & 40 & 57 & 69 & 56 \\ 14 & 17 & 22 & 29 & 51 & 87 & 80 & 62 \\ 18 & 22 & 37 & 56 & 68 & 109 & 103 & 77 \\ 24 & 35 & 55 & 64 & 81 & 104 & 113 & 92 \\ 49 & 64 & 78 & 87 & 103 & 121 & 120 & 101 \\ 72 & 92 & 95 & 98 & 112 & 100 & 103 & 99 \end{bmatrix} \qquad (11.24)$$

被廣泛用在目前的分散式 JPEG 編碼器。設定損耗參數 $p=1$，提供了就人類視覺系統來說的最佳重組；而當 $p=4$ 時，通常就會出現明顯的缺失。在某種程度上，視覺品質依賴像素的大小：如果像素很小，有些誤差可能不會發現。

　　到目前為止，我們只討論了灰階影像，而延伸應用到彩色影像上其實非常容易，可用 RGB (紅綠藍) 色彩系統來說明；每個像素被指派三個整數，分別代表紅綠藍三原色的強度。影像壓縮的方法之一是每個顏色分別重複前述過程，將每個顏色視為灰階，最後再由它的三原色來重組影像。

　　雖然 JPEG 標準並未說明如何處理色彩，但所謂基線 JPEG 法使用一些更精密的方式。定義**亮度** (luminance) $Y=0.299R+0.587G+0.114B$ 及**色差** (color differences) $U=B-Y$ 和 $V=R-Y$。這可以轉換 RGB 色彩數據成為 YUV 系統。這是完全可逆的轉換，因為 RGB 值可以 $B=U+Y$、$R=V+Y$ 及 $G=(Y-0.299R-0.114B)/(0.587)$ 來求得。基線 JPEG 法獨立應用先前討論過的 DCT 濾波於 Y、U 和 V，使用附錄 K 的量化矩陣 Q_Y 於亮度變數 Y，以及色差 U 和 V 的量化矩陣

$$Q_C = \begin{bmatrix} 17 & 18 & 24 & 47 & 99 & 99 & 99 & 99 \\ 18 & 21 & 26 & 66 & 99 & 99 & 99 & 99 \\ 24 & 26 & 56 & 99 & 99 & 99 & 99 & 99 \\ 47 & 66 & 99 & 99 & 99 & 99 & 99 & 99 \\ 99 & 99 & 99 & 99 & 99 & 99 & 99 & 99 \\ 99 & 99 & 99 & 99 & 99 & 99 & 99 & 99 \\ 99 & 99 & 99 & 99 & 99 & 99 & 99 & 99 \\ 99 & 99 & 99 & 99 & 99 & 99 & 99 & 99 \end{bmatrix} \quad (11.25)$$

重組 Y、U 和 V 之後，它們被一起還原並且轉換回 RGB 以恢復原來影像。

因為 U 和 V 在人類視覺系統中是較不重要的角色，所以允許對於它們採更多侵犯性的量化處理，如 (11.25) 式。進一步的壓縮可來自陣列附加的特別技巧，例如，算出色差的平均值用於較不精細的網格上。

11.2 習 題

1. 求下列數據矩陣 X 的 2D-DCT，及對應於數據點 (i, j, x_{ij})，$i, j = 0, 1$ 的內插函數 $P_2(s, t)$。

    (a) $\begin{bmatrix} 1 & 0 \\ 0 & 0 \end{bmatrix}$ (b) $\begin{bmatrix} 1 & 0 \\ 1 & 0 \end{bmatrix}$ (c) $\begin{bmatrix} 1 & 1 \\ 1 & 1 \end{bmatrix}$ (d) $\begin{bmatrix} 1 & 0 \\ 0 & 1 \end{bmatrix}$

2. 求下列數據矩陣 X 的 2D-DCT，及對應於數據點 (i, j, x_{ij})，$i, j = 0, ..., n-1$ 的內插函數 $P_n(s, t)$。

    (a) $\begin{bmatrix} 1 & 0 & -1 & 0 \\ 1 & 0 & -1 & 0 \\ 1 & 0 & -1 & 0 \\ 1 & 0 & -1 & 0 \end{bmatrix}$ (b) $\begin{bmatrix} 1 & 0 & 0 & 0 \\ 0 & 1 & 0 & 0 \\ 0 & 0 & 1 & 0 \\ 0 & 0 & 0 & 1 \end{bmatrix}$ (c) $\begin{bmatrix} 0 & 0 & 0 & 0 \\ 0 & 1 & 1 & 0 \\ 0 & 1 & 1 & 0 \\ 0 & 0 & 0 & 0 \end{bmatrix}$ (d) $\begin{bmatrix} 3 & 3 & 3 & 3 \\ 3 & -1 & -1 & 3 \\ 3 & 3 & 3 & 3 \\ 3 & -1 & -1 & 3 \end{bmatrix}$

3. 用習題 2 的數據，求以基底函數 1、$\cos\frac{(2s+1)\pi}{8}$、$\cos\frac{(2t+1)\pi}{8}$ 所構成的最小平方近似函數。

4. 使用量化矩陣 $Q = \begin{bmatrix} 10 & 20 \\ 20 & 100 \end{bmatrix}$ 來量化下列矩陣。同時列出量化矩陣、(失真的) 解量化矩陣和量化誤差矩陣。

(a) $\begin{bmatrix} 24 & 24 \\ 24 & 24 \end{bmatrix}$ (b) $\begin{bmatrix} 32 & 28 \\ 28 & 45 \end{bmatrix}$ (c) $\begin{bmatrix} 54 & 54 \\ 54 & 54 \end{bmatrix}$

11.2 電腦演算題

1. 求下列數據矩陣 X 的 2D-DCT。

    (a) $\begin{bmatrix} -1 & 1 & -1 & 1 \\ -2 & 2 & -2 & 2 \\ -3 & 3 & -3 & 3 \\ -4 & 4 & -4 & 4 \end{bmatrix}$ (b) $\begin{bmatrix} 1 & 2 & -1 & -2 \\ -1 & -2 & 1 & 2 \\ 1 & 2 & -1 & -2 \\ -1 & -2 & 1 & 2 \end{bmatrix}$

    (c) $\begin{bmatrix} 1 & 3 & 1 & -1 \\ 2 & 1 & 0 & 1 \\ 1 & -1 & 2 & 3 \\ 3 & 2 & 1 & 0 \end{bmatrix}$ (d) $\begin{bmatrix} -3 & -2 & -1 & 0 \\ -2 & -1 & 0 & 1 \\ -1 & 0 & 1 & 2 \\ 0 & 1 & 2 & 3 \end{bmatrix}$

2. 利用電腦演算題 1 所得的 2D-DCT，以及當 $k+l \geq 4$ 時設定所有轉換值 $Y_{kl}=0$，求 X 的最小平方低通濾波近似解。

3. 請自行選擇一灰階影像檔，利用 imread 指令來輸入到 MATLAB，要讓所得矩陣的每一個維度都是 8 的倍數。(如果必要的話，將 RGB 彩色影像用標準公式 $X=0.2126R+0.7152G+0.0722B$ 轉換為灰階。)

    (a) 抽出一個 8×8 像素區塊，比如，利用 MATLAB 指令 xb=x(81:88, 81:88)。以 imagesc 指令來顯示該區塊。

    (b) 進行 2D-DCT。

    (c) 分別以 $p=1$、2 和 4 來進行線性量化。

    (d) 利用逆 2D-DCT 重組該區塊影像，並和原始影像作比較。

    (e) 對所有 8×8 區塊完成 (a)—(d) 步驟，並重組整個影像。

4. 重做電腦演算題 3，但以 $p=1$ 的 JPEG 建議矩陣 (11.24) 式來量化。

5. 選擇一彩色影像檔，利用線性量化分別對 RGB 三原色完成電腦演算題 3 的要求，並重組回彩色影像。

6. 選擇一彩色影像，將 RGB 值轉換為亮度/色差座標。利用 JPEG 量化分別以 Y、U、V 完成電腦演算題 3 的步驟，然後重組回彩色影像。

11.3 霍夫曼編碼

影像的失真壓縮需要以檔案大小換取準確性，如果準確性降低的幅度小到不被發現，如此的取捨便是值得的。準確性的喪失發生在量化步驟，在將影像分離為它的空間頻率之轉換後。無失真壓縮是指不會減損任何準確性的壓縮，而這是因為在 DCT 轉換及量化影像上採用了有效率的編碼方式。

在本節中，我們將討論無失真壓縮。作為相關應用，有個簡單有效率的方法來將上一節中量化 DCT 轉換矩陣，變成一個 JPEG 位元串流。為了要找出這樣做的方法，我們得先來趟短短的基礎訊息理論之旅。

❖ 11.3.1 訊息理論和編碼

對含有一串符號的訊息，且符號可任意選取；讓我們假設它們來自一有限集合。在本節中，我們考慮以有效率的方式，將這樣的符號串編碼成二進位數或說位元。位元字串越短，儲存或傳送訊息也就越容易且越便宜。

範例 11.5

將訊息 ABAACDAB 編碼成二進位字串。

因為共有 4 個符號，一個便利的二進位編碼可以讓每個字母等於兩個位元。比如，我們可以選定

A	00
B	01
C	10
D	11

則訊息可編碼成

$$(00)(01)(00)(00)(10)(11)(00)(01).$$

用此編碼來儲存或傳送訊息共需要 16 位元。

事實上還有更多有效率的編碼方法，要瞭解這些方法，首先必須要說明資訊的觀念。假設有 k 個不同的符號，p_i 代表符號串中在任一點出現符號 i 的機率。此機率可能事先得知，或以經驗來估計，也就是將符號 i 出現次數除以符號串的長度。

定義 11.7 符號串的 Shannon 資訊 (Shannon information) 或稱 Shannon 熵 (Shannon entropy) 為 $I = -\sum_{i=1}^{k} p_i \log_2 p_i$。

這個定義是以貝爾實驗室的 C. Shannon 來命名，在二十世紀中期，C. Shannon 在資訊理論方面有著頗具發展性的成就。符號串的 Shannon 資訊被視為訊息編碼過程中，每個符號所需要的最小位元平均數。其邏輯為：平均來說，如果符號出現機率為 p_i，那麼就期望需要 $-\log_2 p_i$ 個位元來表示它。舉例來說，一個符號出現機率為 $1/8$，便可用 $-\log_2(1/8) = 3$ 位元符號 000, 001, ..., 111 一共 8 個裡的其中一個來代表。要在所有符號中找出每個符號的平均位元，我們應該用符號的機率 p_i 來估算每個符號的位元 i。也就是說整個訊息的每個符號所需位元的平均數，等於定義中的總和 I。

範例 11.6
求字串 ABAACDAB 的 Shannon 資訊。

觀察符號 A、B、C、D 的出現機率，分別可得 $p_1 = 4/8 = 2^{-1}$、$p_2 = 2/8 = 2^{-2}$、$p_3 = 1/8 = 2^{-3}$、$p_4 = 2^{-3}$，Shannon 資訊為

$$-\sum_{i=1}^{4} p_i \log_2 p_i = \frac{1}{2}1 + \frac{1}{4}2 + \frac{1}{8}3 + \frac{1}{8}3 = \frac{7}{4}.$$

因此，根據 Shannon 資訊的估算，符號串的編碼至少需要 1.75 位元/符號。因為符號串的長度為 8，最理想的總位元數應該為 $(1.75)(8) = 14$，而不是我們先前編碼所用的 16。

事實上，用**霍夫曼編碼 (Huffman coding)** 可實現以預估的 14 位元來傳送訊息。其目標在於按照每個符號的機率來指派二進位編碼，重複越多的符號就用越短的編碼。

此演算法的運作可用建構樹狀圖的方式，完成後可以從中讀取二進位編碼。從機率最小的兩個符號開始，然後以「連結」符號配以連結後的機率，這兩個符號便組合成樹狀圖的一個分枝。重複這個步驟，結合符號向上組成樹狀圖分枝，直到只剩下一組符號為止，這組符號對應到樹狀圖的頂點。在範例 11.6 中，首先我們結合 C 和 D 兩個機率最小的符號，變成有 1/4 機率的符號 CD。剩下的機率為 A (1/2)、B (1/4)、CD (1/4)。接著我們再結合兩個最小機率的符號，取得 A (1/2) 和 BCD (1/2)。最後，結合剩下的兩個成為 ABCD (1)。每個組合都構成霍夫曼樹狀圖的一個分枝。

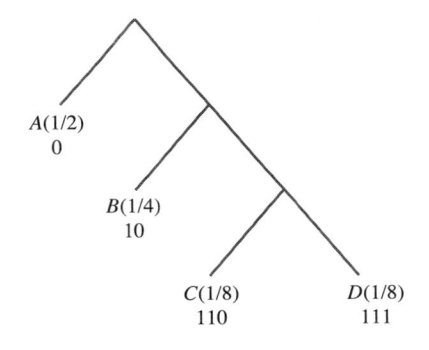

當樹狀圖完成後，每個符號的霍夫曼編碼可以按樹狀圖頂端走到符號的路徑來讀取，如上圖所示，在各個分枝的左邊寫上 0，右邊寫上 1。例如，0 代表 A，而 C 是兩次右邊和一次左邊，也就是 110。範例 11.6 的字串 ABAACDAB，便可換成長度 14 的位元串流

$$(0)(10)(0)(0)(110)(111)(0)(10).$$

Shannon 資訊提供了二進位編碼的每個符號位元數下限，在此例中，霍夫曼編碼到達 Shannon 資訊的下限 14/8＝1.75 位元/符號。但不幸的是，這並非永遠成立，請見以下範例的說明。

範例 11.7

求訊息 ABRA CADABRA 的 Shannon 資訊和霍夫曼編碼。

依觀察可得此 6 個符號的出現機率為

A	5/12
B	2/12
R	2/12
C	1/12
D	1/12
␣	1/12

注意，空白也需視為符號。Shannon 資訊為

$$-\sum_{i=1}^{6} p_i \log_2 p_i = -\frac{5}{12}\log_2\frac{5}{12} - 2\frac{1}{6}\log_2\frac{1}{6} - 3\frac{1}{12}\log_2\frac{1}{12} \approx 2.28 \text{ 位元/符號}$$

這是訊息 ABRA CADABRA 編碼平均每個符號位元數的理論上最小值。前面我們已經說明過找出霍夫曼編碼的方法，我們從連結符號 D 和 ␣ 開始，但其實任何兩個機率為 1/12 的符號都可以被選為樹狀圖中最低分枝；符號 A 在最後出現，因為它有最高的機率。一組霍夫曼編碼如下圖所示。

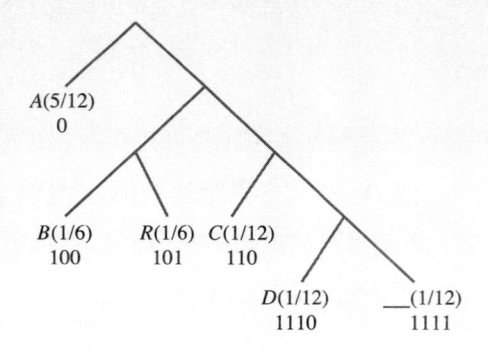

```
                A(5/12)
                   0

      B(1/6)   R(1/6)   C(1/12)
       100      101       110

                        D(1/12)   ␣(1/12)
                         1110      1111
```

因為 A 是訊息中受歡迎的符號，所以它有個短編碼，ABRA CADABRA 二進位編碼數列為：

$$(0)(100)(101)(0)(1111)(110)(0)(1110)(0)(100)(101)(0),$$

長度為 28 位元。這個編碼的平均值為 $28/12 = 2\frac{1}{3}$ 位元/符號，比剛剛所算出的理論最小值稍為大一點。霍夫曼編碼不見得都能符合 Shannon 資訊，但通常非常接近。

霍夫曼編碼的祕訣是：因為每個符號只在樹狀分枝的尾端出現，所以一個完整的符號編碼不會成為另一個符號編碼的開頭。如此一來，當編碼轉換回符號時，就不會模稜兩可了。

❖ 11.3.2 JPEG 格式的霍夫曼編碼

本節是討論霍夫曼編碼的實際延伸範例。JPEG 影像壓縮格式在現代數位攝影中是很普遍的，因為它同時有理論數學及工程的考量，所以是一個很好的研究範例。

JPEG 影像檔轉換係數的二進位編碼，以兩種不同方式的霍夫曼編碼；一為 DC 元件 [轉換矩陣的 (0, 0) 元素]，另一為 8×8 矩陣剩下的其他 63 個元素，也就是所謂的 AC 元件。

定義 11.8 令 y 為整數，y 的**大小** (size) 定義為

$$L = \begin{cases} \text{floor}(\log_2 |y|) + 1 & \text{若 } y \neq 0 \\ 0 & \text{若 } y = 0 \end{cases}.$$

JPEG 格式的霍夫曼編碼有三個組成部分：DC 元件的**霍夫曼樹** (Huffman tree)、AC 元件的霍夫曼樹以及一個整數編碼表。編碼的第一個部分，是輸入值 $y = y_{00}$ 的大小之二進位編碼，來自以下的 DC 元件霍夫曼樹，稱為 DPCM 樹。

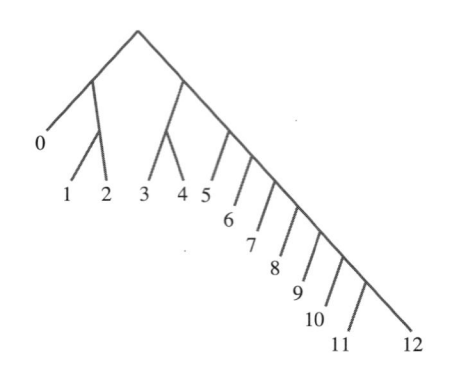

再一次，當樹的分枝向左或向右時，分別以 0 或 1 來編碼。第一個部分之後就接著來自下面整數編碼表中的二進位字串：

L	輸入值	二進位編碼
0	0	- -
1	$-1,1$	0,1
2	$-3,-2,2,3$	00,01,10,11
3	$-7,-6,-5,-4,4,5,6,7$	000,001,010,011,100,101,110,111
4	$-15,-14,\ldots,-8,8,\ldots,14,15$	0000,0001,……,0111,1000,……,1110,1111
5	$-31,-30,\ldots,-16,16,\ldots,30,31$	00000,00001,……,01111,10000……,11110,11111
6	$-63,-62,\ldots,-32,32,\ldots,62,63$	000000,000001,…,011111,100000,…,111110,111111
⋮	⋮	⋮

舉例來說，元素值 $y_{00}=13$，大小為 $L=4$。依據 DPCM 樹，4 的霍夫曼編碼為 (101)。上表顯示 13 的額外二位數為 (1101)，將兩部分連接起來，1011101，即是 DC 係數。

因為 DC 元件附近的 8×8 區塊通常都有關聯性，所以只有區塊間的差異會被儲存 (當然除第一個區塊之外)。從左到右 DC 元件差異的儲存如圖所示。這個方法稱為 DC 元件的**微分脈波編碼調變** (Differential Pulse Code Modulation ; DPCM)。

至於 8×8 區塊裡剩下的 63 個 AC 元件，可以利用**長度編碼法** (Run Length Encoding; RLE) 來有效率地儲存一長串的零。通常以之字形順序來儲存這 63 個元件：

$$\begin{bmatrix} 0 & 1 & 5 & 6 & 14 & 15 & 27 & 28 \\ 2 & 4 & 7 & 13 & 16 & 26 & 29 & 42 \\ 3 & 8 & 12 & 17 & 25 & 30 & 41 & 43 \\ 9 & 11 & 18 & 24 & 31 & 40 & 44 & 53 \\ 10 & 19 & 23 & 32 & 39 & 45 & 52 & 54 \\ 20 & 22 & 33 & 38 & 46 & 51 & 55 & 60 \\ 21 & 34 & 37 & 47 & 50 & 56 & 59 & 61 \\ 35 & 36 & 48 & 49 & 57 & 58 & 62 & 63 \end{bmatrix}. \tag{11.26}$$

與其將 63 個數字編碼，不如將零的長度數對 (n, L) 編碼。其中 n 代表零的長度，L 代表下一個非零元素的大小。AC 元件的霍夫曼樹中包含典型 JPEG 影像裡最常見的編碼，以及根據 JPEG 標準的預設編碼。

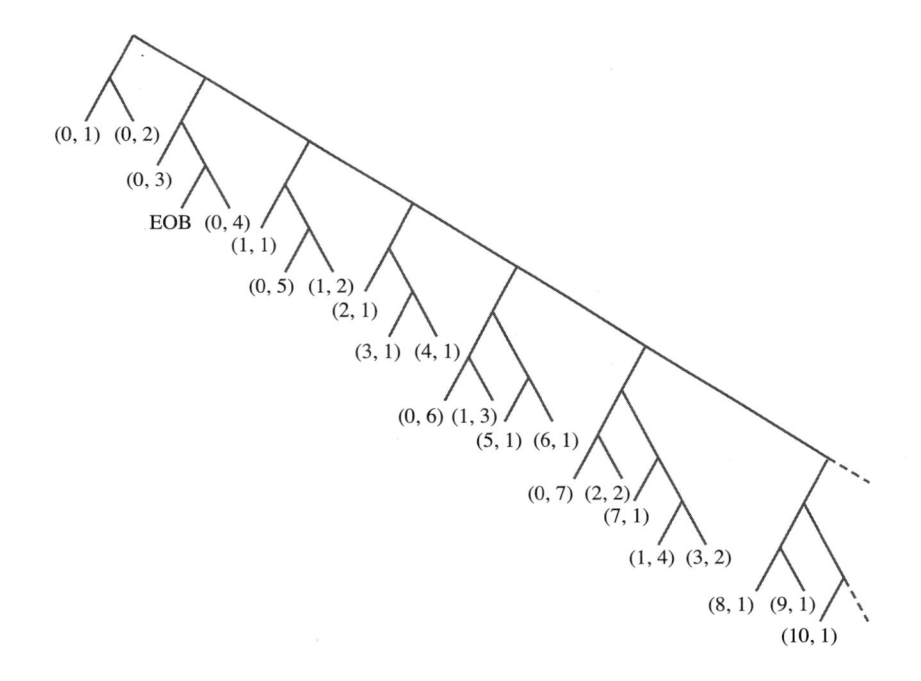

在位元串流中，由樹狀圖 (這只和元素的大小有關) 所得的霍夫曼編碼，後面加上整數的二進位編碼來自前面的編碼表。比如，元素的數列為 $-5, 0, 0, 0, 2$ 可表示成 $(0, 3) -5 (3, 2) 2$，其中 $(0, 3)$ 代表大小為 3 的數後面是非零數目，$(3, 2)$ 代表 3 個零後面接著大小為 2 的數。根據霍夫曼樹，可得 $(0, 3)$ 編碼為 (100)，$(3, 2)$ 為 (111110111)，由整數編碼表中可得 -5 為 (010)，2 為 (10)。因此，以 $-5, 0, 0, 0, 2$ 編碼所得的字串為 $(100)(010)(111110111)(10)$。

前述的霍夫曼樹只顯示了最一般的 JPEG 長度編碼情形。其他有用的編碼是 (11, 1)＝1111111001，(12, 1)＝1111111010 和 (13, 1)＝1111111100。

範例 11.8

對 JPEG 影像檔的量化 DCT 轉換矩陣 (11.21) 進行編碼。

DC 值 $y_{00}=-38$，大小為 6，根據 DPCM 樹編碼為 (1110)，且由整數編碼表得額外位元為 (011001)。接下來我們考慮 AC 係數串。依據 (11.26)，AC 係數的順序為 13, −20, 4, −11, 4, −2, 2, −3, 3, 0, 1, −2, 2, 5 個 0, 1, 剩下均為 0。第一個數字，13 的大小為 4，因此依據長度編碼可得 (0, 4)，而由整數編碼表可得 1101。下一個數 −20 的大小為 5，可得 (0, 5) 及 01011。0 長度數對為

(0, 4) 13 (0, 5) − 20 (0, 3) 4 (0, 4) − 11 (0, 3) 4 (0, 2) − 2 (0, 2) 2 (0, 2) − 3 (0, 2) 3 (1, 1) 1 (0, 2) − 2 (0, 2) 2 (5, 1) 1 (EOB).

這裡的 EOB 代表「區塊結束」(end-of-block)，表示剩下的元素皆為 0。依據霍夫曼樹，(1010) 代表 EOB，儲存照片中 8×8 區塊的位元串流可以由霍夫曼樹和整數編碼表讀取：

(1110)(011001)
(1011)(1101)(11010)(01011)(100)(100)(1011)(0100)(100)(100)(01)(01)
(01)(10)(01)(00)(01)(11)(1100)(1)(01)(01)(01)(10)(1111010)(1)(1010).

圖 11.8(a) 裡的像素區塊，是原始圖 11.6(a) 的一個合理近似，正是以這 89 個位元來代表。以每個像素為基礎，則結果為 89/64 ≈ 1.4 位元/像素。注意，位元/像素編碼的優勢，是靠著低通濾波和量化來達成。假設像素起始於 8 位元的整數，8×8 影像已經被以多於 5:1 的倍數來壓縮。

◆

JPEG 檔案解壓縮就是壓縮步驟的反向。JPEG 讀取器將位元串流解碼為長度符號，這些符號構成 8×8 DCT 轉換區塊，最後用逆 DCT 轉換回像素區塊。

11.3 習題

1. 求下列訊息中每個符號出現機率,及其 Shannon 資訊。

   (a) BABBCABB (b) ABCACCAB (c) ABABCABA

2. 畫一個霍夫曼樹,並用來對習題 1 的訊息編碼。比較 Shannon 資訊和每個符號所需的平均位元數。

3. 畫一個霍夫曼樹以便轉換訊息,包含空白和標點符號,用霍夫曼編碼轉換為位元串流。比較 Shannon 資訊和每個符號所需的平均位元數。

   (a) AY CARUMBA! (b) COMPRESS THIS MESSAGE (c) SHE SELLS SEASHELLS BY THE SEASHORE

4. 以 JPEG 霍夫曼編碼,將轉換、量化影像元件 (a) (11.22) 和 (b) (11.23) 轉化為位元串流。

11.4 修正離散餘弦轉換與聲音壓縮

我們回到一維訊號的問題,並討論聲音壓縮的先進方法。雖然有人可能會認為,一維要比二維來得容易處理,但麻煩的是,人類聽覺系統在頻率域是非常敏感的,因為壓縮或解壓縮而產生多餘的**人為雜訊** (artifact),甚至比較容易被察覺。因為這個原因,在聲音壓縮法中普遍採用了用來隱藏壓縮事實的精密技巧之設計。

首先我們介紹離散餘弦轉換的新版本:DCT4,以及所謂的修正離散餘弦轉換 (MDCT)。MDCT 不以方陣呈現,因此不同於 DCT 和 DCT4,它是不可逆的。然而,當 MDCT 應用到重疊的向量時,它能夠將原始資料串流完全重組;更重要的是,它可以與量化結合,以最小的音質降損來完成失真壓縮。MDCT 是目前大多數廣泛支援聲音壓縮格式的核心,例如 MP3、AAC 和 WMA。

❖ 11.4.1 修正離散餘弦轉換

我們以一個稍微不同於先前的 DCT 開始;DCT 經常被使用的版本有四個,在

前一節裡，我們用 DCT1 版本來做影像壓縮，DCT4 版本則在聲音壓縮中最廣為採用。

定義 11.9 $x=(x_0, ..., x_{n-1})^T$ 的**離散餘弦轉換 (版本 4)** (Discrete Cosine Transform version 4；DCT 4) 為 n 維向量

$$y = Ex,$$

其中 E 為 $n \times n$ 矩陣

$$E_{ij} = \sqrt{\frac{2}{n}} \cos \frac{(i+\frac{1}{2})(j+\frac{1}{2})\pi}{n}. \tag{11.27}$$

和 DCT1 一樣，DCT4 的矩陣 E 也是實數正交矩陣：必為方陣，且行向量為兩兩正交單位向量。後者是根據 E 的行向量是實數對稱 $n \times n$ 矩陣

$$\begin{bmatrix} 1 & -1 & & & & \\ -1 & 2 & -1 & & & \\ & -1 & 2 & -1 & & \\ & & \ddots & \ddots & \ddots & \\ & & & -1 & 2 & -1 \\ & & & & -1 & 3 \end{bmatrix}. \tag{11.28}$$

的單位特徵向量，習題 6 要求讀者證明此性質。

接下來，我們注意到關於 DCT4 矩陣行向量的兩個重要特性。把 n 視為固定值，並考慮 DCT4 中不止 n 行，其行向量由 (11.27) 所定義，包含所有正和負整數 j。

引理 11.10 以 c_j 表示 (廣義) DCT4 矩陣 (11.27) 的第 j 行，則 (a) 對所有的整數 j，$c_j = c_{-1-j}$ (行向量以 $j = -\frac{1}{2}$ 為中心成對稱)，以及 (b) 對所有整數 j，$c_j = -c_{2n-1-j}$ (行向量以 $j = n - \frac{1}{2}$ 為中心成反對稱)。

證明：要證明引理的 (a) 部分，由於 $j = -\frac{1}{2} + (j + \frac{1}{2})$ 及 $-1 - j = -\frac{1}{2} - (j + \frac{1}{2})$，用定義 (11.27) 可得

$$c_j = c_{-\frac{1}{2}+(j+\frac{1}{2})} = \sqrt{\frac{2}{n}} \cos \frac{(i+\frac{1}{2})(j+\frac{1}{2})\pi}{n} = \sqrt{\frac{2}{n}} \cos \frac{(i+\frac{1}{2})(-j-\frac{1}{2})\pi}{n}$$
$$= c_{-\frac{1}{2}-(j+\frac{1}{2})} = c_{-1-j}$$

對 $i = 0, ..., n-1$。

要證明 (b)，令 $r = n - \frac{1}{2} - j$，則 $j = n - \frac{1}{2} - r$ 及 $2n - 1 - j = n - \frac{1}{2} + r$，我們必須證明 $c_{n-\frac{1}{2}-r} + c_{n-\frac{1}{2}+r} = 0$。用餘弦加法公式，對 $i = 0, ..., n-1$，

$$c_{n-\frac{1}{2}-r} = \sqrt{\frac{2}{n}} \cos \frac{(2i+1)(n-r)\pi}{2n} = \sqrt{\frac{2}{n}} \cos \frac{2i+1}{2}\pi \cos \frac{(2i+1)r\pi}{2n}$$
$$+ \sqrt{\frac{2}{n}} \sin \frac{2i+1}{2}\pi \sin \frac{(2i+1)r\pi}{2n}$$

$$c_{n-\frac{1}{2}+r} = \sqrt{\frac{2}{n}} \cos \frac{(2i+1)(n+r)\pi}{2n} = \sqrt{\frac{2}{n}} \cos \frac{2i+1}{2}\pi \cos \frac{(2i+1)r\pi}{2n}$$
$$- \sqrt{\frac{2}{n}} \sin \frac{2i+1}{2}\pi \sin \frac{(2i+1)r\pi}{2n}$$

因為對所有整數 i，$\cos \frac{1}{2}(2i+1)\pi = 0$，可得 $c_{n-\frac{1}{2}-r} + c_{n-\frac{1}{2}+r} = 0$。

我們將用 DCT4 矩陣 E 來建立修正離散餘弦轉換。假設 n 為偶數，我們要以行向量 $c_{\frac{n}{2}}, ..., c_{\frac{5}{2}n-1}$ 建立一個新矩陣；引理 11.10 證明了，對任意整數 j，行向量 c_j，$0 \leq i \leq n-1$，可以用 DCT4 其中一個行向量來表示，如圖 11.10 所示，但可能會差一個正負號。

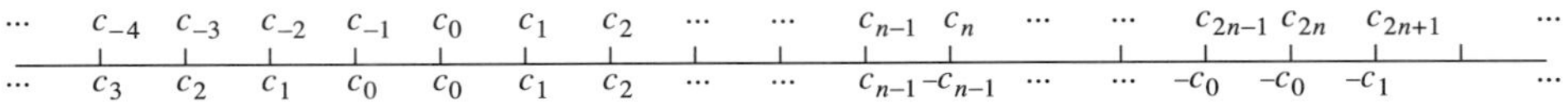

```
···  c_{-4}  c_{-3}  c_{-2}  c_{-1}  c_0  c_1  c_2  ···  ···  c_{n-1}  c_n  ···  ···  c_{2n-1}  c_{2n}  c_{2n+1}  ···
···  c_3    c_2    c_1    c_0    c_0  c_1  c_2  ···  ···  c_{n-1} -c_{n-1} ···  ···  -c_0    -c_0    -c_1    ···
```

圖 11.10 引理 11.10 的圖說。行向量 $c_0, ..., c_{n-1}$ 組成 $n \times n$ DCT4 矩陣，根據引理 11.10，對此範圍外的整數 j，(11.27) 式的行向量 c_j 仍可以 DCT4 的 n 行之一來表示。

定義 11.11

令 n 為正偶數，$x = (x_0, ..., x_{2n-1})^T$ 的**修正離散餘弦轉換** (Modified Discrete Cosine Transform; MDCT) 為 n 維向量

$$y = Mx \text{，} \tag{11.29}$$

其中 M 為 $n \times 2n$ 矩陣

$$M_{ij} = \sqrt{\frac{2}{n}} \cos \frac{(i + \frac{1}{2})(j + \frac{n}{2} + \frac{1}{2})\pi}{n} \tag{11.30}$$

對 $0 \leq i \leq n-1$ 且 $0 \leq j \leq 2n-1$。

和前一個 DCT 形式的主要差別是：長度 $2n$ 的向量之 MDCT 是一個長度為 n 的向量。因為這個原因，MDCT 非直接可逆，但我們稍後將可以看到，將長度 $2n$ 的向量重疊也能達到相同效果。

與定義 11.9 比較，且用引理 11.10，我們可以用 DCT4 的行向量寫出 MDCT 矩陣 M，然後加以簡化：

$$\begin{aligned} M &= \begin{bmatrix} c_{\frac{n}{2}} \cdots c_{\frac{5}{2}n-1} \end{bmatrix} \\ &= \begin{bmatrix} c_{\frac{n}{2}} \cdots c_{n-1} | c_n \cdots c_{\frac{3}{2}n-1} | c_{\frac{3}{2}n} \cdots c_{2n-1} | c_{2n} \cdots c_{\frac{5}{2}n-1} \end{bmatrix} \\ &= \begin{bmatrix} c_{\frac{n}{2}} \cdots c_{n-1} | -c_{n-1} \cdots -c_{\frac{n}{2}} | -c_{\frac{n}{2}-1} \cdots -c_0 | -c_0 \cdots -c_{\frac{n}{2}-1} \end{bmatrix}. \end{aligned} \tag{11.31}$$

為了要簡化符號，令 A 和 B 分別代表 DCT4 矩陣的左右兩半，所以 $E = (A|B)$。我們定義**置換矩陣** (permutation matrix) 中將**單位矩陣** (identity matrix) 的行向量反向排列，意即左右相反所得的新矩陣為：

$$R = \begin{bmatrix} & & & 1 \\ & & \cdot & \\ & \cdot & & \\ \cdot & & & \\ 1 & & & \end{bmatrix}.$$

若將矩陣右乘置換矩陣 R，可使矩陣的行向量左右相反排列。但左乘時，則使列上下相反排列。因為 $R^{-1} = R^T = R$，所以 R 是一個對稱正交矩陣。現在 (11.31) 式可以用較簡單的方式表示成

$$M = (B | -BR | -AR | -A), \qquad (11.32)$$

其中 AR 和 BR 是 A 和 B 行向量左右相反排列的版本。

MDCT 的作用可以用 DCT4 來表示，令

$$x = \begin{bmatrix} x_1 \\ x_2 \\ x_3 \\ x_4 \end{bmatrix}$$

為一個 $2n$-向量，其中每個 x_i 是一個長度 $n/2$ 的向量 (記住 n 是偶數)。然後以 (11.32) 式裡 M 的特性描述，

$$\begin{aligned} Mx &= Bx_1 - BRx_2 - ARx_3 - Ax_4 \\ &= [A|B] \begin{bmatrix} -Rx_3 - x_4 \\ x_1 - Rx_2 \end{bmatrix} = E \begin{bmatrix} -Rx_3 - x_4 \\ x_1 - Rx_2 \end{bmatrix}, \end{aligned} \qquad (11.33)$$

其中 E 是 $n \times n$ DCT4 矩陣，Rx_2 和 Rx_3 代表翻轉 x_2 和 x_3 兩端元素。這是非常有幫助的，我們可以用正交矩陣 E 來表達 M 的輸出值。

因為 MDCT 的 $n \times 2n$ 矩陣 M 不是方陣，所以它不可逆。然而，兩個鄰接的 MDCT 的秩 (rank) 合計可有 $2n$，而且一起運作能完美地重組輸入 x 值，以下將證明之。

「逆」MDCT 用 $2n \times n$ 矩陣 $N = M^T$ 表示，其轉換元素

$$N_{ij} = \sqrt{\frac{2}{n}} \cos \frac{(j + \frac{1}{2})(i + \frac{n}{2} + \frac{1}{2})\pi}{n}. \qquad (11.34)$$

雖然它已盡可能接近，但並非真的反矩陣。轉置 (11.32) 可得

$$N = \begin{bmatrix} B^T \\ -RB^T \\ -RA^T \\ -A^T \end{bmatrix}, \qquad (11.35)$$

利用先前在離散餘弦轉換 DCT4 所用的符號 $E = (A|B)$。因為 E 是正交矩陣，可得

$$A^T A = I$$
$$B^T B = I$$
$$A^T B = B^T A = 0,$$

其中 I 為 $n \times n$ 單位矩陣。

現在我們已經準備好來計算 NM，來看看什麼情況下 N 會成為 MDCT 矩陣 M 的反矩陣。和之前一樣，將 x 分為四個部分。根據 (11.33)、(11.35)、A 和 B 的正交性以及 $R^2 = I$，可得

$$NM \begin{bmatrix} x_1 \\ x_2 \\ x_3 \\ x_4 \end{bmatrix} = \begin{bmatrix} B^T \\ -RB^T \\ -RA^T \\ -A^T \end{bmatrix} [A(-Rx_3 - x_4) + B(x_1 - Rx_2)]$$

$$= \begin{bmatrix} x_1 - Rx_2 \\ -Rx_1 + x_2 \\ x_3 + Rx_4 \\ Rx_3 + x_4 \end{bmatrix}. \tag{11.36}$$

在聲音壓縮演算法中，MDCT 應用在重疊的資料向量上。因為向量長度是常數，向量端點所造成的人為雜訊，會以一個固定頻率出現。聽覺系統對於週期性誤差要比視覺系統敏銳，畢竟，我們的耳朵是設計來感應這樣一個頻率的音調。假設數據以重疊的方式來表現，令：

$$Z_1 = \begin{bmatrix} x_1 \\ x_2 \\ x_3 \\ x_4 \end{bmatrix} \ \text{及} \ Z_2 = \begin{bmatrix} x_3 \\ x_4 \\ x_5 \\ x_6 \end{bmatrix}$$

為兩個 $2n$ 維向量 (n 為偶數)，且每個 x_i 向量長度均為 $n/2$。向量 Z_1 和 Z_2 有一半長度重疊。依據 (11.36) 式可得

$$NMZ_1 = \begin{bmatrix} x_1 - Rx_2 \\ -Rx_1 + x_2 \\ x_3 + Rx_4 \\ Rx_3 + x_4 \end{bmatrix} \ \text{及} \ NMZ_2 = \begin{bmatrix} x_3 - Rx_4 \\ -Rx_3 + x_4 \\ x_5 + Rx_6 \\ Rx_5 + x_6 \end{bmatrix}, \tag{11.37}$$

我們可以將 NMz_1 的後半段和 NMz_2 的前半段平均以重組 n 維向量 $[x_3, x_4]$：

$$\begin{bmatrix} x_3 \\ x_4 \end{bmatrix} = \frac{1}{2}(NMZ_1)_{n,\ldots,2n-1} + \frac{1}{2}(NMZ_2)_{0,\ldots,n-1}. \tag{11.38}$$

這個等式說明了如何在以 M 編碼後用 N 來將訊號解碼。

這個結論總結成為定理 11.12。

定理 11.12 **重疊的逆 MDCT** (Inversion of MDCT through overlapping)　假設 M 為 $n \times 2n$ 的 MDCT 矩陣，且 $N = M^T$。令 u_1、u_2、u_3 為 n 維向量，且

$$v_1 = M \begin{bmatrix} u_1 \\ u_2 \end{bmatrix} \text{ 及 } v_2 = M \begin{bmatrix} u_2 \\ u_3 \end{bmatrix}.$$

則定義為

$$\begin{bmatrix} w_1 \\ w_2 \end{bmatrix} = Nv_1 \text{ 及 } \begin{bmatrix} w_3 \\ w_4 \end{bmatrix} = Nv_2$$

的 n 維向量 w_1、w_2、w_3、w_4 滿足 $u_2 = 1/2(w_2 + w_3)$。

這是一個精確無誤的重組，定理 11.12 習慣上用作連結一連串 n 維向量 $[u_1, u_2, \ldots, u_m]$ 的長訊號。MDCT 被應用到相鄰的數對，來取得一個轉換訊號 $(v_1, v_2, \ldots, v_{m-1})$。現在失真壓縮產生了，$v_i$ 是頻率元件，所以我們可以選擇維持某些頻率，並將其他的重要性降低；下一節將就這個方向來討論。

用量化或其他方式來縮短 v_i 的內容後，$(u_2, \ldots, u_{m-1})$ 就能以定理 11.12 來解壓縮。由於我們不能還原 u_1 和 u_m，它們應該是訊號裡不重要的部分，或者是事先加入的多餘部分。

範例 11.9

利用重疊 MDCT 來轉換訊號 $x = [1, 2, 3, 4, 5, 6]$，然後用逆轉換來重組中段的 $[3, 4]$。

我們將重疊向量 $[1, 2, 3, 4]$ 和 $[3, 4, 5, 6]$。令 $n = 2$ 以及

$$E_2 = \begin{bmatrix} \cos\frac{\pi}{8} & \cos\frac{3\pi}{8} \\ \cos\frac{3\pi}{8} & \cos\frac{9\pi}{8} \end{bmatrix} = \begin{bmatrix} b & c \\ c & -b \end{bmatrix}.$$

利用 2×4 MDCT 得到

$$v_1 = M\begin{bmatrix} 1 \\ 2 \\ 3 \\ 4 \end{bmatrix} = E_2 \begin{bmatrix} -R(3) - 4 \\ 1 - R(2) \end{bmatrix} = E_2 \begin{bmatrix} -7 \\ -1 \end{bmatrix} = \begin{bmatrix} -7b - c \\ b - 7c \end{bmatrix} = \begin{bmatrix} -6.8498 \\ -1.7549 \end{bmatrix}$$

$$v_2 = M\begin{bmatrix} 3 \\ 4 \\ 5 \\ 6 \end{bmatrix} = E_2 \begin{bmatrix} -R(5) - 6 \\ 3 - R(4) \end{bmatrix} = E_2 \begin{bmatrix} -11 \\ -1 \end{bmatrix} = \begin{bmatrix} -11b - c \\ b - 11c \end{bmatrix} = \begin{bmatrix} -10.5454 \\ -3.2856 \end{bmatrix}.$$

所得轉換訊號為

$$[v_1|v_2] = \begin{bmatrix} -6.8498 & -10.5454 \\ -1.7549 & -3.2856 \end{bmatrix}.$$

為求逆 MDCT，定義 A 和 B 為

$$E_2 = [\,A\,|\,B\,] = \begin{bmatrix} b & | & c \\ c & | & -b \end{bmatrix}$$

並計算

$$\begin{bmatrix} w_1 \\ w_2 \end{bmatrix} = Nv_1 = \begin{bmatrix} B^T v_1 \\ -RB^T v_1 \\ -RA^T v_1 \\ -A^T v_1 \end{bmatrix} = \begin{bmatrix} c & -b \\ -c & b \\ -b & -c \\ -b & -c \end{bmatrix} \begin{bmatrix} -7b - c \\ b - 7c \end{bmatrix} = \begin{bmatrix} -1 \\ 1 \\ 7 \\ 7 \end{bmatrix}$$

$$\begin{bmatrix} w_3 \\ w_4 \end{bmatrix} = Nv_2 = \begin{bmatrix} B^T v_2 \\ -RB^T v_2 \\ -RA^T v_2 \\ -A^T v_2 \end{bmatrix} = \begin{bmatrix} c & -b \\ -c & b \\ -b & -c \\ -b & -c \end{bmatrix} \begin{bmatrix} -11b - c \\ b - 11c \end{bmatrix} = \begin{bmatrix} -1 \\ 1 \\ 11 \\ 11 \end{bmatrix},$$

其中利用了 $b^2 + c^2 = 1$ 的性質。定理 11.12 的結論為我們可以

$$u_2 = \frac{1}{2}(w_2 + w_3) = \frac{1}{2}\left(\begin{bmatrix} 7 \\ 7 \end{bmatrix} + \begin{bmatrix} -1 \\ 1 \end{bmatrix}\right) = \begin{bmatrix} 3 \\ 4 \end{bmatrix}.$$

來還原重疊部分 [3, 4]。

　　與本章前段 DCT 的使用相比較，MDCT 的定義和使用比較不直接。MDCT 的優點，是它能允許相鄰向量以一個有效率的方式重疊，這樣的結果是將兩個向量的貢獻平均，降低邊界上突然的轉變所產生的人為雜訊。而在 DCT 的例子中，我們可以在訊號重組前過濾或量化轉換係數，來改善或壓縮訊號。接下來，我們將說明 MDCT 如何能藉著增加一個量化步驟，成為壓縮的方法。

❖ 11.4.2　位元量化

聲音訊號的失真壓縮，可以藉著量化訊號的 MDCT 輸出來達成。在本節中，我們將量化的使用延伸到影像壓縮上，針對代表訊號失真版本的位元數，提供更多的控制。

　　從實數 $(-L, L)$ 的**開區間** (open interval) 開始，在容許些許誤差的情況下，假設目標是要用 b 位元來代表 $(-L, L)$ 裡的一個數。我們將以 1 個位元來表示正負號，數目部分則量化為 $b-1$ 位元的二進位整數。公式如下：

以 b 位元量化 (b-bit quantization) $(-L, L)$

量化：$z = \text{round}\left(\dfrac{y}{q}\right)$，其中 $q = \dfrac{2L}{2^b - 1}$

解量化：$\bar{y} = qz$ 　　　　　　　　　　　　　　　　　　　(11.39)

舉例來說，我們來看看如何以 4 位元來表示在區間 $(-1, 1)$ 內的數。令 q

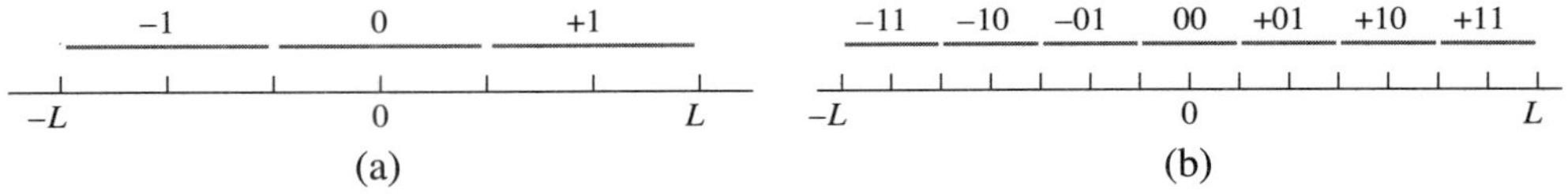

圖 11.11　位元量化。(11.39) 式的說明。(a) 2 位元，(b) 3 位元。

$=2(1)/(2^4-1)=2/15$,並以 q 來做量化。數字 $y=-0.3$ 以

$$\frac{-0.3}{2/15}=-\frac{9}{4}\longrightarrow -2\longrightarrow -010$$

來表示,而數字 $y=0.9$ 則以

$$\frac{0.9}{2/15}=\frac{27}{4}=6.75\longrightarrow 7\longrightarrow +111$$

來表示。

解量化則是將程序逆轉。-0.3 量化結果的解量化為

$$(-2)q=(-2)(2/15)=-4/15\approx -0.2667$$

對 0.9 量化結果則是

$$(7)q=(7)(2/15)=14/15\approx 0.9333.$$

兩種情況下,量化誤差均為 $1/30$。

範例 11.10

以 4 位元整數量化範例 11.9 的 MDCT 輸出。然後解量化,求逆 MDCT 及量化誤差。

由於所有需轉換的矩陣元素都落在區間 $(-12, 12)$ 內,令 $L=12$,以 4 位元量化需用 $q=2(12)/(2^4-1)=1.6$。則

$$v_1=\begin{bmatrix}-6.8498\\-1.7549\end{bmatrix}\longrightarrow \begin{bmatrix}\text{round}(\frac{-6.8948}{1.6})\\\text{round}(\frac{-1.7549}{1.6})\end{bmatrix}\longrightarrow \begin{bmatrix}-4\\-1\end{bmatrix}\longrightarrow \begin{matrix}-100\\-001\end{matrix}$$

且

$$v_2=\begin{bmatrix}-10.5454\\-3.2856\end{bmatrix}\longrightarrow \begin{bmatrix}\text{round}(\frac{-10.5454}{1.6})\\\text{round}(\frac{-3.2856}{1.6})\end{bmatrix}\longrightarrow \begin{bmatrix}-7\\-2\end{bmatrix}\longrightarrow \begin{matrix}-111\\-010\end{matrix}.$$

轉換變數 v_1、v_2 可以用 4 位元整數來儲存,全部需 16 位元。

以 $q = 1.6$ 進行解量化

$$\begin{bmatrix} -4 \\ -1 \end{bmatrix} \longrightarrow \begin{bmatrix} -6.4 \\ -1.6 \end{bmatrix} = \bar{v}_1$$

且

$$\begin{bmatrix} -7 \\ -2 \end{bmatrix} \longrightarrow \begin{bmatrix} -11.2 \\ -3.2 \end{bmatrix} = \bar{v}_2.$$

進行逆 MDCT 計算可得

$$\begin{bmatrix} w_1 \\ w_2 \end{bmatrix} = N\bar{v}_1 = \begin{bmatrix} -0.9710 \\ 0.9710 \\ 6.5251 \\ 6.5251 \end{bmatrix},$$

$$\begin{bmatrix} w_3 \\ w_4 \end{bmatrix} = N\bar{v}_2 = \begin{bmatrix} -1.3296 \\ 1.3296 \\ 11.5720 \\ 11.5720 \end{bmatrix},$$

以及重組訊號

$$u_2 = \frac{1}{2}(w_2 + w_3) = \frac{1}{2}\left(\begin{bmatrix} 6.5251 \\ 6.5251 \end{bmatrix} + \begin{bmatrix} -1.3296 \\ 1.3296 \end{bmatrix}\right) = \begin{bmatrix} 2.5977 \\ 3.9274 \end{bmatrix}.$$

量化誤差為原始訊號和重組訊號的差別：

$$\left|\begin{bmatrix} 2.5977 \\ 3.9274 \end{bmatrix} - \begin{bmatrix} 3 \\ 4 \end{bmatrix}\right| = \begin{bmatrix} 0.4023 \\ 0.0726 \end{bmatrix}.$$

◆

通常我們會用預先指派的位元來代表指定的頻率範圍，以完成聲音檔案的編碼。實作 11 將帶領讀者了解如何利用 MDCT 以及位元量化來建構完整 codec，或稱編碼-解碼協定。

11.4 習題

1. 求下列輸入的 MDCT；以 $b=\cos \pi/8$ 及 $c=\cos 3\pi/8$ 來表示所得。

    (a) $[1, 3, 5, 7]$ (b) $[-2, -1, 1, 2]$ (c) $[4, -1, 3, 5]$

2. 如範例 11.9 的兩個長度為 4 的重疊輸入向量，求其 MDCT；並利用逆 MDCT 重組中間區段。

    (a) $[-3, -2, -1, 1, 2, 3]$ (b) $[1, -2, 2, -1, 3, 0]$ (c) $[4, 1, -2, -3, 0, 3]$

3. 將區間 $(-1, 1)$ 內的實數量化為 4 位元，然後解量化並求量化誤差。

    (a) $2/3$ (b) 0.6 (c) $3/7$

4. 重做習題 3，但是量化為 8 位元。

5. 將區間 $(-4, 4)$ 內的實數量化為 8 位元，然後解量化並求量化誤差。

    (a) $3/2$ (b) $-7/5$ (c) 2.9 (d) π

6. 證明當 n 為偶數時，DCT4 $n \times n$ 矩陣為正交矩陣。

7. 以 4 位元量化 $(-6, 6)$，重組習題 2 向量的中間區段。和正確的中間區段做比較。

8. 以 6 位元量化 $(-6, 6)$，重組習題 2 向量的中間區段。和正確的中間區段做比較。

9. 試說明為何對任意整數 k，(11.27) 式所定義的 n 維行向量 c_k 可以用一行向量 $c_{k'}$ ($0 \leq k' \leq n-1$) 來表示。以此方法來表示 c_{5n} 和 c_{6n}。

10. 若將區間 $(-L, L)$ 間的實數轉換為 b 位元整數，試求其量化誤差 (此誤差是因量化後再解量化所產生) 的上界。

11.4 電腦演算題

1. 撰寫一 MATLAB 程式，以接受一向量輸入，接著和範例 11.9 一樣，對長度 $2n$ 的向量進行 MDCT，並重組長度為 n 的重疊區段。輸入下列訊號來驗證是否正確。

    (a) $n=4$，$x=[1\ 2\ 3\ 4\ 5\ 6\ 7\ 8\ 9\ 10\ 11\ 12]$
    (b) $n=4$，$x_i = \cos(i\pi/6)$ 對 $i=0,\ldots,11$
    (c) $n=8$，$x_i = \cos(i\pi/10)$ 對 $i=0,\ldots,63$

2. 用電腦演算題 1 裡的程式,在重組重疊的部分之前,先應用 b 位元量化,然後重組問題中的數據,並與原始輸入比較來計算重組誤差。

實作 11 簡易音訊編解碼

現代通訊的關鍵在於有效傳輸與儲存音訊檔,而壓縮處理在其中扮演重要角色。在這個實作中,我們將以 MDCT 把音訊訊號拆成頻率元件,並利用 11.4.2 節裡位元量化的方法,組合成一個十分簡單的壓縮-解壓縮協定。

MDCT 被應用到一個 $2n$ 訊號值的輸入視窗,提供一個 n 頻率元件的輸出值來近似數據 (與下一個視窗一起,插值後面的 n 輸入點)。演算法的壓縮部分,是將量化之後的頻率元件編碼以節省空間,如範例 11.10 所示。

一般的音訊儲存格式裡,量化的過程中位元分派給不同頻率元件的方式,是根據**聽覺心理學** (psychoacoustics),也就是人類察覺聲音的科學。這些技術包含了**頻率遮蔽** (frequency masking),就經驗法則來說,在同一時間裡,耳朵只能處理每個頻率範圍內一個主要的聲音,而這些技術是用來決定哪些頻率元件為最需要、或最不需要被保留;比較重要的元件可以分配到較多的量化位元。最具競爭力的方法,是以 MDCT 為基礎,這些方法的差異在於如何處理聽覺心理學這項因素。在我們的描述裡,將會採用一個簡化的方法,忽略大部分的聽覺心理學因素,只靠**重要性過濾** (importance filtering),也就是傾向去分配較多位元給重要性較高的頻率元件。

我們從純音的重建開始;令 $n=32$,MDCT 記載的人類耳朵的可察覺頻率的下緣之最低頻率音調是 64 Hz (赫茲)。一個純 64 Hz 音調可用 $x(t)=\cos 2\pi(64)t$ 表示,其中 t 以秒為測量單位。如果 F_s 為每秒的樣本數,則 $1/F_s$, $2/F_s$, ..., F_s/F_s 表示一秒鐘內可有的時間步長。MATLAB 指令

```
Fs=8192;
x=cos(2*pi*64*(1:Fs)/Fs);
sound(x,Fs)
```

可播放一秒鐘的 64 Hz 音調。取樣頻率 Fs 等於 $8192=2^{13}$ byte/sec (位元組/秒) 是十分常見的,相當於 $2^{16}=65535$ bit/sec (位元/秒),被稱為對音訊檔的

64 Kb/sec 取樣率。[較高品質檔案經常以此速率的 2 倍或 3 倍來取樣，即 128 或 192 Kbs (Kb per second；每秒千位元)。]

將 64 換成整數倍 64f 可得較高音音調，令 $f=2$ 或 $f=4$ 可得高八度的版本，令 $f=7$ 則為 448 Hz 音調，正好離 concert A (440 Hz) 夠遠，如果你有完全音感的朋友，它應該迅速使他們到不可忍受的地步。

底下的 MATLAB 程式碼片段應用了 MDCT 和量化，之後在重疊的部分立刻做一個解量化和逆 MDCT，見 11.4 節。用這樣的方式，失真壓縮所伴隨的量化誤差的影響就能夠被檢驗出來。

```
n=32;                         % 視窗長度
nb=127;                       % 視窗數量，必須大於 1
b=4; L=5;                     % 量化資訊
q=2*L/(2^b-1);                % b 位元在區間 [-L,L] 間
for i=1:n                     % 建立 MDCT 矩陣
  for j=1:2*n
    M(i,j)= cos((i-1+1/2)*(j-1+1/2+n/2)*pi/n);
  end
end
M=sqrt(2/n)*M;
N=M';                         % 逆 MDCT
Fs=8192;f=7;                  % FS=取樣率
x=cos((1:4096)*pi*64*f/4096); % 測試訊號
sound(x,Fs)                   % Matlab 的聲音指令
out=[];
for k=1:nb                    % 以迴圈進行每個視窗
  x0=x(1+(k-1)*n:2*n+(k-1)*n)';
  y0=M*x0;
  y1=round(y0/q);             % 轉換元件的量化
  y2=y1*q;                    % 和解量化
  w(:,k)=N*y2;                % 逆 MDCT
  if(k>1)
    w2=w(n+1:2*n,k-1);w3=w(1:n,k);
    out=[out;(w2+w3)/2];      % 收集重組訊號
  end
end
pause(1)
sound(out,Fs)                 % 播放重組音調
```

程式碼發出原始的 1/2 秒音調 (448 Hz)，接著再發出重組的音調。比較代表轉換元件的位元數變更後所產生的影響，在程式碼中以變數 b 表示。

建議活動：

1. f 奇數和偶數值的 MDCT 輸出有何不同？當 f 為奇數或偶數時，重組聲音類似於原始版本所需的位元數為何有所不同？

2. 在程式碼中加入一個**視窗功能** (windows function)，視窗功能在每個視窗的端點上將輸入訊號 x 平順地縮小到零，如此就能解決訊號不一定週期循環的問題；通常選擇以 $x_i h_i$ 取代 x_i，其中在長度為 $2n$ 的視窗中

$$h_i = \sqrt{2}\sin\frac{(i-\frac{1}{2})\pi}{2n}$$

如果要取消視窗功能，將逆 MDCT 的輸出 w_2 和 w_3 每個元素乘上相同的 h_i；這是利用正弦函數的正交性，因為現在視窗功能被 1/4 週期所抵消。比較視窗功能對成功地重組音調所需位元數的影響。

3. 介紹重要性取樣。結合純音來作一個新的測試音調，修改程式碼使得 y 的 32 個頻率元件都有它們自己的位元數 b_k 作為量化之用。如果的貢獻平均較大時，建議一個可以讓 b_k 變大的方法。算出訊號所需要的位元數，然後修改你的提議。

4. 建立兩個分開的副程式，分別是編碼器和解碼器。編碼器可寫入一個位元檔 (或者是 MATLAB 變數) 來代表 MDCT 的量化輸出，並輸出所使用的位元數。解碼器可載入編碼器所寫的檔，然後將訊號重組。

5. 用 MATLAB 的 `wavread` 指令下載一個 .wav 檔，或者你也可以另外選擇一個聲音檔。(也可以使用 `handel`。如果你用一個立體聲檔，那麼就需要將每個聲道分開處理。) 找出最佳位元分配的方法，並以 b_k 來表示。用編碼器來壓縮聲音檔、解碼器來解壓縮檔案。比較不同的壓縮量所產生的聲音品質。

6. 音響工業所研究的進階技巧常使壓縮更有效率。例如，在立體聲檔的範例中，有沒有比分開處理 s_1 和 s_2 聲道更好的方法？改用 $(s_1+s_2)/2$ 和 $(s_1-s_2)/2$ 為什麼會有助於壓縮？

軟體和延伸閱讀

資料壓縮的實務應用介紹，見 [6, 11, 10]。聲音和影像壓縮的一般參考，如 [1, 8]。[9] 則是關於離散餘弦轉換之非常好的參考資料。[4] 則是霍夫曼編碼之具發展性的論文。

我們已經介紹過影像壓縮的基線 JPEG 標準 [13]，完整的標準在 [7] 裡說明。最近所制定的 JPEG-2000 標準 [12]，則由小波壓縮 (wavelet compression) 來代替 DCT。

大部分的聲音壓縮協定是以離散餘弦轉換 [14, 5] 為基礎。在各格式如 MP3 (MPEG audio layer 3 的簡寫) [3]、AAC (Advanced Audio Coding；進階聲音編碼，用於蘋果電腦的 iTunes 和 QuickTime 影片，以及 XM 衛星電台) 和開放原始碼聲音格式 Ogg-Vorbis 等，都可以找到更多詳盡的資料。

CHAPTER 12

特徵值和奇異值

數值分析

全球資訊網 (World Wide Web) 讓廣大的一般使用者都能輕易地獲得大量資訊，此時具有強大搜尋引擎的瀏覽器是不可或缺的。這項科技也提供了微型化和低成本的感應器，回應大量資料給研究者。但是要如何有效地取得這麼大量的資訊呢？

搜尋科技和知識探索在許多方面，都受益於奇異值 (singular value) 問題或特徵值 (eigenvalue) 解法。解決這些高維問題，可利用投影到特殊低維度子空間的數值方法，而這也正是複雜數據環境最需要的簡化方式。

本章第 12.2 節後面的實作 12，探討被稱為目前世界上最大的特徵值計算，並且為一知名網頁搜尋入口網站所採用。

特徵值的計算方法，建立於**冪迭代法** (power iteration) 的基本概念上，也就是一種**特徵空間** (eigenspace) 的定點迭代法。這個概念有一個精密的版本，稱為 **QR 迭代法** (QR iteration)，它是找出典型矩陣所有特徵值的標準演算法。

奇異值分解 (singular value decomposition; SVD) 可以顯示出一個矩陣的基本架構，經常在統計應用中用來找出數據間的關聯性。在本章中我們論述了一些求方陣的特徵值和**特徵向量** (eigenvector) 的方法，以及一般矩陣的奇異值與**奇異向量** (singular vector)。

12.1 冪迭代法

計算特徵值並沒有直接的方法；這情況類似於求根，所有可能的方法都是用某種形式的迭代。本節一開始，我們先來看看此問題能否化成求根問題。

附錄 A 提供了一個計算 $m \times m$ 矩陣特徵值和特徵向量的方法；這個方法是以找出 m 次**特徵多項式** (characteristic polynomial) 的根為基礎。在 2×2 矩陣上非常好用，而對於較大的矩陣，其過程則需要用到在第 1 章所提過的方程式求根方法。

如果我們記得第 1 章裡**威金森多項式** (Wilkinson polynomial) 的例子，就會瞭解以此方法找出特徵值的困難度是很明顯的。當時我們發現，多項式係數裡一個非常小的變動，就足以讓多項式的根產生很大的改變；換句話說，輸入

特徵值和奇異值

/輸出問題中係數對根的條件數可能會非常大；因為特徵多項式係數的計算，將受制於機器運算中捨去或進位所產生誤差，因此用這個方法計算特徵值易受影響進而產生很大的誤差。如此的困難嚴重到足以將此解法排除，也就是說，利用求特徵多項式根的方式，是無法成為正確計算特徵值的途徑。

透過威金森多項式，可以提出這個方法不準確的簡單範例。如果我們試著求矩陣

$$A = \begin{bmatrix} 1 & 0 & \cdots & 0 \\ 0 & 2 & & \vdots \\ \vdots & & \ddots & \vdots \\ 0 & 0 & \cdots & 20 \end{bmatrix}, \tag{12.1}$$

的特徵值，我們將計算出特徵多項式 $P(x)=(x-1)(x-2)\cdots(x-20)$ 的係數，然後利用求根方法來找出根。然而，如第 1 章所述，一些 $P(x)$ 機器版本的根，與實際值相差極遠，但這就是矩陣 A 的特徵值。

本節所介紹的方法，基本上是將矩陣的高次方乘上一個向量，當冪次增加時通常結果就會變成特徵向量。我們稍後將修飾這個概念，但即使最精密的方法仍將保留此概念。

> **聚焦　條件性**
>
> 「特徵多項式解法」裡的巨大誤差並不是求根方法的錯誤，即使一個完全準確的求根方法也不見得會更好。當多項式被乘開來以得到係數來輸入到求根方法時，一般來說，係數將受到機器常數 (machine epsilon) 所帶來誤差的影響。結果求根方法是針對有些微誤差的多項式求根，就像我們曾經討論過的，這可能會讓結果產生重大誤差。這問題沒有一般性的修正方式，解決問題的唯一方法，就是增加浮點數中假數 (mantissa) 的位數，如此一來就可降低機器常數；如果機器常數小於 $1/\text{cond}(P)$，那麼就可以保證特徵值的準確性。當然，這並不是解決之道，否則就像是場永無止境的軍備競賽，如果使用更高的精準度計算，我們可以將威金森多項式延伸到更高的次數來找出更大的條件數。

❖ 12.1.1 冪迭代法

冪迭代法 (power iteration) 背後的動機是矩陣乘法傾向將向量朝著主特徵向量的方向移動。

定義 12.1 令 A 為 $m \times m$ 矩陣。A 的**主特徵值** (dominant eigenvalue) 表示所有特徵值中**絕對值** (magnitude) 最大的特徵值 λ。如果主特徵值存在，則對應於 λ 的特徵向量稱為**主特徵向量** (dominant eigenvector)。

矩陣

$$A = \begin{bmatrix} 1 & 3 \\ 2 & 2 \end{bmatrix}$$

的主特徵值等於 4，且特徵向量為 $[1, 1]^T$；還有一個絕對值比較小的特徵值 -1，對應於特徵向量 $[-3, 2]^T$。接下來我們觀察將「隨機」向量重複乘上矩陣 A，比如 $[-5, 5]^T$：

$$x_1 = Ax_0 = \begin{bmatrix} 1 & 3 \\ 2 & 2 \end{bmatrix} \begin{bmatrix} -5 \\ 5 \end{bmatrix} = \begin{bmatrix} 10 \\ 0 \end{bmatrix}$$

$$x_2 = A^2 x_0 = \begin{bmatrix} 1 & 3 \\ 2 & 2 \end{bmatrix} \begin{bmatrix} 10 \\ 0 \end{bmatrix} = \begin{bmatrix} 10 \\ 20 \end{bmatrix}$$

$$x_3 = A^3 x_0 = \begin{bmatrix} 1 & 3 \\ 2 & 2 \end{bmatrix} \begin{bmatrix} 10 \\ 20 \end{bmatrix} = \begin{bmatrix} 70 \\ 60 \end{bmatrix}$$

$$x_4 = A^4 x_0 = \begin{bmatrix} 1 & 3 \\ 2 & 2 \end{bmatrix} \begin{bmatrix} 70 \\ 60 \end{bmatrix} = \begin{bmatrix} 250 \\ 260 \end{bmatrix} = 260 \begin{bmatrix} \frac{25}{26} \\ 1 \end{bmatrix}$$

將隨機初始向量重複乘上矩陣 A，結果會將向量移動到非常靠近 A 的主特徵向量。這不是巧合，要觀察原因，先把 x_0 表示為特徵向量的線性組合

$$x_0 = 1 \begin{bmatrix} 1 \\ 1 \end{bmatrix} + 2 \begin{bmatrix} -3 \\ 2 \end{bmatrix}$$

並從此觀點來重新檢視計算：

$$x_1 = Ax_0 = 4\begin{bmatrix}1\\1\end{bmatrix} - 2\begin{bmatrix}-3\\2\end{bmatrix}$$

$$x_2 = A^2x_0 = 4^2\begin{bmatrix}1\\1\end{bmatrix} + 2\begin{bmatrix}-3\\2\end{bmatrix}$$

$$x_3 = A^3x_0 = 4^3\begin{bmatrix}1\\1\end{bmatrix} - 2\begin{bmatrix}-3\\2\end{bmatrix}$$

$$x_4 = A^4x_0 = 4^4\begin{bmatrix}1\\1\end{bmatrix} + 2\begin{bmatrix}-3\\2\end{bmatrix}$$

$$= 256\begin{bmatrix}1\\1\end{bmatrix} + 2\begin{bmatrix}-3\\2\end{bmatrix}.$$

此處重點在於絕對值最大的特徵值所對應的特徵向量,將會在數個步驟之後主導計算。在這個範例中,特徵值 4 是絕對值最大的,所以計算結果就會越來越靠近該特徵向量的方向 $[1, 1]^T$。

為了避免數字變大到無法掌控,必須在每個步驟將向量正規化。有一個可行的方法是在進行每個步驟前,先把目前的向量除以其長度。透過**正規化** (normalization) 和乘以 A 這兩項運算,便構成了冪迭代法。

當步驟逐漸改進近似特徵向量時,我們如何能找出近似的特徵值?把問題更廣泛地說,就是假設矩陣 A 和近似特徵向量為已知,那麼所對應的特徵值之最佳推測為何?

這裡我們將求助於最小平方法,考慮特徵值方程式 $x\lambda = Ax$,其中 x 是近似特徵向量而 λ 為未知。從這個方法來看,係數矩陣為 $n \times 1$ 矩陣 x,所得最小平方解為正規方程 $x^Tx\lambda = x^TAx$ 的解,或所謂 **Rayleigh 商** (Rayleigh quotient)

$$\lambda = \frac{x^TAx}{x^Tx} ; \tag{12.2}$$

對給定的近似特徵向量,Rayleigh 商就是最佳的近似特徵值。將 Rayleigh 商應用到正規化特徵向量,便可使冪迭代法得到特徵值近似值。

> **冪迭代法 (Power Iteration)**
>
> 給定一初始向量 x_0。
> 對　$j = 1, 2, 3, \ldots$
> $\quad u_{j-1} = x_{j-1}/\|x_{j-1}\|_2$
> $\quad x_j = A u_{j-1}$
> $\quad \lambda_j = u_{j-1}^T A u_{j-1}$
> 終止

以一個初始向量開始來找出矩陣 A 的主特徵向量，每次迭代包含了目前向量的正規化並且乘上矩陣 A。Rayleigh 商被用來近似特徵值，MATLAB 的 norm 指令讓此方法變得簡單，如下面的程式碼所示：

```
% 程式 12.1  冪迭代法
% 計算方陣的主特徵向量
% 輸入：矩陣 A，初始(非零)向量 x，迭代數 k
% 輸出：主特徵向量 x，特徵值 lam
function [lam,x]=powerit(A,x,k)
for j=1:k
    u=x/norm(x);            % 向量正規化
    x=A*u;                  % 冪次步驟
    lam=u'*x;               % Rayleigh 商
end
```

> **聚焦　收斂性**
>
> 基本上，冪迭代法是一個在每步迭代做正規化的定點迭代法。和定點迭代法 (FPI) 一樣，冪次迭代為線性收斂，也就是收斂的過程中，每個迭代步驟的誤差將以一個常數倍數減少。稍後在本節中，我們將遇到冪迭代法的二次收斂版本，稱為 Rayleigh 商迭代法。

❖ 12.1.2　冪迭代法的收斂

我們將證明在某些條件下冪迭代法將收斂到特徵值；雖然無法保證這些條件適用於所有情況，但它們可以說明，為何這個方法在清晰可能的情況下是成功

的。稍後我們將依次結合較精密的特徵值方法，架構在冪迭代的基本概念之上，以涵蓋更多的一般矩陣。

定理 12.2 令 A 為 $m \times m$ 矩陣，其特徵值 $\lambda_1, ..., \lambda_m$ 為實數且滿足 $|\lambda_1| > |\lambda_2| \geq |\lambda_3| \geq \cdots \geq |\lambda_m|$。假設 A 的特徵向量可張成 R^m 空間；則，對幾乎所有的初始向量，冪迭代法將線性收斂到所對應的特徵向量，**收斂速率** (convergence rate) 為常數 $S = |\lambda_2/\lambda_1|$。

證明： 令 $v_1, ..., v_n$ 為分別對應於特徵值 $\lambda_1, ..., \lambda_n$ 的特徵向量，且是 R_n 的一組基底。以此基底來表示初始向量，可得係數 c_i 使得 $x_0 = c_1 v_1 + \cdots + c_n v_n$，之所以強調「幾乎所有的初始向量」是因為我們需假設 $c_1 \cdot c_2 \neq 0$。若用冪迭代法且對每個步驟正規化可得

$$\begin{aligned} Ax_0 &= c_1 \lambda_1 v_1 + c_2 \lambda_2 v_2 + \cdots + c_n \lambda_n v_n \\ A^2 x_0 &= c_1 \lambda_1^2 v_1 + c_2 \lambda_2^2 v_2 + \cdots + c_n \lambda_n^2 v_n \\ A^3 x_0 &= c_1 \lambda_1^3 v_1 + c_2 \lambda_2^3 v_2 + \cdots + c_n \lambda_n^3 v_n \\ &\vdots \end{aligned}$$

當執行步驟 $k \to \infty$，不管如何進行正規化，右式的第一項便會支配結果，因為

$$\frac{A^k x_0}{\lambda_1^k} = c_1 v_1 + c_2 \left(\frac{\lambda_2}{\lambda_1}\right)^k v_2 + \cdots + c_n \left(\frac{\lambda_n}{\lambda_1}\right)^k v_n.$$

根據 $i > 1$ 時 $|\lambda_1| > |\lambda_i|$ 的假設，可得右式除第一項外所有項將以收斂速率 $S \leq |\lambda_2/\lambda_1|$ 收斂到零，而且只要 $c_2 \neq 0$ 便保證速率會等於 $|\lambda_2/\lambda_1|$。所以，此方法收斂到主特徵向量 v_1 的倍數，且特徵值為 λ_1。

定理的結論中「幾乎所有」這個詞的意思是，使得迭代法失敗的初始向量 x_0 之集合，是 R^m 中較低維度的集合。如果 x_0 沒有包含在 $\{v_1, v_3, ..., v_m\}$ 和 $\{v_2, v_3, ..., v_m\}$ 所張成的 $m-1$ 維平面聯集裡，那麼迭代法便可依指定速率成功收斂。

❖ 12.1.3 逆冪迭代法

冪迭代法只限於找到絕對值最大的特徵值。如果冪迭代法應用在反矩陣上,那就能找出絕對值最小的特徵值。

引理 12.3 令 $m \times m$ 矩陣 A 的特徵值為 $\lambda_1, \lambda_2, ..., \lambda_m$。(a) 若反矩陣 A^{-1} 存在,則其特徵值為 $\lambda_1^{-1}, \lambda_2^{-1}, ..., \lambda_m^{-1}$,特徵向量和 A 的相同。(b) **平移矩陣** (shifted matrix) $A - sI$ 的特徵值為 $\lambda_1 - s, \lambda_2 - s, ..., \lambda_m - s$,特徵向量和 A 的相同。

證明: (a) $Av = \lambda v$ 意即 $v = \lambda A^{-1} v$,因此,$A^{-1} v = (1/\lambda)v$,且特徵向量並未改變。(b) 將 $Av = \lambda v$ 兩側都減去 sIv,得到 $(A - sI)v = (\lambda - s)v$ 即滿足 $(A - sI)$ 的特徵值定義,且特徵向量同樣地維持不變。

根據引理 12.3,矩陣 A^{-1} 的絕對值最大之特徵值是 A 的絕對值最小特徵值的倒數。將冪迭代法應用在反矩陣中,然後將所得 A^{-1} 的特徵值取倒數,就會得到 A 的絕對值最小特徵值。

為避免求 A 之反矩陣的繁瑣計算,我們把冪迭代法對 A^{-1} 的應用作以下的調整,即是將

$$x_{k+1} = A^{-1} x_k \tag{12.3}$$

改成等價式

$$A x_{k+1} = x_k, \tag{12.4}$$

如此便可用高斯消去法來求解 x_{k+1}。

現在我們已經知道如何求矩陣的絕對值最大和最小之特徵值。換句話說,對一個 100×100 矩陣,我們已經完成 2% 的工作,但要怎麼完成其他 98% 呢?

有一個方法是根據引理 12.3(b) 而來。我們可以用一個接近特徵值的數來平移矩陣 A,便可找到其他較小的特徵值。如果我們得知有一個接近 10 的特徵值 (比如說 10.05),則 $A - 10I$ 必有特徵值 $\lambda = 0.05$;如果它是 $A - 10I$ 的絕對

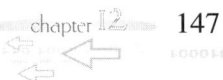

值最小特徵值,則以逆冪迭代法 $x_{k+1} = (A - 10I)^{-1} x_k$ 應可求得。也就是說,逆冪迭代法會收斂到倒數 $1/(.05) = 20$,然後我們逆轉可得 .05 並還原平移的結果為 10.05。透過這個技巧便可找到平移後絕對值最小的特徵值,換句話說,就是最靠近平移量的特徵值。總結如下,

---

逆冪迭代法 (Inverse Power Iteration)

給定初始向量 x_0 和平移量 s

對　$j = 1, 2, 3, \ldots$
　　$u_{j-1} = x_{j-1}/\|x_{j-1}\|$
　　求解 $(A - sI)x_j = u_{j-1}$
　　$\lambda_j = u_{j-1}^T x_j$
終止

要求得矩陣 A 最接近實數 s 的特徵值,得先利用冪迭代法應用到矩陣 $(A - sI)^{-1}$ 上,求 $(A - sI)^{-1}$ 絕對值最大的特徵值 b。冪迭代法的 $(A - sI)y_{k+1} = x_k$ 步驟可以用高斯消去法求解,則 $\lambda = b^{-1} + s$ 是最接近 s 的矩陣 A 之特徵值。與 λ 對應的特徵向量則可以在計算中直接求得。

```
% 程式 12.2 逆冪迭代法
% 計算方陣中最接近 s 的特徵值
% 輸入:矩陣 A,(非零)向量 x,平移量 s,迭代數 k
% 輸出:(A-sI)的反矩陣之主特徵向量,及主特徵值 lam
function [lam,x]=invpowerit(A,x,s,k)
As=A-s*eye(size(A));
for j=1:k
  u=x/norm(x);            % 向量正規化
  x=As\u;                 % 冪步驟
  lam=u'*x;               % Rayleigh 商
end
lam=1/lam+s;
```

範例 12.1

假設 5×5 矩陣 A 的特徵值為 $-5, -2, 1/2, 3/2, 4$。利用 (a) 冪迭代法,(b) 平移量 $s = 0$ 的逆冪迭代法,(c) 平移量 $s = 2$ 的逆冪迭代法,求特徵值及預期的收斂速率。

(a) 以隨機初始向量代入冪迭代法可收斂到絕對值最大的特徵值 -5，其收斂速率 $S = |\lambda_2|/|\lambda_1| = 4/5$。(b) 逆冪迭代法 (不平移) 則收斂到絕對值最小的特徵值 $1/2$，因為其倒數 2 大於其他特徵值倒數 $-1/5$、$-1/2$、$2/3$ 和 $1/4$。收斂速率則會等於反矩陣的前兩個絕對值最大特徵值的比值，$S = (2/3)/2 = 1/3$。(c) 平移量 $s=2$ 的逆冪迭代法則會找到最接近 2 的特徵值，也就是 $3/2$；理由是，平移後的特徵值為 -7、-4、$-3/2$、$-1/2$ 和 2，而 -2 為取倒數後絕對值最大的數，再將之逆轉可得 $-1/2$ 並還原平移量 $s=2$，可得結果為 $3/2$。收斂速率一樣是比值 $(2/3)/2 = 1/3$。◆

❖ 12.1.4 Rayleigh 商迭代法

Rayleigh 商可以和逆冪迭代法結合使用。我們知道 Rayleigh 商會收斂到最接近平移量 s 的特徵值所對應的特徵向量，而且如果距離越小則收斂越快；所以在任何步驟只要得到近似特徵值，就可以拿來當作平移量 s，以加速收斂。

在逆冪迭代法中利用 Rayleigh 商作為修正的平移量，則成為 **Rayleigh 商迭代法** (Rayleigh Quotient Iteration ; RQI)。

Rayleigh 商迭代法

給定初始向量 x_0
對 $j = 1, 2, 3, \ldots$
$\quad u_{j-1} = x_{j-1}/\|x_{j-1}\|$
$\quad \lambda_{j-1} = u_{j-1}^T A u_{j-1}$
$\quad$求解 $(A - \lambda_{j-1}I)x_j = u_{j-1}$
終止

```
% 程式 12.3 Rayleigh 商迭代法
% 輸入：矩陣 A，初始(非零)向量 x，迭代數 k
% 輸出：特徵值 lam 和特徵向量 x
function [lam,x]=rqi(A,x,k)
for j=1:k
  u=x/norm(x);                    % 正規化
```

```
    lam=u'*A*u;                    % Rayleigh 商
    x=(A-lam*eye(size(A)))\u;      % 逆冪迭代
end
x=x/norm(x);
lam=x'*A*x;                        % Rayleigh 商
```

當逆冪迭代法線性收斂時，Rayleigh 商迭代法 (RQI) 對單一 (非重複) 的特徵值為二次收斂，如果矩陣為對稱時甚至可達三次收斂；也就是說，這個方法只需要非常少的步驟便可以收斂到機器精準度。且在收斂之後，矩陣 $A - \lambda_{j-i}I$ 為**奇異的** (singular)，而且不能再進行任何步驟。要注意的是，RQI 的複雜性已經增加；逆冪迭代法只需做一次 LU 分解，但是對於 RQI 來說，因為平移量一直改變，所以每步迭代都需要重做分解。即使如此，Rayleigh 商迭代法仍然是本節所提出一次找一個特徵值的方法中，最快收斂的方法。在下一節裡，我們將討論一次找出矩陣所有特徵值的方法，基本的工具仍是冪迭代法，它只是將組織上的細節變得更精密。

12.1 習題

1. 求下列對稱矩陣的特徵多項式、特徵值和特徵向量。

   (a) $\begin{bmatrix} 3.5 & -1.5 \\ -1.5 & 3.5 \end{bmatrix}$ (b) $\begin{bmatrix} 0 & 2 \\ 2 & 0 \end{bmatrix}$ (c) $\begin{bmatrix} -0.2 & -2.4 \\ -2.4 & 1.2 \end{bmatrix}$ (d) $\begin{bmatrix} 136 & -48 \\ -48 & 164 \end{bmatrix}$

2. 求下列矩陣的特徵多項式、特徵值和特徵向量。

   (a) $\begin{bmatrix} 7 & 9 \\ -6 & -8 \end{bmatrix}$ (b) $\begin{bmatrix} 2 & 6 \\ 1 & 3 \end{bmatrix}$ (c) $\begin{bmatrix} 2.2 & 0.6 \\ -0.4 & 0.8 \end{bmatrix}$ (d) $\begin{bmatrix} 32 & 45 \\ -18 & -25 \end{bmatrix}$

3. 求下列矩陣的特徵多項式、特徵值和特徵向量。

   (a) $\begin{bmatrix} 1 & 0 & 1 \\ 0 & 3 & -2 \\ 0 & 0 & 2 \end{bmatrix}$ (b) $\begin{bmatrix} 1 & 0 & -\frac{1}{3} \\ 0 & 1 & \frac{2}{3} \\ -1 & 1 & 1 \end{bmatrix}$ (c) $\begin{bmatrix} -\frac{1}{2} & -\frac{1}{2} & -\frac{1}{6} \\ -1 & 0 & \frac{1}{3} \\ -\frac{1}{2} & \frac{1}{2} & \frac{1}{2} \end{bmatrix}$

4. 證明方陣和其轉置矩陣有相同的特徵多項式，因此特徵值集合也相同。

5. 假設 A 為 3×3 矩陣且特徵值為 (a) $\{3, 1, 4\}$，(b) $\{3, 1, -4\}$，(c) $\{-1, 2, 4\}$，

(d) {1, 9, 10}，試問冪迭代法會收斂到哪個特徵值？並決定收斂速率常數 S。

6. 假設 A 為 3×3 矩陣且特徵值為 (a) {1, 2, 7}，(b) {1, 1, -4}，(c) {0, -2, 5}，(d) {8, -9, 10}，試問冪迭代法會收斂到哪個特徵值？並決定收斂速率常數 S。

7. 假設 A 為 3×3 矩陣且特徵值及平移量 s 為 (a) {3, 1, 4}，$s=0$，(b) {3, 1, -4}，$s=0$，(c) {-1, 2, 4}，$s=0$，(d) {1, 9, 10}，$s=6$，試問用該平移量的逆冪迭代法會收斂到哪個特徵值？並決定收斂速率常數 S。

8. 假設 A 為 3×3 矩陣且特徵值及平移量 s 為 (a) {3, 1, 4}，$s=5$，(b) {3, 1, -4}，$s=4$，(c) {-1, 2, 4}，$s=1$，(d) {1, 9, 10}，$s=8$，試問用該平移量的逆冪迭代法會收斂到哪個特徵值？並決定收斂速率常數 S。

9. 令 $A=\begin{bmatrix}1 & 2\\ 4 & 3\end{bmatrix}$，(a) 求 A 的所有特徵值和特徵向量。(b) 以初始向量 $x_0=$ [1, 0] 代入冪迭代法進行三步迭代，每步迭代以 Rayleigh 商作為近似特徵值。(c) 預測以平移量 $s=0$ 代入逆冪迭代法所得結果，以及 (d) 平移量 $s=3$ 時。

10. 令 $A=\begin{bmatrix}-2 & 1\\ 3 & 0\end{bmatrix}$，重做習題 9。

11. 若 6×6 矩陣 A 的特徵值是 -6, -3, 1, 2, 5, 7，下列演算法可以得到哪一個特徵值？(a) 冪迭代法，(b) 平移量 $s=4$ 的逆冪迭代法，(c) 求二者的線性收斂速率。何者較快？

12.1 電腦演算題

1. 用本節所提供（或自行編寫）的程式碼執行冪迭代法，求 A 的主特徵向量，並計算 Rayleigh 商以預估主特徵值。將所得結論和習題 5 對應部分做比較。

(a) $\begin{bmatrix} 10 & -12 & -6 \\ 5 & -5 & -4 \\ -1 & 0 & 3 \end{bmatrix}$ (b) $\begin{bmatrix} -14 & 20 & 10 \\ -19 & 27 & 12 \\ 23 & -32 & -13 \end{bmatrix}$

(c) $\begin{bmatrix} 8 & -8 & -4 \\ 12 & -15 & -7 \\ -18 & 26 & 12 \end{bmatrix}$ (d) $\begin{bmatrix} 12 & -4 & -2 \\ 19 & -19 & -10 \\ -35 & 52 & 27 \end{bmatrix}$

2. 用本節所提供 (或自行編寫) 的程式碼執行逆冪迭代法，利用電腦演算題 1 的矩陣來驗證你在習題 7 所做的結論。

3. 以逆冪迭代法，用電腦演算題 1 中的矩陣，來驗證你對習題 8 的結論。

4. 將 Rayleigh 商迭代法應用到電腦演算題 1 中的矩陣，並嘗試不同的起始向量，直到找出全部 3 個特徵值。

12.2　QR 演算法

本節的目的是要發展出一次找出所有特徵值的方法；我們從適用於對稱矩陣的方法開始，再擴充到適用於一般矩陣。對稱矩陣是最容易處理的，因為它們的特徵值為實數且單位特徵向量為 R^m 的正交基底 (見附錄 A)。這給了我們將冪迭代法同時應用於 m 個向量的動機，其中我們也將積極地維持向量兩兩正交。

❖ 12.2.1　同步迭代法

假設我們以 m 個兩兩正交的初始向量 $v_1, ..., v_m$ 開始，在應用冪迭代法一步迭代到每個向量之後，所得 $Av_1, ..., Av_m$ 便不再保證是兩兩正交。事實上，根據定理 12.2，連續乘上 A 後，它們都將收斂到主特徵值。

要避免這樣的情況，我們在每次迭代後將 m 個向量重新正交化。這 m 個向量同時乘上 A 可有效率地寫為矩陣乘積：

$$A[v_1|\cdots|v_m].$$

正如我們在第 4 章所發現的，正交化的步驟可視為將乘積做 QR 分解。如果以

基本的基底向量作為初始向量,那麼冪迭代法在第一步迭代後的重新正交化為 $AI = \overline{Q}_1 R_1$,或是:

$$\left[A \begin{bmatrix} 1 \\ 0 \\ \vdots \\ 0 \end{bmatrix} \middle| A \begin{bmatrix} 0 \\ 1 \\ \vdots \\ 0 \end{bmatrix} \middle| \cdots \middle| A \begin{bmatrix} 0 \\ 0 \\ \vdots \\ 1 \end{bmatrix} \right] = \left[\overline{q}_1^1 | \cdots | \overline{q}_m^1 \right] \begin{bmatrix} r_{11}^1 & r_{12}^1 & \cdots & r_{1m}^1 \\ & r_{22}^1 & & \vdots \\ & & \ddots & \vdots \\ & & & r_{mm}^1 \end{bmatrix}. \quad (12.5)$$

在冪迭代法所得 $\overline{q}_i^1$,$i = 1, ..., m$,為新的單位正交向量。接下來,我們重複這個步驟:

$$\begin{aligned} A\overline{Q}_1 &= \left[A\overline{q}_1^1 | A\overline{q}_2^1 | \cdots | A\overline{q}_m^1 \right] \\ &= \left[\overline{q}_1^2 | \overline{q}_2^2 | \cdots | \overline{q}_m^2 \right] \begin{bmatrix} r_{11}^2 & r_{12}^2 & \cdots & r_{1m}^2 \\ & r_{22}^2 & & \vdots \\ & & \ddots & \vdots \\ & & & r_{mm}^2 \end{bmatrix} \\ &= \overline{Q}_2 R_2. \end{aligned} \quad (12.6)$$

換句話說,我們已經發展出冪迭代法的矩陣形式,可以同時找到對稱矩陣的所有 m 個特徵向量。

正規化同步迭代法

令 $\overline{Q}_0 = I$
對 $j = 1, 2, 3, ...$
　　$A\overline{Q}_j = \overline{Q}_{j+1} R_{j+1}$
終止

在第 j 步迭代,$\overline{Q}_j$ 的行向量為 A 的特徵向量近似解,主對角元素 $r_{11}^j, ..., r_{mm}^j$ 為特徵值的近似解。該演算法用 MATLAB 程式碼撰寫非常簡潔,我們稱為**正規化同步迭代法** (normalized simultaneous iteration; NSI)。

```
% 程式 12.4 正規化同步迭代法
% 計算對稱矩陣的特徵值和特徵向量
% 輸入：矩陣 A，迭代次數 k
% 輸出：特徵值 lam 和特徵向量矩陣 Q
function [lam,Q]=nsi(A,k)
[m,n]=size(A);
Q=eye(m,m);
for j=1:k
    [Q,R]=qr(A*Q);                  % QR 分解
end
lam=diag(Q'*A*Q);                   % Rayleigh 商
```

我們可以用一個更加簡潔的方法來執行正規化同步迭代法，令 $\overline{Q}_0 = I$，則正規化同步，迭代法的過程如下：

$$\begin{aligned} A\overline{Q}_0 &= \overline{Q}_1 R_1 \\ A\overline{Q}_1 &= \overline{Q}_2 R_2 \\ A\overline{Q}_2 &= \overline{Q}_3 R_3 \\ &\vdots \end{aligned} \qquad (12.7)$$

考慮相似的迭代 $Q_0 = I$，且

$$\begin{aligned} A_0 &\equiv AQ_0 = Q_1 R'_1 \\ A_1 &\equiv R'_1 Q_1 = Q_2 R'_2 \\ A_2 &\equiv R'_2 Q_2 = Q_3 R'_3 \\ &\vdots \end{aligned} \qquad (12.8)$$

我們稱之為**非平移 QR 演算法** (unshifted QR algorithm)。其中差別在於第一步迭代後便不再需要 A，而用當時的 R_k 來取代。比較 (12.7) 和 (12.8) 式，顯示出我們可以在 (12.7) 式選擇 $Q_1 = \overline{Q}_1$ 以及 $R_1 = R'_1$。此外，因為

$$\overline{Q}_2 R_2 = A\overline{Q}_1 = Q_1 R'_1 \overline{Q}_1 = Q_1 R'_1 Q_1 = Q_1 Q_2 R'_2, \qquad (12.9)$$

我們可以在 (12.7) 式選擇 $\overline{Q}_2 = Q_1 Q_2$ 及 $R_1 = R'_2$。事實上，如果我們已經選擇 $\overline{Q}_{k-1} = Q_1 \cdots Q_{k-1}$ 及 $R_{j-1} = R'_{j-1}$，則

$$\begin{aligned}
\overline{Q}_j R_j &= A\overline{Q}_{j-1} = AQ_1 \cdots Q_{j-1} \\
&= \overline{Q}_2 R_2 Q_2 \cdots Q_{j-1} \\
&= \overline{Q}_2 Q_3 R_3 Q_3 \cdots Q_{j-1} \\
&= Q_1 Q_2 Q_3 Q_4 R_4 Q_4 \cdots Q_{j-1} \\
&= \cdots = Q_1 \cdots Q_j R_j,
\end{aligned} \qquad (12.10)$$

且我們可以在 (12.7) 式中定義 $\overline{Q}_j = Q_1 \cdots Q_j$ 及 $R_j = R'_j$。

因此，非平移 QR 演算法和正規化同步迭代法的計算結果相同，只是表示法有些許不同罷了。也請注意到

$$A_{j-1} = Q_j R_j = Q_j R_j Q_j Q_j^T = Q_j A_j Q_j^T, \qquad (12.11)$$

因此所有的 A_j 為**相似矩陣** (similar matrix)，且有相同集合的特徵值。

```
% 程式 12.5 非平移 QR 演算法
% 計算對稱矩陣的特徵值和特徵向量
% 輸入：矩陣 A，迭代步數 k
% 輸出：特徵值 lam 和特徵向量矩陣 Qbar
function [lam,Qbar]=unshiftedqr(A,k)
[m,n]=size(A);
Q=eye(m,m);
Qbar=Q; R=A;
for j=1:k
    [Q,R]=qr(R*Q);          % QR 分解
    Qbar=Qbar*Q;            % 將 Q 累乘
end
lam=diag(R*Q);              % 對角線收斂到特徵值
```

定理 12.4 假設 $m \times m$ 對稱矩陣 A 的特徵值 λ_i 滿足 $|\lambda_1| > |\lambda_2| > \cdots > |\lambda_m|$。非平移 QR 演算法線性收斂到 A 的特徵向量和特徵值。當 $j \to \infty$，A_j 收斂成一對角矩陣，且其主對角線即為特徵值；$\overline{Q}_j = Q_1 \cdots Q_j$ 收斂到一正交矩陣，其行向量即為特徵向量。

定理 12.4 的證明可以在 Golub & Van Loan [5] 中找到。正規化同步迭代法，基本上是相同的演算法，會在相同條件下收斂。如果未能符合定理的假

設，那麼即使是對稱矩陣的非平移 QR 演算法也可能失敗；見習題 5。

雖然非平移 QR 已經是冪迭代法的改進版本，但定理 12.4 要求的條件非常嚴格，所以我們仍需要多一些改進，以使得這個特徵值解法能更廣泛適用；例如，適用於非對稱矩陣。這有個問題，甚至在對稱矩陣也會發生，就是非平移 QR 演算法在主特徵值有兩個大小相等的情況下並不保證可行；舉例來說

$$A = \begin{bmatrix} 0 & 1 \\ 1 & 0 \end{bmatrix},$$

其特徵值為 1 和 -1，絕對值都是 1。另一種「相等」的情況發生在特徵值為複數時，非對稱矩陣

$$A = \begin{bmatrix} 0 & 1 \\ -1 & 0 \end{bmatrix}$$

的特徵值為 i 和 $-i$，兩複數絕對值大小都是 1。非平移 QR 演算法的定義並未考慮複數特徵值的計算。此外，非平移 QR 也沒有利用逆冪迭代法的技巧，我們發現，如果利用這個技巧將可大量加速冪迭代；而我們也想要找尋一個方式，來將此概念應用到新的解法裡。在介紹 QR 演算法的目的後，接下來我們將應用上述這些精細的改進，將矩陣 A 簡化為它的**實數 Schur 形式** (real Schur form)。

❖ 12.2.2　實數 Schur 形式和 QR 演算法

QR 演算法找尋矩陣 A 特徵值的方法是去找出一個特徵值明顯的相似矩陣。稍後的實數 Schur 形式便是例子。

定義 12.5　一個矩陣 T 為實數 Schur 形式，如果它是一個上三角矩陣，但是在主對角線上可能有 2×2 區塊的例外。

舉例來說，若矩陣的形式如

$$\begin{bmatrix} x & x & x & x & x \\ & x & x & x & x \\ & & x & x & x \\ & & x & x & x \\ & & & & x \end{bmatrix}$$

便有實數 Schur 形式。根據習題 6，這個形式矩陣的特徵值，就是對角線區塊矩陣的特徵值：當區塊是 1×1 時便是對角線元素，或者是 2×2 區塊的特徵值。無論是哪一種，矩陣的特徵值都能夠很快地被計算。

此定義的價值在於，每個實方陣都相似於這種形式的矩陣。這是下個定理的結論，證明可參考 [5]：

定理 12.6 令 A 為一個實方陣，必然存在一個正交矩陣 Q 和實數 Schur 形式的矩陣 T，使得 $A = Q^T T Q$。

所謂矩陣 A 的 **Schur 分解** (Schur factorization)，是一種「展現特徵值的分解」，意思是如果我們能夠分解它，我們就可以求得特徵值和特徵向量。

完整的 QR 演算法利用一連串的相似變換，將任意矩陣 A 移向它的 Schur 分解。我們將以兩階段進行，首先，我們用逆冪迭代法和平移觀念，再加上**降階** (deflation) 觀念，來發展**平移 QR 演算法** (shifted QR algorithm)。如此一來，我們便會發展出一個考慮到複數特徵值的改進版本。

平移版本的寫法是簡單明確的，每步迭代都包含平移、QR 分解，然後再還原平移。若以數學式表示，

$$\begin{aligned} A_0 - sI &= Q_1 R_1 \\ A_1 &= R_1 Q_1 + sI. \end{aligned} \tag{12.12}$$

由於

$$\begin{aligned} A_1 - sI &= R_1 Q_1 \\ &= Q_1^T (A_0 - sI) Q_1 \\ &= Q_1^T A_0 Q_1 - sI, \end{aligned}$$

這表示 A_1 相似於 A_0，因此有相同的特徵值。我們重複這個步驟，會產生一連串的 A_k 矩陣，它們全都相似於 $A=A_0$。

要如何選取平移量 s 呢？這會引領我們到特徵值計算的**降階** (deflation) 概念。我們將平移量選為矩陣 A_k 的最右下方元素，因為迭代法會收斂到實數 Schur 形式，除了最右下方的元素外，這將會造成底部的這一列都變成零。當這個元素收斂到特徵值後，我們刪除矩陣最後的行和列來降階，然後再繼續找出其餘的特徵值。

我們可以用程式 12.6 裡的 MATLAB 程式碼，來做平移 QR 演算法的第一次試驗。在每次迭代中，應用一次平移 QR 步驟，然後檢查最下面一列；如果除了對角線元素 a_{nn} 之外的其他元素都很小，我們就可以把該元素當作特徵值，然後在剩下的計算過程中忽略最後的行與列以將矩陣降階。這個程式可以在定理 12.4 的假設下成功進行，但是對複數特徵值、或相同絕對值大小的實數特徵值便會產生問題，因此我們稍後將以一個更精密的版本來解決此問題。習題 7 便說明了初步版本 QR 演算法的缺點。

```
% 程式 12.6 平移 QR 演算法，初步版本
% 計算矩陣的特徵值(在沒有相同絕對值大小特徵值的情況下)
% 輸入：矩陣 a
% 輸出：特徵值 lam
function lam=shiftedqr0(a)
tol=1e-14;
m=size(a,1);lam=zeros(m,1);
n=m;
while n>1
    while max(abs(a(n,1:n-1)))>tol
        mu=a(n,n);         % 定義平移量 mu
        [q,r]=qr(a-mu*eye(n));
        a=r*q+mu*eye(n);
    end
    lam(n)=a(n,n);         % 找到特徵值
    n=n-1;                 % 降低 n
    a=a(1:n,1:n);          % 降階
end
lam(1)=a(1,1);             % 剩下 1x1 矩陣
```

最後，為了考慮到複數特徵值的計算，我們必須允許 2×2 區塊存在於實

數 Schur 形式的對角線上面。程式 12.7 提供了平移 QR 演算法的改進版本，這個版本嘗試將矩陣迭代至右下角的 1×1 對角線區塊；如果它失敗了 (在使用者自定的嘗試步數之後)，就宣告一個 2×2 區塊，找出特徵值數對，然後降階兩行兩列。這個改進的版本可將大部分的輸入矩陣收斂到實數 Schur 形式，但並非全部。為了一網打盡，讓演算法更有效率，在下一節中我們將發展上 Hessenberg 形式 (upper Hessenberg form)。

```
% 程式 12.7 平移 QR 演算法，一般版本
% 計算方陣的實數和複數特徵值
% 輸入：矩陣 a
% 輸出：特徵值 lam
function lam=shiftedqr(a)
tol=1e-14;kounttol=500;
m=size(a,1);lam=zeros(m,1);
n=m;
while n>1
    kount=0;
    while max(abs(a(n,1:n-1)))>tol & kount<kounttol
        kount=kount+1;        % 紀錄 qr 分解的次數
        mu=a(n,n);            % 平移量為 mu
        [q,r]=qr(a-mu*eye(n));
        a=r*q+mu*eye(n);
    end
    if kount<kounttol         % 孤立成 1x1 區塊
        lam(n)=a(n,n);        % 找到特徵值
        n=n-1;
        a=a(1:n,1:n);         % 降階一行列
    else                      % 孤立成 2x2 區塊
        disc=(a(n-1,n-1)-a(n,n))^2+4*a(n,n-1)*a(n-1,n);
        lam(n)=(a(n-1,n-1)+a(n,n)+sqrt(disc))/2;
        lam(n-1)=(a(n-1,n-1)+a(n,n)-sqrt(disc))/2;
        n=n-2;
        a=a(1:n,1:n);         % 降階兩行列
    end
end
if n>0;lam(1)=a(1,1);end      % 只剩下 1x1 區塊時
```

平移 QR 演算法即使針對一般形式的矩陣，仍無法處理以下的例子：

$$A = \begin{bmatrix} 0 & 0 & 0 & 1 \\ 0 & 0 & -1 & 0 \\ 0 & 1 & 0 & 0 \\ -1 & 0 & 0 & 0 \end{bmatrix} \tag{12.12}$$

類似這樣帶有重複複數特徵值的矩陣，可能無法用平移 QR 轉換成為實數 Schur 形式。對這些比較困難的情況需要額外的協助，就是用上 Hessenberg 形式的相似矩陣來取代 A，這是下一節的討論重點。

❖ 12.2.3　上 Hessenberg 形式

如果我們先把 A 轉換成上 Hessenberg 形式，QR 演算法的效率就會大幅增加。這個概念是在 QR 迭代開始前應用**相似變換** (similarity transformation)，先在 A 裡面盡量多放零，同時保持所有特徵值。除此之外，上 Hessenberg 形式會將我們發展出的 QR 演算法版本的最終困難排除，然後收斂到重複的複數特徵值，因為它確保 QR 迭代永遠會進行至 1×1 或 2×2 區塊。

定義 12.7 若 $m \times n$ 矩陣 A，對所有 $i > j+1$ 時，$a_{ij} = 0$，則稱 A 為上 Hessenberg 形式。

若矩陣形式如

$$\begin{bmatrix} x & x & x & x & x \\ x & x & x & x & x \\ & x & x & x & x \\ & & x & x & x \\ & & & x & x \end{bmatrix}$$

便是上 Hessenberg。有個利用相似變換的有限次運算演算法可以將矩陣轉換為上 Hessenberg。

定理 12.8 對方陣 A，必定存在一正交矩陣 Q 使得 $A = QBQ^T$，且 B 為上 Hessenberg 形式。

我們將用 4.3 節的 **Householder 反映矩陣** (Householder reflector) 來建構 B，當時則是用它來建構 QR 分解。然而，二者有一個主要的差別：現在我們所在意的，是在矩陣的左側和右側同時乘上反映矩陣 H，因為我們想要得到的結果是一個有相同特徵值的相似矩陣。因此，我們對於可以置入 A 的零必須要略減一些。

定義 x 為 $n-1$ 維向量，等於不含第一個元素的 A 的第一行向量。令 $\hat{H}_1$ 為移動 x 到 $(\pm\|x\|, 0, ..., 0)$ 的 Householder 反映矩陣。(和第 4 章一樣，我們選擇 $-\text{sign}(x_1)$ 是為了避免發生相近兩數相減問題，但理論上正負號皆可行。) 令 H_1 為正交矩陣，形式有如將 $\hat{H}_1$ 放到 $n \times n$ 單位矩陣右下角的 $(n-1) \times (n-1)$ 範圍中。如此可得

$$H_1 A = \begin{bmatrix} 1 & 0 & 0 & 0 & 0 \\ 0 & & & & \\ 0 & & \hat{H}_1 & & \\ 0 & & & & \\ 0 & & & & \end{bmatrix} \begin{bmatrix} x & x & x & x & x \\ x & x & x & x & x \\ x & x & x & x & x \\ x & x & x & x & x \\ x & x & x & x & x \end{bmatrix} = \begin{bmatrix} x & x & x & x & x \\ x & x & x & x & x \\ 0 & x & x & x & x \\ 0 & x & x & x & x \\ 0 & x & x & x & x \end{bmatrix}.$$

在我們估算於矩陣成功置入幾個零之前，我們必須右乘上 H_1^{-1} 來完成相似變換。但由於 Householder 反映矩陣為對稱正交矩陣，所以 $H_1^{-1} = H_1^T = H_1$。因此，

$$H_1 A H_1 = \begin{bmatrix} x & x & x & x & x \\ x & x & x & x & x \\ 0 & x & x & x & x \\ 0 & x & x & x & x \\ 0 & x & x & x & x \end{bmatrix} \begin{bmatrix} 1 & 0 & 0 & 0 & 0 \\ 0 & & & & \\ 0 & & \hat{H}_1 & & \\ 0 & & & & \\ 0 & & & & \end{bmatrix} = \begin{bmatrix} x & x & x & x & x \\ x & x & x & x & x \\ 0 & x & x & x & x \\ 0 & x & x & x & x \\ 0 & x & x & x & x \end{bmatrix}.$$

在 $H_1 A$ 裡產生的零，在矩陣 $H_1 A H_1$ 裡不會改變。要注意，如果我們當初嘗試消除第一行裡除了第一個元素之外的所有數，就像在前面章節裡 QR 分解所做的，當右乘時，我們就無法保留已產生的零。事實上，沒有一個有限演算法，可以在任意矩陣和上三角矩陣間進行相似變換。如果有的話，本章就會簡短許多，因為我們可以從相似上三角矩陣的對角線，來讀取任意矩陣的特徵值。

特徵值和奇異值

要完成上 Hessenberg 形式的下一步是重複先前的步驟，利用 $(n-2)$ 維向量包含第二行的最後 $n-2$ 個元素。令 $\hat{H}_2$ 為新的 x 的 $(n-2)\times(n-2)$ Householder 反映矩陣，並定義 H_2 為 $\hat{H}_2$ 在右下角的單位矩陣，則

$$H_2(H_1AH_1) = \begin{bmatrix} 1 & 0 & 0 & 0 & 0 \\ 0 & 1 & 0 & 0 & 0 \\ 0 & 0 & & & \\ 0 & 0 & & \hat{H}_2 & \\ 0 & 0 & & & \end{bmatrix} \begin{bmatrix} x & x & x & x & x \\ x & x & x & x & x \\ 0 & x & x & x & x \\ 0 & x & x & x & x \\ 0 & x & x & x & x \end{bmatrix} = \begin{bmatrix} x & x & x & x & x \\ x & x & x & x & x \\ 0 & x & x & x & x \\ 0 & 0 & x & x & x \\ 0 & 0 & x & x & x \end{bmatrix},$$

進一步而言，如同 H_1，右乘 H_2 並不影響已產生的零。若 $n=5$，則再做一步後，我們可得 5×5 矩陣

$$H_3H_2H_1AH_1^T H_2^T H_3^T = H_3H_2H_1A(H_3H_2H_1)^T = QAQ^T$$

為上 Hessenberg 形式。因為矩陣與 A 相似，它和 A 有相同的特徵值及重數。通常，對 $n\times n$ 矩陣需要 $n-2$ 步來將 A 轉換成上 Hessenberg 形式。

範例 12.2

將 $\begin{bmatrix} 2 & 1 & 0 \\ 3 & 5 & -5 \\ 4 & 0 & 0 \end{bmatrix}$ 轉換為上 Hessenberg 形式。

令 $x=[3, 4]$。首先，我們先求得 Householder 反映矩陣

$$\hat{H}_1 x = \begin{bmatrix} 0.6 & 0.8 \\ 0.8 & -0.6 \end{bmatrix} \begin{bmatrix} 3 \\ 4 \end{bmatrix} = \begin{bmatrix} 5 \\ 0 \end{bmatrix}.$$

因此

$$H_1 A = \begin{bmatrix} 1 & 0 & 0 \\ 0 & 0.6 & 0.8 \\ 0 & 0.8 & -0.6 \end{bmatrix} \begin{bmatrix} 2 & 1 & 0 \\ 3 & 5 & -5 \\ 4 & 0 & 0 \end{bmatrix} = \begin{bmatrix} 2 & 1 & 0 \\ 5 & 3 & -3 \\ 0 & 4 & -4 \end{bmatrix}$$

且

$$A' \equiv H_1 A H_1 = \begin{bmatrix} 2 & 1 & 0 \\ 5 & 3 & -3 \\ 0 & 4 & -4 \end{bmatrix} \begin{bmatrix} 1 & 0 & 0 \\ 0 & 0.6 & 0.8 \\ 0 & 0.8 & -0.6 \end{bmatrix} = \begin{bmatrix} 2.0 & 0.6 & 0.8 \\ 5.0 & -0.6 & 4.2 \\ 0.0 & -0.8 & 5.6 \end{bmatrix}.$$

所得矩陣 A' 為 上Hessenberg 形式且和矩陣 A 相似。

接下來我們利用先前的策略並用 Householder 反映矩陣來建立求 Q 的演算法

```
% 程式 12.8 上 Hessenberg 形式
% 輸入：矩陣 a
% 輸出：Hessenberg 形式之矩陣 a 和反映矩陣 v
% 用法：[a,v]＝hessen(a) 可得上 Hessenberg 形式的相似矩陣 a
%       以及矩陣 v 其各行為定義該 Householder 反映矩陣之向量
function [a,v]=hessen(a)
[m,n]=size(a);
v=zeros(m,m);
for k=1:m-2
  x=a(k+1:m,k);
  v(1:m-k,k)=-sign(x(1)+eps)*norm(x)*eye(m-k,1)-x;
  v(1:m-k,k)=v(1:m-k,k)/norm(v(1:m-k,k));
  a(k+1:m,k:m)=a(k+1:m,k:m)-2*v(1:m-k,k)*v(1:m-k,k)'*a(k+1:m,k:m);
  a(1:m,k+1:m)=a(1:m,k+1:m)-2*a(:,k+1:m)*v(1:m-k,k)*v(1:m-k,k)';
end
```

上 Hessenberg 形式在特徵值計算上的優點之一，是在 QR 演算法中只有 2×2 區塊會沿著對角線出現，這也因此消除了前一節裡，重複的複數特徵值所產生的困難。

範例 12.3

求矩陣 (12.13) 的特徵值。

對

$$A = \begin{bmatrix} 0 & 0 & 0 & 1 \\ 0 & 0 & -1 & 0 \\ 0 & 1 & 0 & 0 \\ -1 & 0 & 0 & 0 \end{bmatrix},$$

可透過 Householder 反映矩陣得到上 Hessenberg 形式的相似矩陣

$$A' = \begin{bmatrix} 0 & 1 & 0 & 0 \\ -1 & 0 & 0 & 0 \\ 0 & 0 & 0 & -1 \\ 0 & 0 & 1 & 0 \end{bmatrix},$$

其中 $A' = QAQ^T$，且

$$Q = \begin{bmatrix} 1 & 0 & 0 & 0 \\ 0 & 0 & 0 & 1 \\ 0 & 0 & -1 & 0 \\ 0 & 1 & 0 & 0 \end{bmatrix}.$$

矩陣 A' 已經是實數 Schur 形式，它的特徵值就是主對角線上兩個 2×2 矩陣的特徵值，也就是重複的 $\{i, -i\}$ 數對。 ◆

因此，我們終於有一個完整的方法，可用來找出任意方陣 A 的所有特徵值；利用相似轉換 (程式 12.8) 將這個矩陣先轉換成上 Hessenberg 形式，然後再應用平移 QR 演算法 (程式 12.7)。MATLAB 的 `eig` 指令便是基於此計算方式來求得準確的特徵值。

還有許多我們沒有提到的其他技巧可以加速 QR 演算法的收斂。QR 演算法是為了**全矩陣** (full matrix) 所設計。對於**大型稀疏系統** (large sparse system) 來說，使用其他的方法通常會更有效率；可參考 [9]。

12.2 習題

1. 將下列矩陣轉換成上 Hessenberg 形式。

(a) $\begin{bmatrix} 1 & 0 & 1 \\ 1 & 1 & 0 \\ 1 & 0 & 0 \end{bmatrix}$ (b) $\begin{bmatrix} 0 & 0 & 1 \\ 0 & 1 & 0 \\ 1 & 0 & 0 \end{bmatrix}$ (c) $\begin{bmatrix} 2 & 1 & 0 \\ 4 & 1 & 1 \\ 3 & 0 & 1 \end{bmatrix}$ (d) $\begin{bmatrix} 1 & 1 & 0 \\ 2 & 3 & 1 \\ 2 & 1 & 0 \end{bmatrix}$

2. 將矩陣 $\begin{bmatrix} 1 & 0 & 2 & 3 \\ -1 & 0 & 5 & 2 \\ 2 & -2 & 0 & 0 \\ 2 & -1 & 2 & 0 \end{bmatrix}$ 轉換成上 Hessenberg 形式。

3. 證明對稱矩陣的上 Hessenberg 形式是三對角矩陣。

4. 如果非負數方陣的每一行元素總和為 1，則稱該矩陣為隨機矩陣 (stochastic matrix)。證明隨機矩陣 (a) 有一個特徵值等於 1，(b) 所有特徵值絕對值最大為 1。

5. 以下列矩陣完成正規化同步迭代法，並說明為何失敗。

   (a) $\begin{bmatrix} 0 & 1 \\ 1 & 0 \end{bmatrix}$ (b) $\begin{bmatrix} 0 & 1 \\ -1 & 0 \end{bmatrix}$

6. (a) 證明實數 Schur 形式的矩陣行列式，是主對角線上的 1×1 和 2×2 區塊行列式的乘積。(b) 證明實數 Schur 形式的矩陣特徵值，是主對角線上 1×1 和 2×2 區塊的特徵值。

7. QR 演算法的初步版本對下列矩陣在轉換成 Hessenberg 形式前與後，能否找到正確的特徵值？

   (a) $\begin{bmatrix} 1 & 0 & 0 \\ 0 & 0 & 1 \\ 0 & 1 & 0 \end{bmatrix}$ (b) $\begin{bmatrix} 0 & 0 & 1 \\ 0 & 1 & 0 \\ 1 & 0 & 0 \end{bmatrix}$

8. 對習題 7 中的矩陣，在轉換成 Hessenberg 形式前與後，QR 演算法的一般版本可對哪個找到正確的特徵值？

12.2 電腦演算題

1. 以平移 QR 演算法 (初步版本 `shiftedqr0`)，容許誤差 10^{-14}，直接套用於下列矩陣。

   (a) $\begin{bmatrix} -3 & 3 & 5 \\ 1 & -5 & -5 \\ 6 & 6 & 4 \end{bmatrix}$ (b) $\begin{bmatrix} 3 & 1 & 2 \\ 1 & 3 & -2 \\ 2 & 2 & 6 \end{bmatrix}$ (c) $\begin{bmatrix} 17 & 1 & 2 \\ 1 & 17 & -2 \\ 2 & 2 & 20 \end{bmatrix}$ (d) $\begin{bmatrix} -7 & -8 & 1 \\ 17 & 18 & -1 \\ -8 & -8 & 2 \end{bmatrix}$

2. 以平移 QR 演算法直接求下列矩陣的所有特徵值。

   (a) $\begin{bmatrix} 3 & 1 & -2 \\ 4 & 1 & 1 \\ -3 & 0 & 3 \end{bmatrix}$ (b) $\begin{bmatrix} 1 & 5 & 4 \\ 2 & -4 & -3 \\ 0 & -2 & 4 \end{bmatrix}$ (c) $\begin{bmatrix} 1 & 1 & -2 \\ 4 & 2 & -3 \\ 0 & -2 & 2 \end{bmatrix}$ (d) $\begin{bmatrix} 5 & -1 & 3 \\ 0 & 6 & 1 \\ 3 & 3 & -3 \end{bmatrix}$

特徵值和奇異值

3. 以平移 QR 演算法直接求下列矩陣的所有特徵值。

(a) $\begin{bmatrix} -1 & 1 & 3 \\ 3 & 3 & -2 \\ -5 & 2 & 7 \end{bmatrix}$ (b) $\begin{bmatrix} 7 & -33 & -15 \\ 2 & 26 & 7 \\ -4 & -50 & -13 \end{bmatrix}$ (c) $\begin{bmatrix} 8 & 0 & 5 \\ -5 & 3 & -5 \\ 10 & 0 & 13 \end{bmatrix}$ (d) $\begin{bmatrix} -3 & -1 & 1 \\ 5 & 3 & -1 \\ -2 & -2 & 0 \end{bmatrix}$

4. 重複電腦演算題 3，但是進行 QR 迭代前先轉換為上 Hessenberg 形式，並輸出 Hessenberg 形式和特徵值。

5. 以 QR 演算法直接求下列矩陣的所有實數與複數特徵值。

(a) $\begin{bmatrix} 4 & 3 & 1 \\ -5 & -3 & 0 \\ 3 & 2 & 1 \end{bmatrix}$ (b) $\begin{bmatrix} 3 & 2 & 0 \\ -4 & -2 & 1 \\ 2 & 1 & 0 \end{bmatrix}$ (c) $\begin{bmatrix} 7 & 2 & -4 \\ -8 & 0 & 7 \\ 2 & -1 & -2 \end{bmatrix}$ (d) $\begin{bmatrix} 11 & 4 & -2 \\ -10 & 0 & 5 \\ 4 & 1 & 2 \end{bmatrix}$

6. 用 QR 演算法求特徵值。因為每個矩陣的所有特徵值絕對值大小相同，所以可能需要使用 Hessenberg 形式。比較轉換成 Hessenberg 形式前與後，應用 QR 演算法所得結果。

(a) $\begin{bmatrix} -5 & -10 & -10 & 5 \\ 4 & 16 & 11 & -8 \\ 12 & 13 & 8 & -4 \\ 22 & 48 & 28 & -19 \end{bmatrix}$ (b) $\begin{bmatrix} 7 & 6 & 6 & -3 \\ -26 & -20 & -19 & 10 \\ 0 & -1 & 0 & 0 \\ -36 & -28 & -24 & 13 \end{bmatrix}$

(c) $\begin{bmatrix} 13 & 10 & 10 & -5 \\ -20 & -16 & -15 & 8 \\ -12 & -9 & -8 & 4 \\ -30 & -24 & -20 & 11 \end{bmatrix}$

實作 12　搜尋引擎如何評價網頁的品質

例如 Google.com 的網頁搜尋引擎，特色在於它們回報搜尋結果的品質表現。我們將利用網路上可連結到的知識，來討論 Google 判斷網頁品質的粗略近似方法。

當開始進行網頁搜尋時，搜尋引擎需要完成非常複雜的一連串工作。其中一個明顯的工作是單字比對，找出含有所搜尋單字的網頁，這些單字有可能在

網頁標題或是內文中出現。另一個主要的工作，是評價所搜尋到的網頁，以幫助使用者在大量的資訊中選擇所要的。雖然在某些非常特殊的搜尋可能只會回應少數幾篇結果給使用者 (在網路發展的初期，有個比賽是要找出剛好只有一個結果的搜尋)，在這些非常特殊的搜尋中，因為不需要排序，因此搜尋結果的網頁品質就不是那麼重要。但對於一般的搜尋來說，便顯見品質排序的需要；例如，在 Google 搜尋「新汽車」，就會出現從汽車銷售服務開始的幾百萬個網頁，合理且有用的結果。究竟要如何決定網頁排列序呢？

這個問題的答案是，Google.com 會分派給每個索引到的網頁一個稱為 **PageRank** (**網頁排名**) 的非負實數。Google 用世界上進行中最大的求特徵向量之冪迭代來計算此網頁排名。

參考圖 12.1，其中每個節點代表一個網頁頁面，從節點 i 到節點 j 的**有向邊** (directed edge) 表示頁面 i 包含了一個到頁面 j 的網頁連結。令 A 代表 $n\times n$ **相鄰矩陣** (adjacency matrix)，所謂相鄰矩陣是指，如果節點 i 有一個連結到節點 j，那麼它的第 ij 個元素為 1，如果沒有連結，則輸入為 0。圖 12.1 的相鄰矩陣為

$$A = \begin{bmatrix} 0&1&0&0&0&0&0&1&0&0&0&0&0&0 \\ 0&0&1&0&1&0&1&0&0&0&0&0&0&0 \\ 0&1&0&0&0&1&0&1&0&0&0&0&0&0 \\ 0&0&1&0&0&0&0&0&0&1&0&0&0&0 \\ 1&0&0&0&0&0&0&0&1&0&0&0&0&0 \\ 0&0&0&0&0&0&0&0&1&1&0&0&0&0 \\ 0&0&0&0&0&0&0&0&1&1&0&0&0&0 \\ 0&0&0&1&0&0&0&0&0&0&1&0&0&0&0 \\ 0&0&0&0&1&1&0&0&0&1&0&0&0&0&0 \\ 0&0&0&0&0&0&0&0&0&0&0&1&0&0 \\ 0&0&0&0&0&0&0&0&0&0&0&0&0&1 \\ 0&0&0&0&0&0&1&1&0&0&1&0&0&0&0 \\ 0&0&0&0&0&0&0&1&0&0&0&0&1&0 \\ 0&0&0&0&0&0&0&0&1&1&0&1&0&1 \\ 0&0&0&0&0&0&0&0&0&0&0&1&0&1&0 \end{bmatrix}.$$

Google 的發明人想像一個在有 n 個頁面的網路上的上網者，目前人在頁面 i 的機率為 p_i；接下來，這個上網者有可能移動到任何一個隨機頁面上 (有

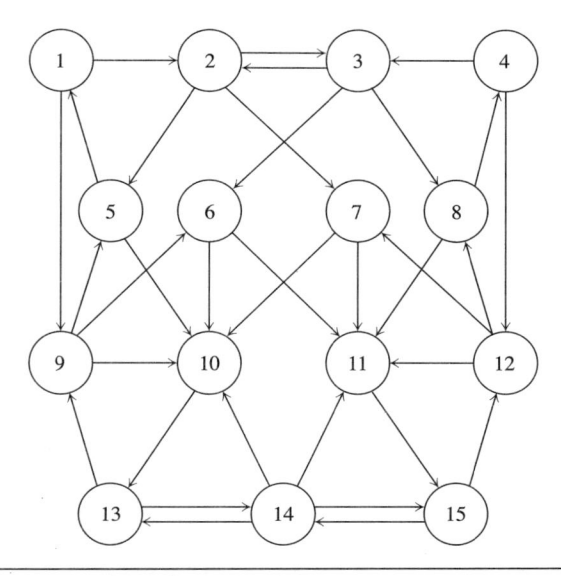

圖 12.1 網頁和其連結的網路關係。每個從一頁到另一頁的有向邊表示第一頁至少提供一個連結到第二頁。

一個固定的機率 q，通常大約是 0.15)，或是以 $1-q$ 的機率，隨機點擊目前頁面 i 上的連結；點擊後，上網者從頁面 i 移動到頁面 j 的機率是 $q/n+(1-q)A_{ij}/n_i$，其中 A_{ij} 是相鄰矩陣 A 的元素，而 n_i 是 A 的第 i 列的總和 (實際上就是頁面 i 上的連結總數)。

因為時間是任意的，所以會出現在節點 j 的機率等於從任一點 i 移動到 j 的機率之總和，且其與時間獨立；也就是，

$$p_j = \sum_i \left(\frac{qp_i}{n} + (1-q)\frac{p_i}{n_i}A_{ij} \right),$$

若寫成矩陣形式，這等價於特徵值方程式

$$p = Gp, \qquad (12.14)$$

其中 $p=(p_i)$ 是出現在 n 個頁面的 n 個機率組成的向量，G 是第 ij 個元素等於 $q/n+A_{ji}(1-q)/n_j$ 的矩陣。我們將 G 稱為 **google 矩陣** (google matrix)，矩陣 G 的每一行總和為 1，因此它是一個隨機矩陣，而且根據 12.2 節習題 4，其絕對值最大的特徵值等於 1；對應於特徵值 1 的特徵向量 p，是一組頁面的**穩態機**

率 (steady-state probability)，這即是 n 個頁面的網頁排名依據。[這是由 G^T 所定義的**馬可夫過程** (Markov process) 的**穩態解** (steady-state solution)，以穩態機率來測量影響的原始概念可回溯到 Pinski 和 Narin [8]，而**跳躍機率** (jump probability) q 是由 Google 創始人 Brin 和 Page [3] 所加入。]

我們將用圖 12.1 裡的範例來說明**網頁排名** (PageRank) 的定義。假設 $q = 0.15$，google 矩陣 G 的主特徵向量 (對應於主特徵值 1) 為

$$p = \begin{bmatrix} 0.0268 \\ 0.0299 \\ 0.0299 \\ 0.0268 \\ 0.0396 \\ 0.0396 \\ 0.0396 \\ 0.0396 \\ 0.0746 \\ 0.1063 \\ 0.1063 \\ 0.0746 \\ 0.1251 \\ 0.1163 \\ 0.1251 \end{bmatrix}.$$

此特徵向量已被正規化，是藉由除以所有元素的總和來使得總和為 1，以符合機率定義。節點 13 和 15 的網頁排名最高，其次是節點 14、10 和 11。注意，網頁排名並不單純依賴「內部排名」或是指向自己的連結數，在分派重要性的評價依據是更為精密的。雖然節點 10 和 11 有最多指向自己的連結數，但事實上它們又將影響力轉移給所指的 13 和 15。這是 **google 轟炸法** (google-bombing) 背後的概念，說服高流量的網站與它做連結，用人為的方式來擴大一個網站的重要性。

要記住，以此方法來定義網頁排名時，我們雖採用關鍵字「重要性」，但沒人真正瞭解那是什麼意思。網頁排名是重要性分派的一種**自我參考** (self-referential) 的方法，但在沒有找到更好的方法之前，這個方法應該可以滿足目前的需求。

特徵值和奇異值

建議活動：

1. 證明 google 矩陣 G 是一個隨機矩陣。
2. 建構所給圖中網路的矩陣 G，並驗證所給的主特徵向量 p。
3. 更改跳躍機率 q 為 (a) 0 和 (b) 0.5，說明新的網頁排名結果，試想跳躍機率的目的為何？
4. 假設網路中的頁面 7 希望將它的網頁排名提前，也就是在競爭者頁面 6 的前面。舉例來說，它可以說服頁面 2 和頁面 12，以更明顯的方式提供通往頁面 7 的連結。將相鄰矩陣的 A_{27} 和 $A_{12,7}$ 換成 2 來進行模擬，這樣的策略會成功嗎？
5. 研究從網路移除頁面 10 的影響 (所有連到該頁、和從該頁連出的連結都被刪除)。哪個頁面排名被提前？而哪個下降？
6. 設計你自己的網路，計算網頁排名，然後按照前面的問題來加以分析。

12.3 奇異值分解

R^m 空間中單位球經 $m \times m$ 矩陣轉換後的映像為一個**橢球** (ellipsoid)。這個有趣現象的基礎是奇異值分解，它在矩陣分析裡有許多的應用，有一般用途或是特別針對降階目的。圖 12.2 是對應於矩陣

$$A = \begin{bmatrix} 3 & 0 \\ 0 & \frac{1}{2} \end{bmatrix}. \tag{12.15}$$

的橢圓圖示。

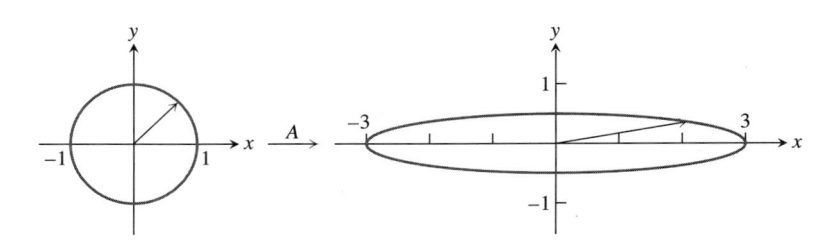

圖 12.2 單位圓經 2×2 矩陣轉換後的映像。R_2 的單位圓經 (12.15) 的矩陣 A 映射為半長軸 (semimajor axis) 為 (3, 0) 和 (0, 1/2) 的橢圓。

在圖 12.2 中，若以向量 v 對應於單位圓上的每一個點，再被 A 乘，然後畫出所得向量 Av 的端點，結果便會是圖中的橢圓。為了描述這個橢圓，可以利用一組正交向量集合，來定義座標系的基底。

我們將透過定理 12.11 看到，對所有 $m \times n$ 矩陣 A，存在正交集合 $\{u_1, ..., u_m\}$ 和 $\{v_1, ..., v_n\}$，以及非負數 $s_1 \geq ... \geq s_n \geq 0$，滿足

$$\begin{aligned} Av_1 &= s_1 u_1 \\ Av_2 &= s_2 u_2 \\ &\vdots \\ Av_n &= s_n u_n. \end{aligned} \tag{12.16}$$

在圖 12.3 可以看到這樣的向量；v_i 被稱為矩陣 A 的**右奇異向量** (right singular vector)，而 u_i 為矩陣 A 的**左奇異向量** (left singular vector)，s_i 為 A 的**奇異值** (singular value)。(向量的左右術語是有點奇怪，但我們很快就會探討其原因)。

這個有用的現象馬上可以解釋為什麼一個 2×2 矩陣將單位圓映射成橢圓。我們可以把 v_i 想成是矩形座標系的基底，而 A 以一個簡單方法來運作：它產生了一個新座標系的基底向量 u_i，並以數量 s_i 來量化延伸情形。延伸的基底向量 $s_i u_i$ 是橢圓的半長軸，如圖 12.3 所示。

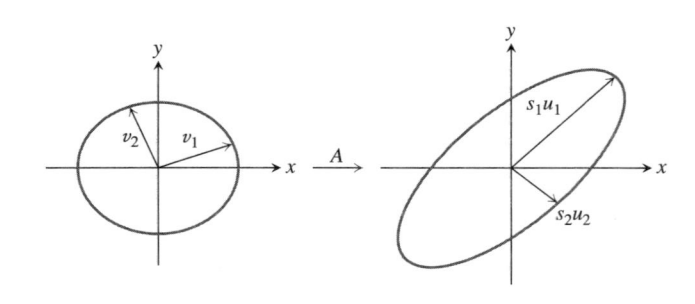

圖 12.3 連結矩陣的橢圓。每個 2×2 矩陣可以下列簡明的方法來做觀察：存在一座標系 $\{v_1, v_2\}$，使得 A 可轉換 $v_1 \to s_1 u_1$ 且 $v_2 \to s_2 u_2$，其中 $\{u_1, u_2\}$ 為另一個座標系，且 s_1、s_2 為非負數。這個圖像可推廣到應用 $m \times m$ 矩陣之 R^m。

範例 12.4

求圖 12.2 的矩陣 (12.15) 之奇異值和奇異向量。

很顯然地，矩陣使得在 x 方向延伸了 3 倍，但在 y 方向收縮為 $1/2$ 倍，A 的奇異向量和奇異值為

$$A \begin{bmatrix} 1 \\ 0 \end{bmatrix} = 3 \begin{bmatrix} 1 \\ 0 \end{bmatrix}$$
$$A \begin{bmatrix} 0 \\ 1 \end{bmatrix} = \frac{1}{2} \begin{bmatrix} 0 \\ 1 \end{bmatrix}. \tag{12.17}$$

向量 $3(1, 0)$ 和 $\frac{1}{2}(0, 1)$ 為橢圓的半長軸。右奇異向量為 $[1, 0]$、$[0, 1]$，而左奇異向量為 $[1, 0]$、$[0, 1]$，奇異值為 3 和 $1/2$。

♦

範例 12.5

求矩陣

$$A = \begin{bmatrix} 0 & -\frac{1}{2} \\ 3 & 0 \\ 0 & 0 \end{bmatrix}. \tag{12.18}$$

的奇異值和奇異向量。

這是將範例 12.4 做了些微的改變，矩陣 A 會將 x 和 y 軸對換，然後在刻度上做些改變，且加上 z 軸，就只是如此。A 的奇異向量和奇異值為：

$$Av_1 = A \begin{bmatrix} 1 \\ 0 \end{bmatrix} = 3 \begin{bmatrix} 0 \\ 1 \\ 0 \end{bmatrix} = s_1 u_1$$

$$Av_2 = A \begin{bmatrix} 0 \\ 1 \end{bmatrix} = \frac{1}{2} \begin{bmatrix} -1 \\ 0 \\ 0 \end{bmatrix} = s_2 u_2. \tag{12.19}$$

右奇異向量為 $[1, 0]$、$[0, 1]$，而左奇異向量為 $[0, 1, 0]$、$[-1, 0, 0]$，奇異值為

3、1/2。要注意我們一直都要求 s_i 為非負的數,而任何必要的負號則由 u_i 和 v_i 來吸收。

有一個標準的方法來記錄這些資訊,用 $m \times n$ 矩陣 A 的矩陣分解。令 $m \times m$ 矩陣 U 的行向量為左奇異向量 u_i,$n \times n$ 矩陣 V 的行向量為右奇異向量 v_i,$m \times n$ 對角矩陣 S 的對角線元素為奇異值 s_i,則 $m \times n$ 矩陣 A 的**奇異值分解** (singular value decomposition;SVD) 是

$$A = USV^T. \tag{12.20}$$

範例 12.5 的奇異值分解為

$$\begin{bmatrix} 0 & -\frac{1}{2} \\ 3 & 0 \\ 0 & 0 \end{bmatrix} = \begin{bmatrix} 0 & -1 & 0 \\ 1 & 0 & 0 \\ 0 & 0 & 1 \end{bmatrix} \begin{bmatrix} 3 & 0 \\ 0 & \frac{1}{2} \\ 0 & 0 \end{bmatrix} \begin{bmatrix} 1 & 0 \\ 0 & 1 \end{bmatrix}. \tag{12.21}$$

因為方陣 U 和 V 的行向量正交,所以它們是正交矩陣。我們必須在 U 加入第三行 u_3 來完整建構 R^3 的基底。那麼就可以來解釋這些術語,u_i (v_i) 是左 (右) 奇異向量,因為它們出現在矩陣表現式 (12.20) 的左 (右) 邊。

❖ 12.3.1　求一般矩陣的奇異值分解

我們已經提出兩個簡單的奇異值分解 (SVD) 範例,如果要證明 SVD 在一般矩陣 A 都存在,那麼就需要下面引理:

引理 12.10　令 A 為 $m \times n$ 矩陣,$A^T A$ 的特徵值必定為非負數。

證明:令 v 為 $A^T A$ 的單位特徵向量,且 $A^T A v = \lambda v$。則

$$0 \leq ||Av||^2 = v^T A^T A v = \lambda v^T v = \lambda.$$

對 $m \times n$ 矩陣 A 來說,$n \times n$ 矩陣 $A^T A$ 必定對稱,因此它的特徵向量正交

且特徵值為實數。引理 12.10 說明了特徵值是非負的實數，所以可表示成 $s_1^2 \geq \cdots \geq s_n^2$，其對應的正交特徵向量集合為 $\{v_1, ..., v_n\}$。這已經完成了 SVD 的三分之二，接著用下面的方向來找出 u_i，$1 \leq i \leq m$：

如果 $s_i \neq 0$，以方程式 $s_i u_i = A v_i$ 來定義 u_i。

如果 $s_i = 0$，選取任何與 $u_1, ..., u_{i-1}$ 正交的單位向量成為 u_i。

讀者可以驗證如此選法表示 $u_1, ..., u_m$ 為兩兩正交的單位向量，所以是 R^m 的另一個正交基底。事實上，$u_1, ..., u_m$ 也是 AA^T 的正交特徵向量集合 (見習題 4)。整個來看，我們已經證明了下列定理：

定理 12.11 令 A 為 $m \times n$ 矩陣，必然存在兩正交基底，R^n 的 $\{v_1, ..., v_n\}$ 和 R^m 的 $\{u_1, ..., u_m\}$，及實數 $s_1 \geq ... \geq s_n \geq 0$ 使得當 $1 \leq i \leq \min\{m, n\}$ 時 $Av_i = s_i u_i$。$V = [v_1 | \cdots | v_n]$ 的行向量為右奇異向量，是 $A^T A$ 的正交特徵向量集合。$U = [u_1 | \cdots | u_n]$ 的行向量為左奇異向量，是 AA^T 的正交特徵向量集合。

矩陣 A 的 SVD 結果並不唯一，比如，在定義方程式 $Av_i = s_1 u_1$ 中，將 v_1 換成 $-v_1$，u_1 換成 $-u_1$，並不改變等式結果，但可改變矩陣 U 和 V。

我們從這個定理可以推斷出向量的單位球將映射成向量的橢球，中心位於圓點，半長軸為 $s_i u_i$；圖 12.3 顯示單位圓映射為半長軸為 $\{s_1 u_1, s_2 u_2\}$ 的橢圓。向量 x 轉換成 Ax 等於什麼？由於 $x = a_1 v_1 + a_2 v_2$ (其中 $a_1 v_1$、$a_2 v_2$ 分別為 x 在 v_1、v_2 方向的投影)，所以 $Ax = a_1 s_1 u_1 + a_2 s_2 u_2$。

(12.20) 的矩陣表現式是直接根據定理 12.11 而來。定義 S 為 $m \times n$ **對角矩陣** (diagonal matrix)，其對角線元素為 $s_1 \geq \cdots \geq s_{\min\{m, n\}} \geq 0$，定義矩陣 U 的行向量為 $u_1, ..., u_m$，及矩陣 V 的行向量為 $v_1, ..., v_n$。注意，$USV^T v_i = s_i u_i$ (當 $i = 1, ..., m$)，因為矩陣 A 和 USV^T 對基底 $v_1, ..., v_n$ 有相同結果，所以二者為相同的 $m \times n$ 矩陣。

範例 12.6

求 2×2 矩陣

$$A = \begin{bmatrix} 0 & 1 \\ 0 & -1 \end{bmatrix}. \tag{12.22}$$

的奇異值和奇異向量。

$$A^T A = \begin{bmatrix} 0 & 0 \\ 0 & 2 \end{bmatrix},$$

其特徵值由大到小為，$v_1 = (0, 1)$、$s_1^2 = 2$；和 $v_2 = (1, 0)$、$s_2^2 = 0$。A 的奇異值為 $\sqrt{2}$ 和 0。根據先前的方向，u_1 定義為

$$\sqrt{2} u_1 = A v_1 = \begin{bmatrix} 1 \\ -1 \end{bmatrix}$$

$$u_1 = \begin{bmatrix} 1/\sqrt{2} \\ -1/\sqrt{2} \end{bmatrix},$$

且選擇 $u_2 = [1/\sqrt{2}, 1/\sqrt{2}]$ 因其正交於 u_1，可得 SVD 為

$$\begin{bmatrix} 0 & 1 \\ 0 & -1 \end{bmatrix} = \begin{bmatrix} \sqrt{2}/2 & \sqrt{2}/2 \\ -\sqrt{2}/2 & \sqrt{2}/2 \end{bmatrix} \begin{bmatrix} \sqrt{2} & 0 \\ 0 & 0 \end{bmatrix} \begin{bmatrix} 0 & 1 \\ 1 & 0 \end{bmatrix}. \tag{12.23}$$

依照定理 12.11 的非唯一性註釋，另一個非常好的 SVD 為

$$\begin{bmatrix} 0 & 1 \\ 0 & -1 \end{bmatrix} = \begin{bmatrix} -\sqrt{2}/2 & \sqrt{2}/2 \\ \sqrt{2}/2 & \sqrt{2}/2 \end{bmatrix} \begin{bmatrix} \sqrt{2} & 0 \\ 0 & 0 \end{bmatrix} \begin{bmatrix} 0 & -1 \\ 1 & 0 \end{bmatrix}. \tag{12.24}$$

單位圓經過矩陣 A 的映射成為 y 軸線段 $[1, -1]$，即 y 的範圍從 -1 到 1。因此 A 的作用是讓單位圓映射到一維的橢圓，其半長軸為 $\sqrt{2}[\sqrt{2}/2, -\sqrt{2}/2]$ 和 0。 ◆

MATLAB 的奇異值分解指令是 svd，且

```
>>[u,s,v]=svd(a)
```

可傳回分解結果的全部三個矩陣。

❖ 12.3.2　特例：對稱矩陣

求 $m \times m$ 對稱矩陣的奇異值分解可簡化成求特徵值和特徵向量問題。附錄 A 的定理 A.5，保證存在一組正交的特徵向量。因為特徵向量映射到它們自己 (縮放比例 λ，也就是特徵值)，所以要滿足方程式 (12.16) 很簡單：只要將特徵值依絕對值大小遞減排列

$$|\lambda_1| \geq |\lambda_2| \geq |\lambda_3| \geq \cdots \geq |\lambda_m|, \tag{12.25}$$

且用它們為奇異值 $s_1 \geq s_2 \geq \cdots$。至於 v_i，依序對應於 (12.25) 式中特徵值的單位特徵向量，且令

$$u_i = \begin{cases} +v_i & \text{若 } \lambda_i \geq 0 \\ -v_i & \text{若 } \lambda_i < 0 \end{cases}. \tag{12.26}$$

(12.26) 式的正負號改變是為了補回在 (12.25) 式取絕對值時去掉的負號。

範例 12.7

求矩陣

$$A = \begin{bmatrix} 0 & 1 \\ 1 & \frac{3}{2} \end{bmatrix} \tag{12.27}$$

的奇異值和奇異向量。

此矩陣的特徵值/特徵向量數對為 2、$[1, 2]^T$ 和 $-\frac{1}{2}$、$[-2, 1]^T$。我們以單位特徵向量來定義 v_i，及仿造 (12.26) 式定義 u_i 可得：

$$Av_1 = A \begin{bmatrix} \frac{1}{\sqrt{5}} \\ \frac{2}{\sqrt{5}} \end{bmatrix} = 2 \begin{bmatrix} \frac{1}{\sqrt{5}} \\ \frac{2}{\sqrt{5}} \end{bmatrix} = s_1 u_1$$

$$Av_2 = A \begin{bmatrix} \frac{2}{\sqrt{5}} \\ -\frac{1}{\sqrt{5}} \end{bmatrix} = \frac{1}{2} \begin{bmatrix} -\frac{2}{\sqrt{5}} \\ \frac{1}{\sqrt{5}} \end{bmatrix} = s_2 u_2. \tag{12.28}$$

因此奇異值分解為

$$\begin{bmatrix} 0 & 1 \\ 1 & \frac{3}{2} \end{bmatrix} = \begin{bmatrix} \frac{1}{\sqrt{5}} & -\frac{2}{\sqrt{5}} \\ \frac{2}{\sqrt{5}} & \frac{1}{\sqrt{5}} \end{bmatrix} \begin{bmatrix} 2 & 0 \\ 0 & \frac{1}{2} \end{bmatrix} \begin{bmatrix} \frac{1}{\sqrt{5}} & \frac{2}{\sqrt{5}} \\ \frac{2}{\sqrt{5}} & -\frac{1}{\sqrt{5}} \end{bmatrix}. \tag{12.29}$$

數值分析

注意，我們需要改變正負號來定義 u_2，如 (12.26) 式所寫的一樣。

12.3 習題

1. 以手算求下列對稱矩陣的奇異值分解，並用幾何來描述該矩陣對單位圓映射所得。

   (a) $\begin{bmatrix} -3 & 0 \\ 0 & 2 \end{bmatrix}$ (b) $\begin{bmatrix} 0 & 0 \\ 0 & 3 \end{bmatrix}$ (c) $\begin{bmatrix} \frac{3}{2} & -\frac{1}{2} \\ -\frac{1}{2} & \frac{3}{2} \end{bmatrix}$ (d) $\begin{bmatrix} -\frac{3}{2} & \frac{1}{2} \\ \frac{1}{2} & -\frac{3}{2} \end{bmatrix}$ (e) $\begin{bmatrix} 0.75 & 1.25 \\ 1.25 & 0.75 \end{bmatrix}$

2. 以手算求下列矩陣的奇異值分解：

   (a) $\begin{bmatrix} 3 & 0 \\ 4 & 0 \end{bmatrix}$ (b) $\begin{bmatrix} 6 & -2 \\ 8 & \frac{3}{2} \end{bmatrix}$ (c) $\begin{bmatrix} 0 & 1 \\ 0 & 0 \end{bmatrix}$ (d) $\begin{bmatrix} -4 & -12 \\ 12 & 11 \end{bmatrix}$ (e) $\begin{bmatrix} 0 & -2 \\ -1 & 0 \end{bmatrix}$

3. 奇異值分解非唯一，那麼對範例 12.4 來說，有多少個不同的奇異值分解？請表列。

4. (a) 證明定理 12.11 定義的 u_i 是 AA^T 的特徵向量。(b) 證明 u_i 為單位向量。(c) 證明它們為 R^m 的一組正交基底。

12.4 奇異值分解的應用

在本節中，我們收集了一些有用的奇異值分解 (SVD) 性質，並說明它們的一些廣泛用途。例如，奇異值分解是求矩陣的**秩 (rank)** 最好的方法；如果方陣的反矩陣存在，也可以利用奇異值分解求得行列式和反矩陣。也許奇異值分解最有用的應用，是來自**低秩近似** (low rank approximation) 的性質。

❖ 12.4.1 奇異值分解的性質

$m \times n$ 矩陣 A 的秩等於線性獨立的列向量個數 (或行向量也一樣)。

性質 1

矩陣 $A = USV^T$ 的秩等於 S 的非零元素個數。

特徵值和奇異值

證明：因為 U 和 V^T 為**可逆矩陣** (invertible matrix)，rank(A) = rank(S)，後者等於非零對角線元素的個數。

性質 2

如果 A 是 $n \times n$ 矩陣，$|\det(A)| = s_1 \cdots s_n$。

證明：因為 $U^T U = I$ 以及 $V^T V = I$，U 和 V^T 的行列式為 1 或 -1，這是因為兩矩陣乘積的行列式等於其行列式的乘積。由於 $A = USV^T$，同樣利用矩陣乘積的行列式等於其行列式的乘積，即可得證性質 2。

性質 3

如果 A 是 $m \times m$ 可逆矩陣，則 $A^{-1} = VS^{-1}U^T$。

證明：根據性質 1，S 為可逆矩陣，這表示所有的 $s_i > 0$。由於當 A_1、A_2 和 A_3 為可逆矩陣時，保證 $(A_1 A_2 A_3)^{-1} = A_3^{-1} A_2^{-1} A_1^{-1}$，由此可得證性質 3。

舉例來說，由 (12.29) 式的奇異值分解

$$\begin{bmatrix} 0 & 1 \\ 1 & \frac{3}{2} \end{bmatrix} = \begin{bmatrix} \frac{1}{\sqrt{5}} & -\frac{2}{\sqrt{5}} \\ \frac{2}{\sqrt{5}} & \frac{1}{\sqrt{5}} \end{bmatrix} \begin{bmatrix} 2 & 0 \\ 0 & \frac{1}{2} \end{bmatrix} \begin{bmatrix} \frac{1}{\sqrt{5}} & \frac{2}{\sqrt{5}} \\ \frac{2}{\sqrt{5}} & -\frac{1}{\sqrt{5}} \end{bmatrix}$$

可得反矩陣為

$$\begin{bmatrix} 0 & 1 \\ 1 & \frac{3}{2} \end{bmatrix}^{-1} = \begin{bmatrix} \frac{1}{\sqrt{5}} & -\frac{2}{\sqrt{5}} \\ \frac{2}{\sqrt{5}} & -\frac{1}{\sqrt{5}} \end{bmatrix} \begin{bmatrix} \frac{1}{2} & 0 \\ 0 & 2 \end{bmatrix} \begin{bmatrix} -\frac{1}{\sqrt{5}} & \frac{2}{\sqrt{5}} \\ -\frac{2}{\sqrt{5}} & \frac{1}{\sqrt{5}} \end{bmatrix} = \begin{bmatrix} -\frac{3}{2} & 1 \\ 1 & 0 \end{bmatrix}. \quad (12.30)$$

性質 4

$m \times n$ 矩陣 A 可以寫成**秩 1 矩陣** (rank-one matrix) 的和

$$A = \sum_{i=1}^{r} s_i u_i v_i^T, \quad (12.31)$$

其中 r 是 A 的秩，u_i 和 v_i 分別是 U 和 V 的第 i 行向量。

證明：

$$A = USV^T = U \begin{bmatrix} s_1 & & \\ & \ddots & \\ & & s_r \end{bmatrix} V^T$$

$$= U \left(\begin{bmatrix} s_1 & & \\ & & \\ & & \end{bmatrix} + \begin{bmatrix} & & \\ & s_2 & \\ & & \end{bmatrix} + \cdots + \begin{bmatrix} & & \\ & & \\ & & s_r \end{bmatrix} \right) V^T$$

$$= s_1 u_1 v_1^T + s_2 u_2 v_2^T + \cdots + s_r u_r v_r^T$$

性質 4 是奇異值分解的低秩近似性質，若矩陣 A 的秩 $p \leq r$，則 A 的最佳的最小平方近似可由 (12.31) 式的前 p 項來求得。

範例 12.8

求矩陣 $\begin{bmatrix} 0 & 1 \\ 1 & \frac{3}{2} \end{bmatrix}$ 的最佳秩 1 近似。

將 (12.31) 式展開可得

$$\begin{bmatrix} 0 & 1 \\ 1 & \frac{3}{2} \end{bmatrix} = \begin{bmatrix} \frac{1}{\sqrt{5}} & -\frac{2}{\sqrt{5}} \\ \frac{2}{\sqrt{5}} & \frac{1}{\sqrt{5}} \end{bmatrix} \begin{bmatrix} 2 & 0 \\ 0 & \frac{1}{2} \end{bmatrix} \begin{bmatrix} \frac{1}{\sqrt{5}} & \frac{2}{\sqrt{5}} \\ \frac{2}{\sqrt{5}} & -\frac{1}{\sqrt{5}} \end{bmatrix}$$

$$= \begin{bmatrix} \frac{1}{\sqrt{5}} & -\frac{2}{\sqrt{5}} \\ \frac{2}{\sqrt{5}} & \frac{1}{\sqrt{5}} \end{bmatrix} \left(\begin{bmatrix} 2 & 0 \\ 0 & 0 \end{bmatrix} + \begin{bmatrix} 0 & 0 \\ 0 & \frac{1}{2} \end{bmatrix} \right) \begin{bmatrix} \frac{1}{\sqrt{5}} & \frac{2}{\sqrt{5}} \\ \frac{2}{\sqrt{5}} & -\frac{1}{\sqrt{5}} \end{bmatrix}$$

$$= 2 \begin{bmatrix} \frac{1}{\sqrt{5}} \\ \frac{2}{\sqrt{5}} \end{bmatrix} \begin{bmatrix} \frac{1}{\sqrt{5}} & \frac{2}{\sqrt{5}} \end{bmatrix} + \frac{1}{2} \begin{bmatrix} -\frac{2}{\sqrt{5}} \\ \frac{1}{\sqrt{5}} \end{bmatrix} \begin{bmatrix} \frac{2}{\sqrt{5}} & -\frac{1}{\sqrt{5}} \end{bmatrix}$$

$$= \begin{bmatrix} \frac{2}{5} & \frac{4}{5} \\ \frac{4}{5} & \frac{8}{5} \end{bmatrix} + \begin{bmatrix} -\frac{2}{5} & \frac{1}{5} \\ \frac{1}{5} & -\frac{1}{10} \end{bmatrix}. \tag{12.32}$$

要注意原始矩陣是如何因不同大小的奇異值,而分開成一個貢獻較大的加上一個貢獻較小的矩陣。而矩陣的**最佳秩 1 近似** (best rank-one approximation),定義為第一個秩 1 矩陣

$$\begin{bmatrix} \frac{2}{5} & \frac{4}{5} \\ \frac{4}{5} & \frac{8}{5} \end{bmatrix},$$

而第二個矩陣則提供小幅修正。這是奇異值分解在**降維度** (dimension reduction) 與**壓縮** (compression) 應用的主要概念。

接下來兩個小節接將介紹兩個與奇異值分解緊密相關的應用。在降維度方面,焦點是以**張成** (span) 較低維度的向量集合來近似大量的多維向量。另一個應用是**失真壓縮** (lossy compression),也就是減少所需的資訊量來近似代表圖片的矩陣。兩個應用都仰賴於低秩近似的性質 4。

❖ 12.4.2 降維度

這個概念是將資料投射到較低的維度。假設 $a_1, ..., a_n$ 為一組 m 維向量的集合,在大量資料的應用問題裡,m 會遠小於 n。降維度的目的,是要以張成 $p < m$ 維的 p 個向量,來代替 $a_1, ..., a_n$,同時也極小化因為這麼做而產生的誤差。通常我們以平均值為零的向量集合開始,如果不為零,則可以減去平均值來達到此條件,稍後再把它加回來。

奇異值分解提供了一個直接的方法來完成降維度。假若以資料向量作為行向量構成 $m \times n$ 矩陣 $A = (a_1 | \cdots | a_n)$,並計算奇異值分解 $A = USV^T$,令 e_j 表示第 j 個**基本基底向量** (elementary basis vector;除了第 j 個元素為 1,其餘為 0),則 $Ae_j = a_j$。利用性質 4 的秩 p 近似

$$A \approx A_p = \sum_{i=1}^{p} s_i u_i v_i^T$$

我們可以將 a_j 投影到由 U 的行向量 $u_1, ..., u_p$ 所張成的 p 維空間中。得

$$a_j = Ae_j \approx A_p e_j. \tag{12.33}$$

因為矩陣乘 e_j 相當於擷取第 j 行，我們可以更有效率地描述我們的發現如下：

以最小平方近似的觀點來看，由左奇異向量 $u_1, ..., u_p$ 所張成的空間〈u_1, ..., u_p〉是 $a_1, ..., a_n$ 的最佳近似 p 維子空間，且 A 的行向量 a_i 對該空間的**正交投影** (orthogonal projection) 就是 A_p 的行向量。換句話說，向量 $a_1, ..., a_n$ 集合到其最佳之最小平方 p 維子空間的投影就是最佳秩 p 近似矩陣 A_p。

範例 12.9

求擬合數據向量 [3, 2], [2, 4], [−2, −1], [−3, −5] 的最佳一維子空間。

此 4 個數據向量在圖 12.5(a) 裡，要使它們都近似地指相同的一維子空間。我們想要找出這個子空間，使得投影到這個子空間的平方誤差總和最小化，並求投影向量。

以數據向量為行向量可得數據矩陣

$$A = \begin{bmatrix} 3 & 2 & -2 & -3 \\ 2 & 4 & -1 & -5 \end{bmatrix},$$

接著求其奇異值分解，求到 4 位小數所得為

$$\begin{bmatrix} 0.5886 & -0.8084 \\ 0.8084 & 0.5886 \end{bmatrix} \begin{bmatrix} 8.2809 & 0 & 0 & 0 \\ 0 & 1.8512 & 0 & 0 \end{bmatrix} \begin{bmatrix} 0.4085 & 0.5327 & -0.2398 & -0.7014 \\ -0.6741 & 0.3985 & 0.5554 & -0.2798 \\ 0.5743 & -0.1892 & 0.7924 & -0.0801 \\ 0.2212 & 0.7223 & 0.0780 & 0.6507 \end{bmatrix},$$

最佳一維子空間，如圖 12.4(b) 的點線，由 $u_1 = [0.5886, 0.8084]$ 所張成。降維度到 $p = 1$ 維子空間表示令 $s_2 = 0$ 並重組矩陣，換句話說，$A_1 = US_1V^T$，其中

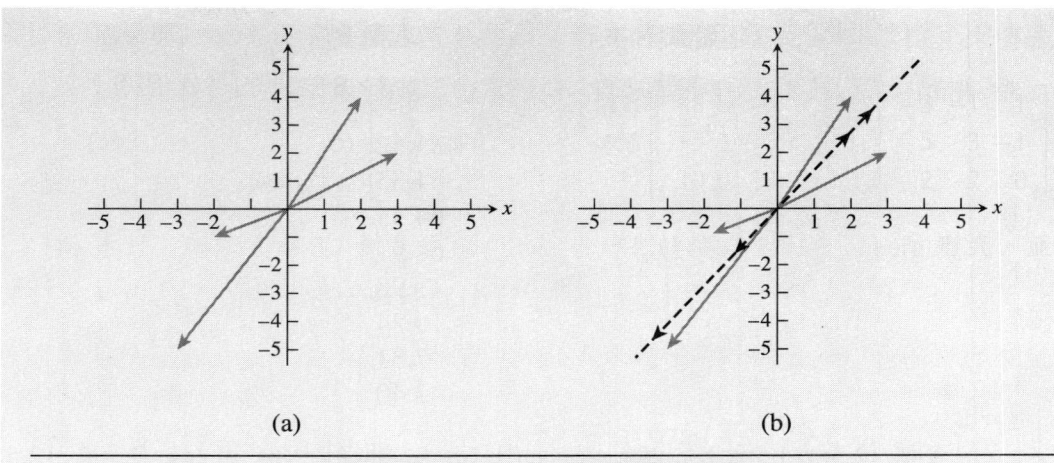

圖 12.4　以 SVD 降維。(a) 4 個數據向量要投影到最佳一維子空間。(b) 點線表示最佳子空間，箭頭表示對此子空間的正交投影。

$$S_1 = \begin{bmatrix} 8.2809 & 0 & 0 & 0 \\ 0 & 0 & 0 & 0 \end{bmatrix}.$$

因此，

$$A_1 = \begin{bmatrix} 1.9912 & 2.5964 & -1.1689 & -3.4188 \\ 2.7346 & 3.5657 & -1.6052 & -4.6951 \end{bmatrix} \tag{12.34}$$

的行向量為對應於原先的 4 個數據向量的投影向量，顯示於如圖 12.4(b)。 ◆

❖ 12.4.3　壓　縮

性質 4 也可以用來壓縮矩陣中的資訊量。注意，在性質 4 的秩 1 展式中每一項都需要使用兩個向量 u_i 和 v_i，再加上一個數 s_i。如果 A 是一個 $n \times n$ 矩陣，那麼我們就可以嘗試丟掉性質 4 中總和公式的最後幾項來進行矩陣 A 的失真壓縮。而展式中的每一項都需要儲存或傳輸 $2n+1$ 個數。

舉例來說，如果 $n=8$，則矩陣包含 64 個數，但我們卻可以只用 $2n+1=17$ 個數來傳輸或儲存展式裡的第一項；如果大部分的資訊被第一項所擷取 (比方說，如果第一個奇異值較其他大得多)，這麼做就可能節省 75% 的儲存空間。

回到圖 11.6 的 8×8 像素區塊來做為範例，在減去 128 之後，像素值中間值大約為零，矩陣等於 (11.15) 式。這個 8×8 矩陣的奇異值如下：

$$485.52$$
$$364.33$$
$$64.55$$
$$60.91$$
$$18.98$$
$$10.24$$
$$7.31$$
$$2.40$$

圖 12.5(a) 展示了原始區塊，而壓縮版本則在圖 (b) 和 (c) 中。圖 12.5(b) 以性質 4 中展式的第一項來代替矩陣，它是像素值矩陣最佳的秩 1 近似。如先前的討論，如此可達到大約 4：1 的壓縮；在圖 12.5(c) 裡，用兩項則可達到大約 2：1 的壓縮比。(當然我們在這裡為了簡化討論，因此沒有使用量化技巧。就像在第 11 章所做的一樣，如果用較低的精準度來保留較小的奇異值部分，還是會有幫助的。)

圖 11.5 的灰階照片為 256×256 像素影像，我們也可以對每個像素元素減去 128 後，將整個矩陣套用性質 4。矩陣的 256 個奇異值從 9637 到 2×10^{-13} 不等，圖 12.6 顯示以性質 4 的秩 1 展式保留 p 項所重建的影像；當 $p=8$，只需儲存 $8(2(256)+1)=4104$ 個數，和原本 $(256)^2=65536$ 個像素值比較，大約是 16：1 的壓縮比。圖 12.6(c) 保留了 32 項，壓縮比大約是 4：1。

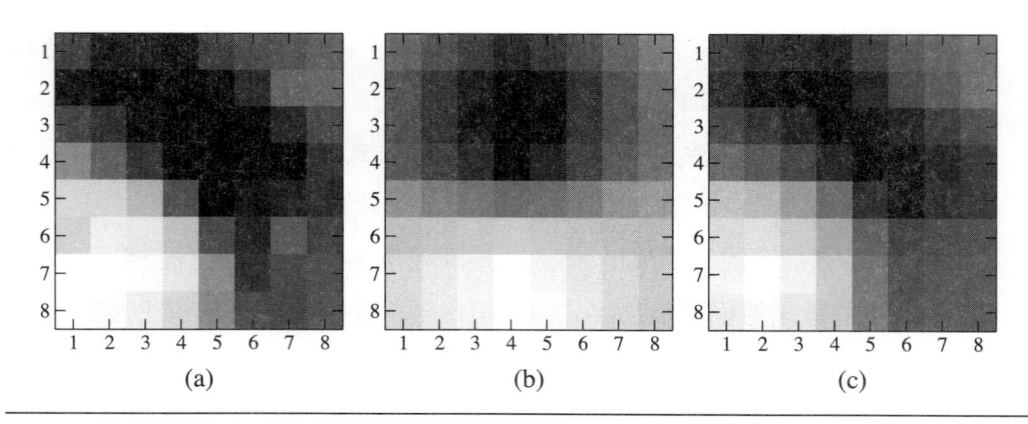

圖 12.5 以 SVD 壓縮和解壓縮的結果。奇異值保留的個數：(a) 全部，(b) $p=1$，(c) $p=2$。

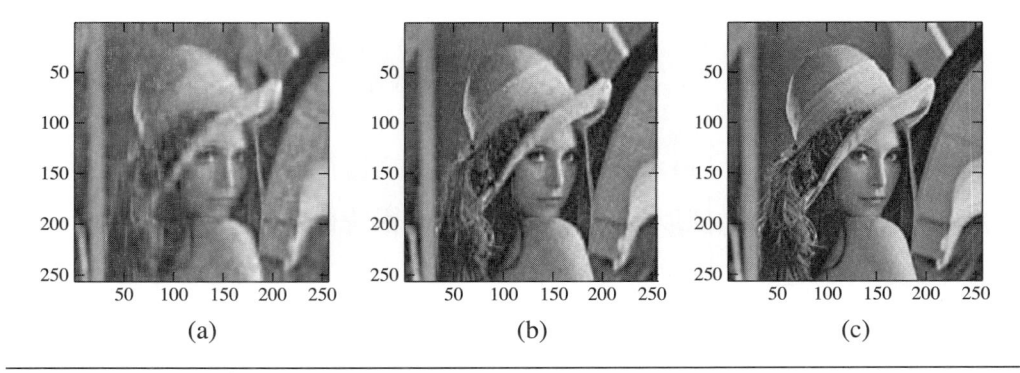

圖 12.6 以 SVD 壓縮和解壓縮的結果。奇異值的保留個數：(a) $p=8$，(b) $p=16$，(c) $p=32$。

❖ 12.4.4 計算奇異值分解

如果 A 是一個實數對稱矩陣，在本章稍早討論過的奇異值分解也就成了特徵值計算。在此情況下，單位特徵向量可組成一組正交基底。如果我們以單位特徵向量來定義矩陣 V 的行向量，那麼 $AV=US$ 則表示特徵向量方程式，其中 S 是特徵值之絕對值的對角矩陣，且 U 和 V 是相同的，但如果特徵值為負數時，它的行向量就需要異號，如 (12.26) 式所討論。因為 U 和 V 是正交矩陣，所以

$$A=USV^T$$

是 A 的一個奇異值分解。

對一般非對稱的 $m \times n$ 矩陣 A 來說，有兩個不同的奇異值分解求法。第一個也是最明顯的方法，是計算 A^TA 然後找出它的特徵值；根據定理 12.11，這就是 V 的行向量 v_i，而藉由正規化向量 $Av_i=s_iu_i$，我們可以同時得到奇異值和 U 的行向量。

然而，除了簡單的範例之外，並不推薦使用這個方法。如果 A 的條件數很大，則 A^TA 的條件數通常會是 A 條件數的平方，如此一來其條件數可能會過大，因而喪失了數據的準確性。

幸運的是，有另一個方法能夠找出 A^TA 的特徵值，而且不需做矩陣相乘。設定矩陣

$$B = \begin{bmatrix} 0 & A^T \\ A & 0 \end{bmatrix}. \tag{12.35}$$

由於 B 是 $(m+n)\times(m+n)$ 對稱矩陣 (請自行檢驗其轉置矩陣)，因此，它有非負實數的特徵值以及可構成基底的一組特徵向量。令 $[v, w]$ 為 $(m+n)$ 維向量，它是 B 的特徵向量，則

$$\begin{bmatrix} A^T w \\ Av \end{bmatrix} = \begin{bmatrix} 0 & A^T \\ A & 0 \end{bmatrix} \begin{bmatrix} v \\ w \end{bmatrix} = \lambda \begin{bmatrix} v \\ w \end{bmatrix},$$

意即 $Av = \lambda w$。左乘 A^T 得到

$$A^T A v = \lambda A^T w = \lambda^2 v, \tag{12.36}$$

這表示 w 是 $A^T A$ 的特徵向量，對應於特徵值 λ^2。注意，我們可以用此方法找到 $A^T A$ 的特徵值和特徵向量，但是卻完全不需要計算出 $A^T A$ 矩陣。

因此，第二個也是較好的計算特徵值和特徵向量的方法，可從將對稱矩陣 B 轉換為上 Hessenberg 形式著手。因為對稱，上 Henssberg 等同於三對角線矩陣；然後，就可以用類似平移 QR 演算法等方法來找出特徵值 (這會等於奇異值的平方) 和特徵向量 (這些特徵向量的前 n 個元素為奇異向量 v_i)。雖然這個方法似乎把矩陣的大小變成兩倍，但它卻可以避免條件數被無謂地增大，還有一些更有效率的方法可以避免額外儲存空間的需求，用以實現這個概念 (但本章不介紹)。

12.4　電腦演算題

1. 用 MATLAB 的 `svd` 指令，求下列矩陣的最佳秩 1 近似。

(a) $\begin{bmatrix} 1 & 2 \\ 2 & 3 \end{bmatrix}$　(b) $\begin{bmatrix} 1 & 4 \\ 2 & 3 \end{bmatrix}$　(c) $\begin{bmatrix} 1 & 2 & 4 \\ 1 & 3 & 3 \\ 0 & 0 & 1 \end{bmatrix}$　(d) $\begin{bmatrix} 1 & 5 & 3 \\ 2 & -3 & 2 \\ -3 & 1 & 1 \end{bmatrix}$

2. 求下列矩陣的最佳秩 2 近似。

(a) $\begin{bmatrix} 1 & 2 & 4 \\ 1 & 3 & 3 \\ 0 & 0 & 1 \end{bmatrix}$ (b) $\begin{bmatrix} 2 & -2 & 4 \\ 1 & -1 & 2 \\ -3 & 3 & -6 \end{bmatrix}$ (c) $\begin{bmatrix} 1 & 5 & 3 \\ 2 & -3 & 2 \\ -3 & 1 & 1 \end{bmatrix}$

3. 求下列向量的最佳最小平方近似直線，以及向量在一維子空間上的投影。

(a) $\begin{bmatrix} 1 \\ 4 \end{bmatrix}, \begin{bmatrix} 1 \\ 5 \end{bmatrix}, \begin{bmatrix} 2 \\ 4 \end{bmatrix}$ (b) $\begin{bmatrix} 2 \\ 0 \end{bmatrix}, \begin{bmatrix} 4 \\ 1 \end{bmatrix}, \begin{bmatrix} 3 \\ 2 \end{bmatrix}$ (c) $\begin{bmatrix} 1 \\ 2 \\ 4 \end{bmatrix}, \begin{bmatrix} 2 \\ 3 \\ 5 \end{bmatrix}, \begin{bmatrix} 2 \\ 1 \\ 6 \end{bmatrix}, \begin{bmatrix} 1 \\ 1 \\ 3 \end{bmatrix}$

4. 求下列 3 維向量的最佳最小平方近似平面，以及向量在子空間上的投影。

(a) $\begin{bmatrix} 1 \\ 2 \\ 4 \end{bmatrix}, \begin{bmatrix} 2 \\ 3 \\ 5 \end{bmatrix}, \begin{bmatrix} 2 \\ 1 \\ 6 \end{bmatrix}, \begin{bmatrix} 1 \\ 1 \\ 3 \end{bmatrix}$ (b) $\begin{bmatrix} 2 \\ 3 \\ 1 \end{bmatrix}, \begin{bmatrix} -1 \\ 4 \\ 0 \end{bmatrix}, \begin{bmatrix} 7 \\ -2 \\ 1 \end{bmatrix}, \begin{bmatrix} 1 \\ 1 \\ 0 \end{bmatrix}$

5. 撰寫一 MATLAB 程式，用 (12.35) 的矩陣來計算矩陣的奇異值。可用稍早前提供的上 Hessenberg 程式碼，以及平移 QR 法來求解特徵值問題。應用你的方法來找出下列矩陣的奇異值：

(a) $\begin{bmatrix} 3 & 0 \\ 4 & 0 \end{bmatrix}$ (b) $\begin{bmatrix} 6 & -2 \\ 8 & \frac{3}{2} \end{bmatrix}$ (c) $\begin{bmatrix} 0 & 1 \\ 0 & 0 \end{bmatrix}$ (d) $\begin{bmatrix} -4 & -12 \\ 12 & 11 \end{bmatrix}$ (e) $\begin{bmatrix} 0 & -2 \\ -1 & 0 \end{bmatrix}$

6. 延續電腦演算題 5，加些程式碼來求矩陣的完整 SVD。

7. 利用電腦演算題 6 所完成的程式碼，求下列矩陣完整的 SVD，然後將你的結果與 MATLAB 的 svd 指令做比較 (你的解答應該與 u_i 和 v_i 一致，最多只差個異號)。

(a) $\begin{bmatrix} 1 & 3 & 0 \\ 4 & 5 & 0 \\ 2 & 5 & 3 \end{bmatrix}$ (b) $\begin{bmatrix} 1 & 0 & 2 & 4 \\ 1 & 1 & 1 & 3 \end{bmatrix}$ (c) $\begin{bmatrix} 0 & 1 & 3 \\ 1 & 3 & 1 \\ 2 & -1 & 3 \\ 0 & 1 & -1 \end{bmatrix}$ (d) $\begin{bmatrix} 0 & 1 & 3 & 1 \\ -1 & 1 & 1 & 0 \\ 0 & 1 & 3 & -1 \\ 2 & -1 & -1 & 2 \end{bmatrix}$

8. 以 MATLAB 的 imread 指令讀取一張照片，用 SVD 做出照片的 8：1、4：1 和 2：1 之壓縮版本。如果照片是彩色的，則每個 RGB 顏色須分開壓縮。

軟體和延伸閱讀

近代的特徵值計算創始於 Wilkinson 的書 [13]，而 QR 演算法和上 Hessenberg 形式則已經在 [14] 中提出。[11, 6, 5] 為其他關於特徵值計算具有影響力的參考，[7, 12] 則為給人啟發的論文。

Lapack [1] 提供了用來簡化矩陣成上 Hessenberg 形式，以及對稱和非對稱的特徵值問題的程式。1960 年代所發展出來的 Eispack package [10] 則是這些程式的前身。Netlib 的 DGEHRD 用 Householder 反映矩陣，將實數矩陣簡化成上 Hessenberg 形式，而 DHSEQR 則應用 QR 演算法，來計算實數上 Hessenberg 矩陣的特徵值與 Schur 形式；NAG 對這兩個計算分別提供 F08NEF 和 F08PEF 程式。而複數矩陣也有類似的程式。

書目 [9, 2] 考慮以現代的方法計算大型特徵值的問題，Cuppen [4] 介紹三對角線對稱特徵值問題的分治法 (divide and conquer method)，Arpack 則是大型稀疏問題的 Arnoldi 迭代法，而 Parpack 則將其推廣到平行處理器。

奇異值分解的演算法包含了 Lapack 的原始版本 DGESVD 和分治法的 DGESDD，後者較適用於大型矩陣。而複數版本也有提供。

CHAPTER *13*

最佳化

數值分析

1953 年所發現的 DNA 之雙螺旋結構，在半個世紀後，引導出幾近完整的人類基因定序；該序列記錄了如何將胺基酸序列折疊成生命活動所需的蛋白質，但將以編碼方式呈現。目前正等待這項資訊的解譯，以引導我們對生理功能更深入的瞭解。蛋白質的主要應用，包括了基因治療 (gene therapy) 和合理的藥物設計 (drug design)，能夠促進疾病的早期預防、診斷和治療。

將胺基酸折疊為機能蛋白，主要是依賴凡得瓦力 (Van der Waals forces)，也就是自由原子間的微小引力與斥力。在原子叢集模型中，以 Lennard-Jones 位能 (Lennard-Jones potential) 來模擬此力量，用來做最低能量組態的研究，將問題帶進最佳化的領域。

在本章最後的實作 13 將應用本章所討論的最佳化 (optimization) 技巧來求解此能量最小化的問題。

最佳化是要找出**實數值函數** (real-valued function) 的最大或最小值，我們稱該函數為**目標函數** (objective function)。因為找出函數 $f(x)$ 的**極大值** (maximum) 就等於找出 $-f(x)$ 的**極小值** (minimum)，所以在發展數值解法時，只需考慮極小化即可。

某些最佳化問題求目標函數極小值，還需滿足數個等式或不等式限制。舉例來說，雖然 x_1 是圖 13.1 裡的函數**整體極小值** (global minimum)，但 x_2 則是在 $x \geq 0$ 限制下的極小值。特別的是，**線性規劃** (linear programming) 領域所探

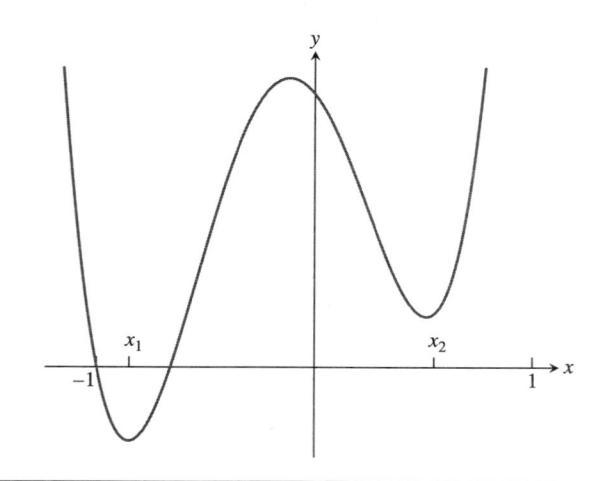

圖 13.1 $f(x) = 5x^4 + 3x^3 - 4x^2 - x + 2$ 的極小化問題 (minimization problem)。無限制極小化問題的解 $\min_x f(x)$ 為 x_1。

討的問題，目標函數與限制條件均為線性。在本章中，我們將維持問題單純化，而只考慮**無限制最佳化** (unconstrained optimization)。

無限制最佳化的解法可分為兩類，取決於是否用到目標函數 $f(x)$ 的導數。對給定的代數函數 $f(x)$，在大多數的情況下可以很容易地用手算或電腦代數來求得導數；如果可能的話應該要用到導數，但是有很多原因使得它有可能不存在，尤其是目標函數可能太複雜、太高維度、或是個不易微分的形式。

13.1 不利用導數的無限制最佳化問題

在本節中，先假設目標函數 $f(x)$ 對任意輸入 x 都可計算函數值，但無法求得導數 $f'(x)$ (如果 f 是多變數函數時，則指偏導數)。我們將討論三個不需利用導數的最佳化解法：**黃金分割搜尋法** (golden section search；GSS)、**連續拋物線插值法** (successive parabolic interpolation；SPI) 以及 **Nelder-Mead 搜尋法** (Nelder-Mead search method)。前兩個方法只能應用在單變數函數 $f(x)$，而 Nelder-Mead 法則可以在多維度中搜尋。

❖ 13.1.1 黃金分割搜尋法

當解區間為已知時，黃金分割搜尋法是求單變數函數 $f(x)$ 極小值的高效率方法。

定義 13.1 我們稱連續函數 $f(x)$ 在區間 $[a, b]$ 中為**單峰** (unimodal)，如果函數在 $[a, b]$ 間剛好有一個相對極小或極大值，且 f 在其他點為**嚴格遞減** (strictly decreasing) 或**嚴格遞增** (strictly increasing)。

在 $[a, b]$ 區間內，單峰函數隨著 x 從 a 移動到 b，或是遞增到相對極大值然後遞減，或是遞減到相對極小值然後遞增。

假設 f 在 $[a, b]$ 間為單峰，且有相對極小值。在區間裡選出兩點 x_1 和 x_2，使得 $a < x_1 < x_2 < b$，比如當 $[a, b] = [0, 1]$，結果將有如圖 13.2 所示；我們將以

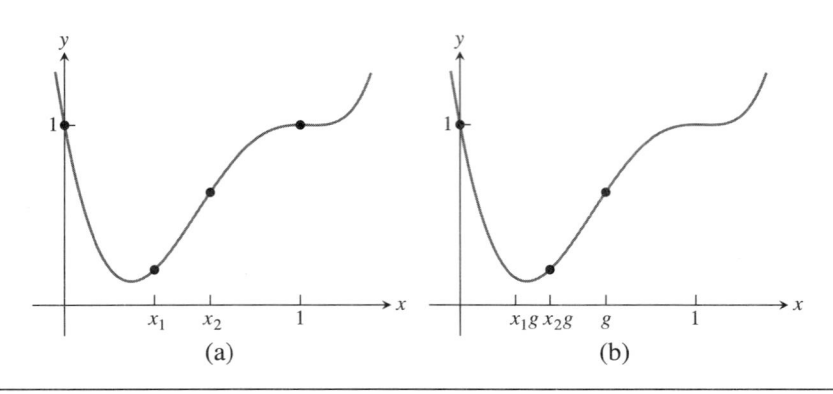

圖 13.2 黃金分割搜尋法。(a) 計算目標函數在目前區間 [0, 1] 內兩點 x_1、x_2 的函數值，如果 $f(x_1) \leq f(x_2)$，則新的區間是 [0, x_2]。(b) 下一步，令 $g = x_2$ 並對 x_1g 和 x_2g 進行相同的比較。

一個新的、較小的，但仍包含相對極小值的區間來代替原始區間。規則如下：如果 $f(x_1) \leq f(x_2)$，則在下一個步驟保留區間 $[a, x_2]$；如果 $f(x_1) > f(x_2)$，保留區間 $[x_1, b]$。

注意，不管在哪一個情況下，新的區間都包含了單峰函數 f 的相對極小值。舉例來說，當 $f(x_1) < f(x_2)$ 時，如圖 13.2，因為單峰的假設，極小值必須在 x_2 的左邊；這是因為 f 在極小值的左邊必須是遞減，因此 $f(x_1) < f(x_2)$ 的意思是 x_2 必須在極小值的右邊。同樣地，$f(x_1) > f(x_2)$ 則意指 $[x_1, b]$ 包含了極小值。因為新區間小於之前的區間 $[a, b]$，便可達到逐步地鎖定極小值，一直重複這個基本步驟，直到包含極小值的區間到達所期望大小。這個方法就如同之前方程式求根的二分法一樣。

接下來我們要討論如何在區間 $[a, b]$ 中挑選 x_1 和 x_2 的位置；每一步的挑選，我們要盡可能用最少的運算達到減少區間長度的最大可能。圖 13.3 說明了在區間 $[a, b] = [0, 1]$ 內的處理方式，這有兩個準則可用來挑選 x_1 和 x_2：(a) 讓它們在區間內對稱 (因為我們不知道極小值是在區間的哪一邊)，(b) 選擇方式使得無論選哪一個區間做為新的區間，x_1 和 x_2 都能夠被用在下一步迭代中；也就是說，可要求 (a) $x_1 = 1 - x_2$ 和 (b) $x_1 = x_2^2$。如圖 13.3 所示，如果新區間為 $[0, x_2]$，準則 (b) 保證原來的 x_1 將會是下個區間的「x_2」；如此，將只需要一個新的函數值計算，也就是 $f(x_1g)$。同樣地，如果新區間是 $[x_1, 1]$，則 x_2

最佳化

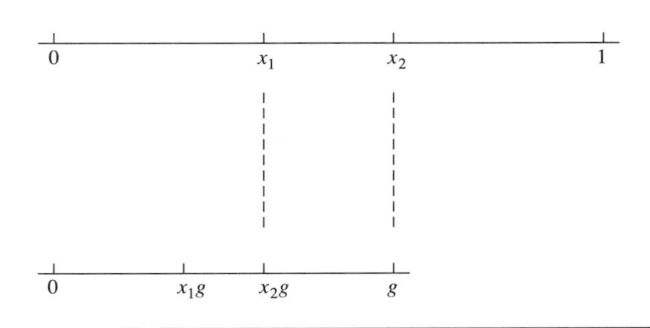

```
0                    x₁       x₂              1


0           x₁g     x₂g       g
```

圖 13.3 黃金分割搜尋法的比例選取。上面的線段與底下的線段比例為 $1/g = (1+\sqrt{5})/2$，即所謂黃金分割率。x_1 和 x_2 的選擇是經過精確計算的，目的是，無論新區間是 $[0, x_2]$ 還是 $[x_1, 1]$，其中一點在下一步會重複選為內點，每步即可減少一個新的目標函數值計算。

將會變成新的「x_1」。這樣重複利用已計算的函數值，在第一步挑選後，每回挑選就只需要一個目標函數值計算。

準則 (a) 和 (b) 同時成立意味著 $x_2^2 + x_2 - 1 = 0$，這個二次方程式的正數解是 $x_2 = g = (\sqrt{5} - 1)/2$。要開始進行這個方法，必須先知道目標函數 f 在 $[a, b]$ 區間內是單峰，且 f 要在**內點** (interior point) x_1 和 x_2 計算函數值，其中 $a < x_1 = a + (1-g)(b-a) < x_2 = a + g(b-a) < b$。注意 x_1 和 x_2 剛好設定在 a 和 b 之間的 $1-g$ 和 g。如前面所說的方法來選取新的區間，然後重複這個基本步驟，新的區間長度是前一個區間的 g 倍，所以在 k 步驟之後，所得區間的長度為 $g^k(b-a)$；最終區間的中點和正確解誤差不超過最終區間長度一半，即 $(g^k(b-a)/2)$。到此我們已經完成了以下定理的證明：

定理 13.2 黃金分割搜尋法以初始區間 $[a, b]$ 經過 k 步迭代後，最終區間的中點與極小值之誤差不大於 $g^k(b-a)/2$，其中 $g = (\sqrt{5}-1)/2 \approx 0.618$。

黃金分割搜尋法

輸入在 $[a, b]$ 中有極小值的單峰函數 f

當 $i = 1, 2, 3, \ldots$
$\quad g = (\sqrt{5} - 1)/2$
 如果 $f(a + (1 - g)(b - a)) < f(a + g(b - a))$
$\quad b = a + g(b - a)$
 否則
$\quad a = a + (1 - g)(b - a)$
 終止
終止

最終區間 $[a, b]$ 包含極小值。

> **聚焦　收斂性**
>
> 根據定理 13.2，黃金分割搜尋法以線性收斂速率 $g = 0.618$ 收斂到極小值。有趣的是，這個方法和第 1 章求根法中的二分法有許多相似之處。雖然它們所解的是不同的問題，且都是整體收斂 (global convergence)，也就是如果以對的條件開始的話 (黃金分割搜尋法要求 $[a, b]$ 中為單峰，而二分法要求 $f(a)f(b) < 0$)，兩者都保證收斂到解，且都不需使用導數。二者在每步迭代都需要一次函數計算，也都是線性收斂，但二分法稍微快些，其線性收斂速率 $K = 0.5 < g = 0.618$。它們都屬於「慢而穩」解法的有用類型。

和剛剛所介紹的一樣，黃金分割搜尋法的程式碼在第一次迭代後每步只需要一個函數值計算。

```
% 程式 13.1 黃金分割搜尋法求 f(x) 的極小值
% 初始條件為 [a,b] 間有極小值的單峰函數 f(x)
% 輸入：行內函式 f，區間 [a,b]，迭代數 k
% 輸出：極小值的近似解 y
function y=gss(f,a,b,k)
g=(sqrt(5)-1)/2;
x1 = a+(1-g)*(b-a);
x2 = a+g*(b-a);
f1=f(x1);f2=f(x2);
for i=1:k
```

```
   if f1 < f2                % 如果 f(x1) < f(x2),將 b 換成 x2
     b=x2; x2=x1; x1=a+(1-g)*(b-a);
     f2=f1; f1=f(x1);        % 一次函數值計算
   else                      % 否則,將 a 換成 x1
     a=x1; x1=x2; x2=a+g*(b-a);
     f1=f2; f2=f(x2);        % 一次函數值計算
   end
end
y=(a+b)/2;
```

範例 13.1

用黃金分割搜尋法求 $f(x) = x^6 - 11x^3 + 17x^2 - 7x + 1$ 在區間 [0, 1] 間的極小值。

圖 13.2 說明了求解的前兩步迭代,在第一步迭代中,$x_1 = 1-g$ 及 $x_2 = g$,其中 $g = (\sqrt{5}-1)/2$。因為 $f(x_1) < f(x_2)$,將區間 [0, 1] 取代為 [0, g];新的 x_1、x_2 分別為前次迭代的的 $x_1 g$、$x_2 g$。在第二步迭代中,同樣 $f(x_1) < f(x_2)$,因此區間 [0, g] 被取代為 [0, x_2]。前 15 步迭代結果列於下表:

迭代步數	a	x_1	x_2	b
0	0.0000	0.3820	0.6180	1.0000
1	0.0000	0.2361	0.3820	0.6180
2	0.0000	0.1459	0.2361	0.3820
3	0.1459	0.2361	0.2918	0.3820
4	0.2361	0.2918	0.3262	0.3820
5	0.2361	0.2705	0.2918	0.3262
6	0.2705	0.2918	0.3050	0.3262
7	0.2705	0.2837	0.2918	0.3050
8	0.2705	0.2786	0.2837	0.2918
9	0.2786	0.2837	0.2868	0.2918
10	0.2786	0.2817	0.2837	0.2868
11	0.2817	0.2837	0.2849	0.2868
12	0.2817	0.2829	0.2837	0.2849
13	0.2829	0.2837	0.2841	0.2849
14	0.2829	0.2834	0.2837	0.2841
15	0.2834	0.2837	0.2838	0.2841

經過 15 步迭代,我們可得極小值介於 0.2834 和 0.2838 之間。

❖ 13.1.2 連續拋物線插值法

在黃金分割搜尋法中,計算 $f(x_1)$ 和 $f(x_2)$ 函數值只用在比較大小,並沒有其他用途;不論其中一個大多少,只是決定下一步怎麼進行。在本小節中,我們將描述一個較不浪費所得函數值的新方法;可利用它們來建立函數 f 的局部模型 (local model)。

我們所選擇的局部模型是拋物線,按第 3 章所學,三點可決定唯一的拋物線。如圖 13.4,我們以極小值附近的三個點 r、s、t 開始,在這三點計算目標函數 f 的值,然後畫出經過它們的拋物線。計算**均差** (divided difference) 得

$$\begin{array}{c|cc} r & f(r) & \\ & & d_1 \\ s & f(s) & \quad d_3 \\ & & d_2 \\ t & f(t) & \end{array}$$

其中 $d_1 = (f(s) - f(r))/(s - r)$、$d_2 = (f(t) - f(s))/(t - s)$ 以及 $d_3 = (d_2 - d_1)/(t - r)$。因此,我們可得拋物線為

$$P(x) = f(r) + d_1(x - r) + d_3(x - r)(x - s). \tag{13.1}$$

令 $P(x)$ 的導數為 0 來找出拋物線的極小值,可得極小值公式

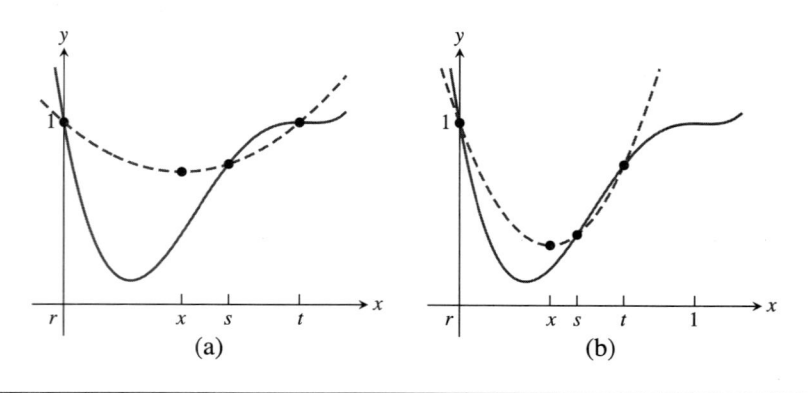

圖 13.4 連續拋物線插值法。(a) 拋物線通過目前的 r、s、t 三點,而拋物線的極小值 x 將用來取代目前的 s。(b) 以新的 r、s、t 重複迭代步驟。

最佳化

$$x = \frac{r+s}{2} - \frac{(f(s)-f(r))(t-r)(t-s)}{2[(s-r)(f(t)-f(s))-(f(s)-f(r))(t-s)]} \quad (13.2)$$

用來當作 f 之極小值的近似值。在連續拋物線插值法 (SPI) 裡，新的 x 可代替 r、s、t 中最後求出或最不理想的那一個，且可重複迭代直到滿足所求。不像黃金分割搜尋法，連續拋物線插值法並不保證收斂，然而，當它收斂時通常會比較快速，因為它能較有智慧地利用函數值所提供的資訊。

連續拋物線插值法

以極小值之近似值 r、s、t 作初始值

對 $i = 1, 2, 3, \ldots$

$$x = \frac{r+s}{2} - \frac{(f(s)-f(r))(t-r)(t-s)}{2[(s-r)(f(t)-f(s))-(f(s)-f(r))(t-s)]}$$

$t = s$
$s = r$
$r = x$

終止

以下的程式碼，以拋物線的極小值取代原本三個點中最後的一個：

```
% 程式 13.2 連續拋物線插值法
% 輸入：行內函式 f，初始猜測 r,s,t，迭代步數 k
% 輸出：極小值近似解 x
function x=spi(f,r,s,t,k)
x(1)=r;x(2)=s;x(3)=t;
fr=f(r);fs=f(s);ft=f(t);
for i=4:k+3
 x(i)=(r+s)/2-(fs-fr)*(t-r)*(t-s)/(2*((s-r)*(ft-fs)-(fs-fr)*(t-s)));
 t=s;s=r;r=x(i);
 ft=fs;fs=fr;fr=f(r);              % 一次函數值計算
end
```

範例 13.2

用連續拋物線插值法求 $f(x)=x^6-11x^3+17x^2-7x+1$ 在區間 $[0, 1]$ 的極小值。

利用初始猜測點 $r=0$、$s=0.7$、$t=1$，迭代結果如下：

迭代步數	x	$f(x)$
0	1.00000000000000	1.00000000000000
0	0.70000000000000	0.77464900000000
0	0.00000000000000	1.00000000000000
1	0.50000000000000	0.39062500000000
2	0.38589683548538	0.20147287814500
3	0.33175129602524	0.14844165724673
4	0.23735573316721	0.14933737764402
5	0.28526617269372	0.13172660338164
6	0.28516942161639	0.13172426136234
7	0.28374069464218	0.13170646451792
8	0.28364647631123	0.13170639859035
9	0.28364826437569	0.13170639856301
10	0.28364835832962	0.13170639856295
11	0.28364835808377	0.13170639856295
12	0.28364833218729	0.13170639856295

最後我們推得極小值接近 $x_{min}=0.2836483$。注意在 12 步迭代後，我們以較少的函數值計算次數，卻得到遠超過黃金分割搜尋法的準確性。在黃金分割搜尋法中我們只需做函數值的比較，雖然這裡利用到 f 的函數值本身，但卻不需使用到目標函數的導數資訊。

同時也請注意表格的最後幾行，在第 1 章曾經討論過，函數在相對極大值和極小值附近是非常平坦的。因為離 x_{min} 差距不到 10^{-7} 的數產生相同的極小函數值，當利用 IEEE 雙精準度計算時，不論我們持續執行多少步迭代，都不可能超越這個準確度。因為極小值典型出現在函數導數為零的地方，這個難題並非最佳化方法的錯誤，而是浮點運算特有的問題。

從黃金分割搜尋法到連續拋物線插值法的改進，類似於從二分法到割線法與逆二次插值法。建立函數的局部模型，然後假裝它是目標函數來幫助加速收斂。

❖ 13.1.3　Nelder-Mead 搜尋法

對於不只一個變數的函數來說，方法就變得更為精密。Nelder-Mead 搜尋法嘗試將一個多面體向下坡轉動到最低可能的地方；基於這個理由，它也稱為**下坡單體法** (downhill simplex method)，它同樣不需用到目標函數的導數資訊。

假設需求 n 變數函數 f 的極小值，這個方法開始於 $n+1$ 個初始猜測向量 $x_1, ..., x_{n+1}$，這些向量屬於 R^n 可共同組成一個 **n 維單體** (n-dimensional simplex) 的頂點。例如，如果 $n=2$，那麼三個初始猜測則形成平面上三角形的頂點。

單體的頂點經比較後，依其函數值以遞增排列 $y_1 < y_2 < \cdots < y_{n+1} = y_h$。單體向量 $x_h = x_{n+1}$ 是最不理想的，將其依據圖 13.5 中的流程圖進行取代作業。首先我們定義不含 x_h 的單體表面之**形心** (centroid) $\bar{x}$，然後如圖 13.5(a) 所示，

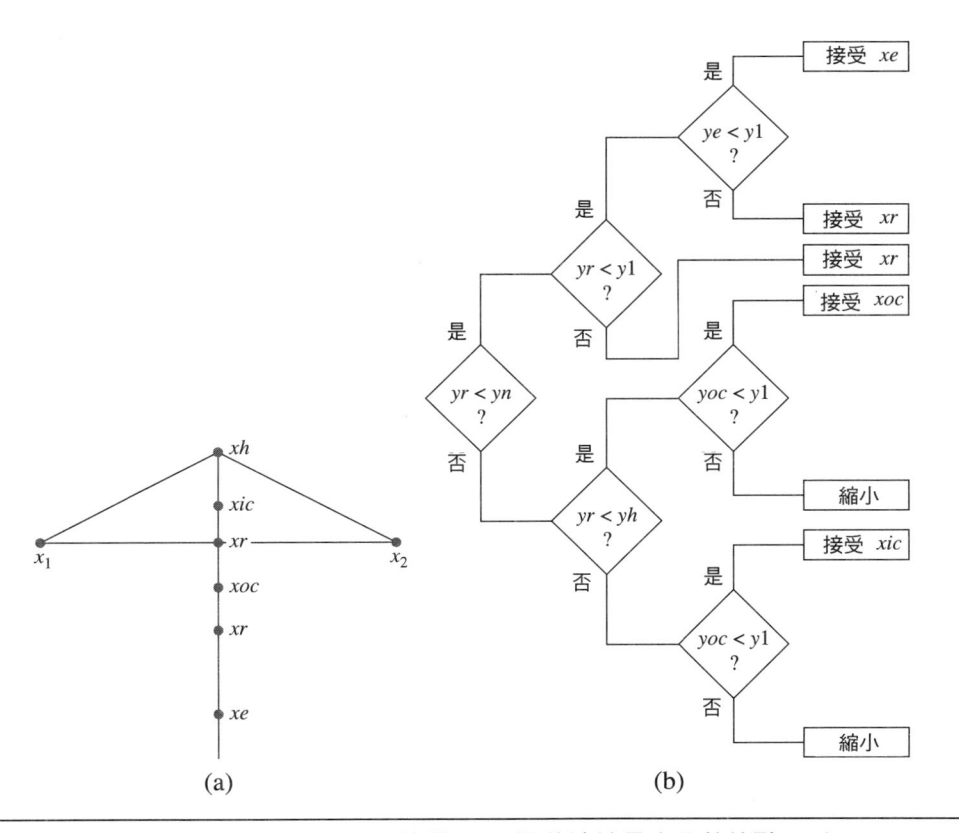

圖 13.5　Nelder-Mead 搜尋。 (a) 沿著連接最高函數值點 x_h 和形心 $\bar{x}$ 的線上點進行測試。(b) 說明一步迭代過程的流程圖。

測試**反射點** (reflection point) $x_r = 2\bar{x} - x_h$ 的函數值 $y_r = f(x_r)$。如果新的函數值 y_r 滿足 $y_1 < y_r < y_n$，我們就以 x_r 取代最差的 x_n，把這些頂點再以函數值做升冪排序，然後重複此迭代過程。

如果 y_r 較目前的極小值 y_1 更小，便以**外插法** (extrapolation) 來做嘗試，令 $x_e = 3\bar{x} - 2x_h$，看看我們是否應該更進一步朝這個方向移動，並留下 x_e 和 x_r 中較好的一個。另一方面來說，如果 y_r 大於 y_n (目前的極大值，當 x_{n+1} 被忽略時)，就需要進一步測試，或在**外收縮點** (outside contraction point) $x_{oc} = 1.5\bar{x} - 0.5x_h$，或在**內收縮點** (inside contraction point) $x_{ic} = 0.5\bar{x} - 0.5x_h$ 均可；如果無法在其中之一得到改善，則表示利用分支方式並沒有進展，這個方法應該在更局部的地方找最佳解。這個方法在進行到下步迭代前，是以目前極小值 x_1 的方向，用 2 的倍數來縮小單體。下面是程式碼，需在變數 x(1), x(2), …, x(n) 中定義行內函數 f。

```
% 程式 13.3 Nelder-Mead 搜尋法
% 輸入：行內函式 f, 最佳猜測解 xbar(行向量),
%       初始搜尋半徑 rad 和迭代步數 k
% 輸出：矩陣 x 其行向量為單體頂點, 該些頂點的函數值 y
function [x,y]=neldermead(f,xbar,rad,k)
n=length(xbar);
x(:,1)=xbar;              % x 的每個行向量代表單體頂點
x(:,2:n+1)=xbar*ones(1,n)+rad*eye(n,n);
for j=1:n+1
  y(j)=f(x(:,j));         % 計算目標函數在頂點的函數值
end
[y,r]=sort(y);            % 將函數值依遞增排列
x=x(:,r);                 % 並將頂點用相同排序
for i=1:k
  xbar=mean(x(:,1:n)')';  % xbar 為去掉最糟的頂點 xh
  xh=x(:,n+1);            % 之表面的形心
  xr = 2*xbar - xh; yr = f(xr);
  if yr < y(n)
    if yr < y(1)          % 測試展式 xe
      xe = 3*xbar - 2*xh; ye = f(xe);
      if ye < yr          % 接受展式
        x(:,n+1) = xe; y(n+1) = f(xe);
      else                % 接受反射點
        x(:,n+1) = xr; y(n+1) = f(xr);
      end
```

```
      else                  % xr 介於中間,接受反射點
        x(:,n+1) = xr; y(n+1) = f(xr);
      end
    else                    % xr 仍是最糟的頂點時,收縮
      if yr < y(n+1)        % 嘗試外收縮點 xoc
        xoc = 1.5*xbar - 0.5*xh; yoc = f(xoc);
        if yoc < yr         % 接受外收縮點
          x(:,n+1) = xoc; y(n+1) = f(xoc);
        else                % 使單體向最佳點縮小
          for j=2:n+1
            x(:,j) = 0.5*x(:,1)+0.5*x(:,j); y(j) = f(x(:,j));
          end
        end
      else                  % xr 比先前的最糟點還糟時
        xic = 0.5*xbar+0.5*xh; yic = f(xic);
        if yic < y(n+1) % 接受內收縮點
          x(:,n+1) = xic; y(n+1) = f(xic);
        else                % 使單體向最佳點縮小
          for j=2:n+1
            x(:,j) = 0.5*x(:,1)+0.5*x(:,j); y(j) = f(x(:,j));
          end
        end
      end
    end
    [y,r] = sort(y);        % 重新排列目標函數值
    x=x(:,r);               %   並將頂點用相同排序
end
```

這個程式碼是按圖 13.5(b) 流程圖來執行,且要求使用者輸入迭代步數上限,但在電腦演算題 8 則要求讀者以**停止準則** (stopping criterion) 來重寫這個程式碼,停止準則是以使用者設定的**誤差容忍值** (error tolerance) 為基礎。一個常見的停止準則是同時要求單體降低大小直到一個微小的容忍值內,以及頂點函數值的最大延伸範圍在一個小的容忍值內。執行 Nelder-Mead 法的指令是 fminsearch。

13.1 習題

1. 證明下列函數在某個區間內為單峰,並找出絕對極小值及其發生點之 x 值。

   (a) $f(x) = e^x + e^{-x}$ (b) $f(x) = x^6$ (c) $f(x) = 2x^4 + x$ (d) $f(x) = x - \ln x$

2. 找出下列函數在指定區間內的絕對極小值及其發生點之 x 值。
   (a) $f(x) = \cos x$，$[3, 4]$ (b) $f(x) = 2x^3 + 3x^2 - 12x + 3$，$[0, 2]$
   (c) $f(x) = x^3 + 6x^2 + 5$，$[-5, 5]$ (d) $f(x) = 2x + e^{-x}$，$[-5, 5]$

13.1 電腦演算題

1. 畫出函數 $y = f(x)$，針對 f 每個相對極小值附近的單峰找出一個長度為 1 的起始區間，然後應用黃金分割搜尋法，求函數的每個相對極小值，直到 5 位正確位數。
   (a) $f(x) = 2x^4 + 3x^2 - 4x + 5$
   (b) $f(x) = 3x^4 + 4x^3 - 12x^2 + 5$
   (c) $f(x) = x^6 + 3x^4 - 2x^3 + x^2 - x - 7$
   (d) $f(x) = x^6 + 3x^4 - 12x^3 + x^2 - x - 7$

2. 對電腦演算題 1 的函數，應用連續拋物線插值法，求函數的所有相對極小值，直到 5 位正確位數。

3. 用兩種不同的方法找出雙曲線 $y = 1/x$ 上最接近點 $(2, 3)$ 的點：(a) 用牛頓法找出臨界點 (critical point)。(b) 用黃金分割搜尋法應用在圓錐曲線上的點和 $(2, 3)$ 之間的距離平方。

4. 找出在橢圓 $4x^2 + 9y^2 = 4$ 上離 $(1, 5)$ 最遠的點，利用電腦演算題 3 的方法 (a) 和 (b)。

5. 用 Nelder-Mead 法，找出 $f(x, y) = e^{-x^2 y^2} + (x-1)^2 + (y-1)^2$ 的極小值。嘗試不同的初始條件，並比較解答。利用該方法，你能求得幾位正確？

6. 用 Nelder-Mead 法，求下列函數的極小值到 6 位小數正確 (每個函數有兩個極小值)：
   (a) $f(x, y) = x^4 + y^4 + 2x^2 y^2 + 6xy - 4x - 4y + 1$
   (b) $f(x, y) = x^6 + y^6 + 3x^2 y^2 - x^2 - y^2 - 2xy$

7. 用 Nelder-Mead 法，找出 Rosenbrock 函數 $f(x, y) = 100(y - x^2)^2 + (x - 1)^2$ 的極小值。

8. 改寫程式 13.3，以使用者指定的誤差容忍值作為 Nelder-Mead 法的停止準

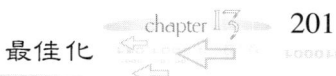

則。找出電腦演算題 6 中函數的極小值到 6 位小數正確,來展示你的程式。

13.2 用導數的無限制最佳化

導數包含了關於函數增加和減少之速率的資訊,至於有偏導數時,它尚包含了最快增加和減少的方向。如果目標函數有了這些資訊,就能更有效率地找出最佳解。

❖ 13.2.1 牛頓法

如果函數**連續可微** (continuously differentiable),而且能計算出導數,那麼最佳化問題就能表示成求根問題。我們將從一維開始,因為它的轉換是最簡單的。

對連續可微的函數 $f(x)$ 來說,在極小值 x^* 上的一階導數必定為零,這可以用第 1 章的方法來求解所得的方程式 $f'(x)=0$。如果目標函數為單峰,且在區間內有一極小值,那麼用牛頓法與一個接近極小值 x^* 的初始推測,結果會收斂到 x^*。以牛頓法應用在求 $f'(x)=0$ 的迭代式為

$$x_{k+1} = x_k - \frac{f'(x_k)}{f''(x_k)}. \tag{13.3}$$

當牛頓法 (13.3) 求得滿足 $f'(x)=0$ 的點時,一般來說這些點並不一定會是極小值。重要的是初始猜測要和最佳解足夠接近,一旦找到時,要確認這些點是否滿足最佳化。

若以這個方法來求函數 $f(x_1, ..., x_n)$ 的最佳化,必須使用多變數牛頓法。和一維範例相同,我們將令導數為零然後求解,可得

$$\nabla f = 0, \tag{13.4}$$

其中

$$\nabla f = \left[\frac{\partial f}{\partial x_1}(x_1, \ldots, x_n), \ldots, \frac{\partial f}{\partial x_n}(x_1, \ldots, x_n)\right]$$

表示 f 的**梯度** (gradient)。

可用第 2 章求解向量值函數的牛頓法來解 (13.4)，令 $F(x) = \nabla f(x)$，由牛頓法可得迭代式 $x_{k+1} = x_k + v$，其中 v 是 $DF(x_k)v = -F(x_k)$ 的解。梯度的 Jacobian 矩陣 DF 為

$$H_f = DF = \begin{bmatrix} \frac{\partial^2 f}{\partial x_1 \partial x_1} & \cdots & \frac{\partial^2 f}{\partial x_1 \partial x_n} \\ \vdots & & \vdots \\ \frac{\partial^2 f}{\partial x_n \partial x_1} & \cdots & \frac{\partial^2 f}{\partial x_n \partial x_n} \end{bmatrix}, \tag{13.5}$$

這稱為 f 的 **Hessian 方陣** (Hessian matrix)。因此牛頓法迭代式為

$$\begin{cases} H_f(x_k)v = -\nabla f(x_k) \\ x_{k+1} = x_k + v \end{cases}. \tag{13.6}$$

範例 13.3

用牛頓法找出函數 $f(x, y) = 5x^4 + 4x^2y - xy^3 + 4y^4 - x$ 最小值的位置。

函數如圖 13.6 所示，梯度為 $\nabla f = (20x^3 + 8xy - y^3 - 1, 4x^2 - 3xy^2 + 16y^3)$，且 Hessian 方陣為

$$H_f(x, y) = \begin{bmatrix} 60x^2 + 8y & 8x - 3y^2 \\ 8x - 3y^2 & -6xy + 48y^2 \end{bmatrix}.$$

以牛頓法 (13.6) 式所得 10 步迭代結果：

迭代步數	x	y	$f(x, y)$
0	1.00000000000000	1.00000000000000	11.00000000000000
1	0.64429530201342	0.63758389261745	1.77001867827422
2	0.43064034542956	0.39233298702231	0.10112006537534
3	0.33877971433352	0.19857714160717	−0.17818585977225
4	0.50009733696780	−0.44771929519763	−0.42964065053918
5	0.49737350571430	−0.37972645728644	−0.45673719664708
6	0.49255000651877	−0.36497753746514	−0.45752009007757
7	0.49230831759106	−0.36428704569173	−0.45752162262701
8	0.49230778672681	−0.36428555993321	−0.45752162263407
9	0.49230778672434	−0.36428555992634	−0.45752162263407
10	0.49230778672434	−0.36428555992634	−0.45752162263407

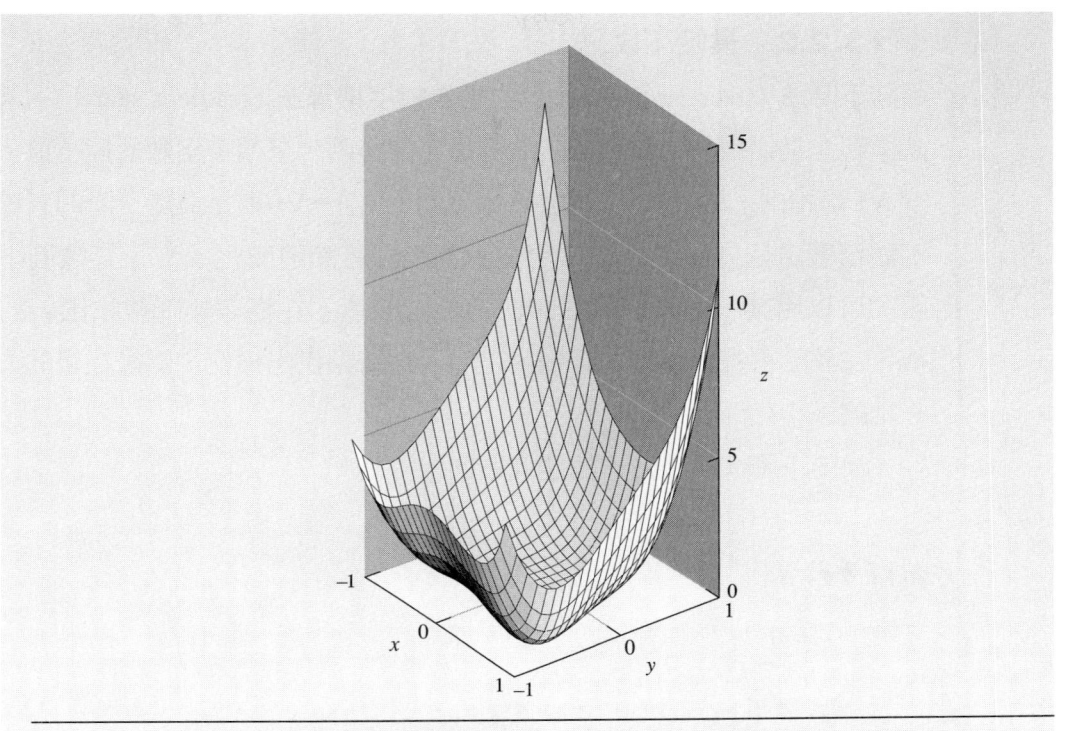

圖 13.6 二維函數的曲面繪圖。$z = 5x^4 + 4x^2y - xy^3 + 4y^4 - x$ 的圖形，以牛頓法所得最小值發生位置約在 (0.4923, −0.3643)。

牛頓法在電腦準確度下收斂到接近 −0.4575 的極小值。注意，用牛頓法極小化的另一個特性：不同於一維的連續拋物線插值法，所得解已經達到機器準確度。原因是我們不再使用目標函數，而是將問題視為僅是與梯度有關的求根問題。因為 ∇f 在最佳化問題中為單根，所以要取得接近機器常數的誤差並不難。

◆

　　如果有辦法計算出 Hessian 方陣，通常會選擇使用牛頓法。在二維問題中，一般都能夠取得 Hessian。對於高維度 n 下，在每個點計算梯度 (n 維向量) 通常是可行的，但 $n \times n$ Hessian 方陣的建構卻不可行。下面兩個方法通常比牛頓法慢，但只要求在一些點計算梯度即可。

❖ 13.2.2 最陡下降法

最陡下降法 (steepest descent)，也稱為**梯度搜尋法** (gradient search)，所蘊含的基本觀念是從目前的點往最陡的下降方向移動，來搜尋函數的極小值。因為梯度 ∇f 是指向 f 的最陡上升方向，所以反方向 $-\nabla f$ 則是最陡下降的直線。我們應該沿著這個方向走多遠？現在我們已經將問題簡化成沿一直線最小化的問題，可以用某一個一維解法來決定要走多遠。在沿著陡降線找出新的極小值後，在該點重複上述程序；也就是說，在新點找出梯度，然後在新的方向處理一維的極小化問題。

最陡下降演算法是一個迭代迴圈。

最陡下降法

對 $i = 0, 1, 2, \ldots$
  $v = \nabla f(x_i)$
  求極小化 $f(x - sv)$ 之純量 $s = s^*$
  $x_{i+1} = x_i - s^* v$
終止

接下來我們改以最陡下降法計算範例 13.3 的目標函數。

範例 13.4

用最陡下降法找出函數 $f(x, y) = 5x^4 + 4x^2 y - xy^3 + 4y^4 - x$ 最小值的位置。

我們按照前述的步驟，用連續拋物線插值法做為一維的極小化解法，迭代 25 步所得結果如下：

迭代步數	x	y	$f(x, y)$
0	1.00000000000000	−1.00000000000000	11.00000000000000
5	0.40314579518113	−0.27992088271756	−0.41964888830651
10	0.49196895085112	−0.36216404374206	−0.45750680523754
15	0.49228284433776	−0.36426635686172	−0.45752161934016
20	0.49230786417532	−0.36428539567277	−0.45752162263389
25	0.49230778262142	−0.36428556578033	−0.45752162263407

收斂較牛頓法慢，但這是有原因的；牛頓法利用一階和二階導數 (包括了 Hessian 方陣) 來解方程式，而最陡下降法實際上只需利用一階導數便可沿著下坡方向求極小值。

❖ 13.2.3　共軛梯度搜尋法

在第 2 章中，**共軛梯度法** (conjugate gradient method) 被用來求解對稱正定矩陣方程式。現在我們將以不同方向的觀點來回到這個方法。

當 A 為對稱及正定矩陣時，求解 $Ax=b$ 等價於找出**拋物面** (paraboloid) 的極小值。舉例來說，在二維系統中，線性系統的解

$$\begin{bmatrix} a & b \\ b & c \end{bmatrix} \begin{bmatrix} x_1 \\ x_2 \end{bmatrix} = \begin{bmatrix} e \\ f \end{bmatrix} \tag{13.7}$$

為下列拋物面的極小值

$$f(x_1, x_2) = \frac{1}{2}ax_1^2 + bx_1x_2 + \frac{1}{2}cx_2^2 - ex_1 - fx_2. \tag{13.8}$$

原因是 f 的梯度為

$$\nabla f = [ax_1 + bx_2 - e, bx_1 + cx_2 - f].$$

極小值位置的梯度等於零，這提供了前面的矩陣方程式。正定則表示拋物面為上凹 (concave up)。

這裡主要的觀察是線性系統 (13.7) 式的**餘向量** (residual) $r = b - Ax$ 為 $-\nabla f(x)$，也就是函數 f 在 x 點的最陡下降方向。假設我們已經選定了搜尋方向，以向量 d 來表示；沿著該方向極小化 (13.8) 式的 f 值，就是找出 α 使得函數 $h(\alpha) = f(x + \alpha d)$ 極小化。我們將令導數為零來找出極小值：

$$\begin{aligned} 0 &= \nabla f \cdot d \\ &= (A(x + \alpha d) - (e, f)^T) \cdot d \\ &= (\alpha A d - r)^T d. \end{aligned}$$

這可推得

$$\alpha = \frac{r^T d}{d^T A d} = \frac{r^T r}{d^T A d},$$

其中,最後的等式是根據共軛梯度法的定理 2.13。

我們由此計算所得的結論是,可選用共軛梯度法來求解拋物面的極小值,但需替換

$$r_i = -\nabla f$$

且

$$\alpha_i = \text{滿足極小化 } f(x_{i-1} + \alpha d_{i-1}) \text{ 的 } \alpha$$

事實上,就這方面看來,我們已經完全以 f 來表示共軛梯度法。不提矩陣 A,對一般的 f 可用此形式來執行演算法。接近 f 有拋物線形狀的區域時,這個方法將非常快速朝向底部移動。新的演算法步驟如下:

共軛梯度搜尋法

令 x_0 為初始猜測,且令 $d_0 = r_0 = -\nabla f$
對 $i = 1, 2, 3, \ldots$,$\alpha_i = $ 滿足極小化 $f(x_{i-1} + \alpha d_{i-1})$ 的 α
$\quad x_i = x_{i-1} + \alpha_i d_{i-1}$
$\quad r_i = -\nabla f(x_i)$
$\quad \beta_i = \dfrac{r_i^T r_i}{r_{i-1}^T r_{i-1}}$
$\quad d_i = r_i + \beta_i d_{i-1}$
終止

我們將在一個熟悉的範例中嘗試這個新方法。

範例 13.5

用共軛梯度搜尋法,找出函數 $f(x, y) = 5x^4 + 4x^2y - xy^3 + 4y^4 - x$ 的極小值位置。

我們按照前述的步驟,用連續拋物線插值法做為一維的極小化解法,迭代 20 步所得結果如下:

迭代步數	x	y	$f(x, y)$
0	1.00000000000000	1.00000000000000	11.00000000000000
5	0.46038657599935	−0.38316114029860	−0.44849953420621
10	0.49048892807181	−0.36106561127830	−0.45748477171484
15	0.49243714956128	−0.36421661473526	−0.45752147604312
20	0.49231477751583	−0.36429817275371	−0.45752162206984

無限制最佳化的主題是非常廣泛的，本章所討論的方法僅是冰山一角。就像連續拋物線插值法，或是共軛梯度搜尋法所做的一樣，**信賴區域法** (trust region method) 為局部模型，但是只允許它們在指定範圍內，以逐漸縮小搜尋的方式進行。**最佳化工具箱** (optimization toolbox) 的 `fminunc` 副函式是信賴區域法的例子。**模擬退火法** (simulated annealing) 是一個隨機方法，嘗試以較低的目標函數計算，但會接受一個很小的正機率之向上步驟，以避免收斂到一個非最佳的局部極小值。**泛型演算法** (generic algorithm) 和一般目的的**漸進式計算** (evolutionary computation)，是最佳化的嶄新方法，而且仍然被積極地探索中。

限制最佳化 (constrained optimization) 的目標是，對具有一組限制條件的目標函數做極小化。這些問題最常見的就是線性規劃；雖然近來出現一些以**內點法** (interior point method) 為基礎，新的、也通常更快的演算法，但是自從 20 世紀中發展**單體法** (simplex method) 後，便常被用來求解線性規劃問題。**二次規劃** (quadratic programming) 和**非線性規劃** (nonlinear programming) 問題則要求更精密的方法。查閱參考資料以進入此領域。

◆

13.2 電腦演算題

1. 以牛頓法求 $f(x, y) = e^{-x^2 y^2} + (x - 1)^2 + (y - 1)^2$ 的極小值。試用不同的初始條件，並比較所得結果。以此方法可以得到幾位正確位數？

2. 以牛頓法求下列函數的極小值到 6 位小數正確 (每個函數有兩個極小值)：
   (a) $f(x, y) = x^4 + y^4 + 2x^2 y^2 + 6xy - 4x - 4y + 1$
   (b) $f(x, y) = x^6 + y^6 + 3x^2 y^2 - x^2 - y^2 - 2xy$

3. 以 (a) 牛頓法和 (b) 最陡下降法，求 Rosenbrock 函數 $f(x, y) = 100(y - x^2)^2 + (x - 1)^2$ 的極小值。用 (2, 2) 為初始猜測。經過幾步迭代後所得解會停止改善？解釋所達準確度的不同。

4. 用最陡下降法求電腦演算題 2 的函數極小值。

5. 用共軛梯度搜尋法求電腦演算題 2 的函數極小值。

6. 以共軛梯度搜尋法求下列函數的極小值到 5 位小數正確 (每個函數有兩個極小值)：
   (a) $f(x, y) = x^4 + 2y^4 + 3x^2y^2 + 6x^2y - 3xy^2 + 4x - 2y$
   (a) $f(x, y) = x^6 + x^2y^4 + y^6 + 3x + 2y$

實作 13　分子構造和數值最佳化

蛋白質的功能依照它的形式而定：球形和皺摺的分子形狀使得鍊結和團聯共同決定了它的角色。控制胺基酸成為蛋白質**構造** (conformation) 與折疊的力量，來自於原子相互間的束縛力，以及弱化自由原子間的分子相互作用，例如靜電與凡得瓦力 (van der waals force)；對於蛋白質等緊密堆集的分子來說，後者特別重要。

目前有個方法是透過找出整個胺基酸結構的最小位能來預測蛋白質構造。可以用 Lennard-Jones 位勢能 (Lennard-Jones potential) 來模擬凡得瓦力

$$U(r) = \frac{1}{r^{12}} - \frac{2}{r^6},$$

其中 r 代表兩個原子間的距離。圖 13.7 清楚地說明了以此位能所定義的能量，當距離 $r > 1$ 時為吸引力 (attractive force)，但當原子嘗試接近 $r = 1$ 時，便會轉成強烈的排斥力 (repulsive force)。對在位置 $(x_1, y_1, z_1), ..., (x_n, y_n, z_n)$ 上的原子叢集，欲極小化的目標函數就是所有兩兩原子對間 Lennard-Jones 位能的總和

$$U = \sum_{i<j} \left(\frac{1}{r_{ij}^{12}} - \frac{2}{r_{ij}^6} \right)$$

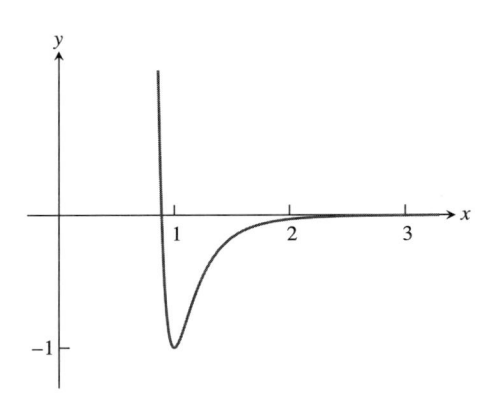

圖 13.7 Lennard-Jones 位能 $U(r) = \frac{1}{r^{12}} - \frac{2}{r^6}$。在 $r=1$ 時有能量極小值 -1。

其中

$$r_{ij} = \sqrt{(x_i - x_j)^2 + (y_i - y_j)^2 + (z_i - z_j)^2}$$

表示原子 i 和 j 間的距離。在此最佳化問題中的變數為原子的**矩形座標** (rectangular coordinates) 位置。另外也需要考慮平移對稱和旋轉對稱：如果原子叢集沿直線移動或旋轉，總能量並不會改變。要處理這樣的對稱，為了限制可能的結構，我們將第一個原子固定在原點 $v_1=(0, 0, 0)$，然後將第二個原子放在 z 軸的 $v_2=(0, 0, z_2)$，剩下的位置變數 $(x_3, y_3, z_3), ..., (x_n, y_n, z_n)$，則依使位能 U 最小化的結構位置來安排。

有了圖 13.7 的幫助，要將 4 個或更少的原子安排位置以得最低可能的 Lennard-Jones 位勢能就變得簡單許多。注意，單一位能在 $r=1$ 時有極小值 -1；因此，兩個原子可以擺在恰好相距一個單位長度的位置，使得能量也正好在波谷底部；三個原子則可擺成相同邊長的三角形，而第 4 個原子可以擺在與三個頂點相同距離的位置，例如在三角形上方，形成一個**等邊四面體** (equilateral tetrahedron)。$n=2$、3 和 4 的總能量 U，是 -1 乘上互相作用個數，即分別為 -1、-3 和 -6。

可是第 5 個原子的位置並非如此顯而易見。由於不存在與 $n=4$ 的四面體頂點都等距的點，因此需要一個新的技術，也就是數值最佳化。

建議活動：

1. 編寫一個可以傳回位能的函式檔，應用 Nelder-Mead 法找出 $n=5$ 的最小能量。多嘗試幾個初始猜測，直到你確信已經找出絕對極小值。需要多少個迭代步數？

2. 用指令 `plot3`，畫出滿足能量極小值架構的 5 個原子所形成的圓，然後以線段連結所有的圓，並檢視符合的分子。

3. 擴展步驟 1 的函式，使其傳回 f 和梯度向量 ∇f。應用梯度下降法，和前面一樣，找出 $n=5$ 時的能量極小值。

4. 如果有 MATLAB 最佳化工具箱，利用 `fminunc` 指令求解，但只代入目標函數 f。

5. 用 `fminunc` 指令求解，但這次代入 f 和 ∇f。

6. 以前述的方法應用於 $n=6$，根據可靠性和效率將方法排序。

7. 找出並畫出較大 n 的能量極小值結構，n 值到數百的 Lennard-Jones 原子叢集能量極小值資訊，在許多網站上都有，所以你可以很容易地檢查所得解。

蛋白質折疊問題，已經成為跨領域最佳化研究的溫床。模擬退火法和威力強大的準牛頓法 (quasi-Newton method)，常被用來預測複雜分子的結構，其具有更真實的分子間作用力模擬。蛋白質資料庫 (Protein Data Bank) http://www.rcsb.org/pdb 是一個很實用的全球性資料庫，收集了關於生物高分子的結構資料，大量的實驗測量原子位置資訊，提供學者進行有關作用力及能量極小化之假設的測試與確認。

軟體和延伸閱讀

最佳化的介紹書目包含有 [1, 7, 5]。[4] 是一本實用導引，包含許多特別為最佳化所設計的套裝軟體的參考資料。[2] 有許多不同類型的測試問題集。西北大學 (Northwestern University) 和阿岡國家實驗室 (Argonne National Lab) 所主持的最佳化科技中心 http://www.ece.northwestern.edu/OTC，則可找到許多可

用軟體的連結。

　　Netlib 的 `opt` 資料夾含有許多免費提供的最佳化程式，包括：`hooke` (不需導數的無限制最佳化，利用 Hooke-Jeeves 演算法)、`praxis` (不需導數的無限制最佳化)、`tn` [利用牛頓法的無限制或**簡單約束** (simple-bound) 最佳化]。Chapman 和 Naylor 的 WNLIB 程式包含了無限制和限制非線性最佳化，它們是以共軛梯度和**共軛方向** (conjugate-directions) 演算法為基礎 (一般的模擬退火法程式也是如此)。

　　最佳化工具箱包含許多求解無限制和限制非線性最佳化問題的程式。TOMLAB 最佳化環境以工具箱為基礎，提供各式各樣的非線性優化工具；它有一個統一的輸出輸入格式，一個可供選擇的使用者介面 (GUI)，以及自動處理導數的功能。在 mathtools.net 的最佳化程式目錄中，則包括許多以其他語言寫出的求解法。

數值分析

附錄 A

矩陣代數

我們從矩陣代數基本定義的簡短複習開始。

A.1 矩陣基礎

向量 (vector) 為一個數的陣列 (array),如

$$u = \begin{bmatrix} u_1 \\ u_2 \\ \vdots \\ u_n \end{bmatrix}.$$

如果此陣列包含了 n 個數,則稱為 **n 維向量** (n-dimensional vector)。我們將前述的垂直排列陣列,稱為**行向量** (column vector),而把水平排列陣列

$$u = [u_1, \ldots, u_n]$$

稱為**列向量** (row vector),以區別二者。$m \times n$ **矩陣** (matrix) 則是 $m \times n$ 陣列,如

$$A = \begin{bmatrix} a_{11} & \cdots & a_{1n} \\ \vdots & & \vdots \\ a_{m1} & \cdots & a_{mn} \end{bmatrix}.$$

A 的每個 (水平) 列可以被視為 A 的列向量,而每個 (垂直) 行可以被視為行向量。

矩陣-向量乘法將矩陣和向量結合成一向量，矩陣-向量乘積可以被定義為：

$$Au = \begin{bmatrix} a_{11} & \cdots & a_{1n} \\ \vdots & & \vdots \\ a_{m1} & \cdots & a_{mn} \end{bmatrix} \begin{bmatrix} u_1 \\ u_2 \\ \vdots \\ u_n \end{bmatrix} = \begin{bmatrix} a_{11}u_1 + a_{12}u_2 + \cdots + a_{1n}u_n \\ \vdots \\ a_{m1}u_1 + a_{m2}u_2 + \cdots + a_{mn}u_n \end{bmatrix}. \quad (A.1)$$

如果要將 $m \times n$ 矩陣乘上一 d 維向量，則必須 $n = d$。

在矩陣-矩陣乘法中，將一個 $m \times n$ 矩陣乘上 $n \times p$ 矩陣，則產生乘積 $m \times p$ 矩陣。矩陣相乘可以用矩陣-向量乘法來表示。令 C 為一個 $n \times p$ 矩陣，以行向量表示為：

$$C = \begin{bmatrix} c_1 | & \cdots & | c_p \end{bmatrix}.$$

則 A 和 C 的矩陣-矩陣乘法可得

$$AC = A \begin{bmatrix} c_1 | & \cdots & | c_p \end{bmatrix} = \begin{bmatrix} Ac_1 | & \cdots & | Ac_p \end{bmatrix}.$$

有 n 個未知數的 m 個聯立線性方程式可寫成矩陣，形式如下：

$$\begin{bmatrix} a_{11} & \cdots & a_{1n} \\ \vdots & & \vdots \\ a_{m1} & \cdots & a_{mn} \end{bmatrix} \begin{bmatrix} x_1 \\ x_2 \\ \vdots \\ x_n \end{bmatrix} = \begin{bmatrix} b_1 \\ b_2 \\ \vdots \\ b_n \end{bmatrix},$$

我們稱之為**矩陣方程式** (matrix equation)。

$n \times n$ **單位矩陣** (identity matrix) I_n 是一個矩陣，其元素 $I_{ii} = 1$ 當 $1 \leq i \leq n$，且 $I_{ij} = 0$ 當 $i \neq j$。單位矩陣在矩陣乘法運算時能提供不變的特性，即對任意 $n \times n$ 矩陣 A 可得 $AI_n = I_n A = A$。$n \times n$ 矩陣 A 的**反矩陣** (inverse matrix) A^{-1} 為滿足 $AA^{-1} = A^{-1}A = I_n$ 的 $n \times n$ 矩陣。當 A 的反矩陣存在，則稱 A 為**可逆矩陣** (invertible matrix)；而不可逆矩陣稱為**奇異矩陣** (singular matrix)。

$m \times n$ 矩陣 A 的**轉置** (transpose) 矩陣等於 A^T，其中 $A^T_{ij} = A_{ji}$。轉置乘積的規則是 $(AB)^T = B^T A^T$。

有兩種重要的方法來進行向量相乘。令

$$u = \begin{bmatrix} u_1 \\ \vdots \\ u_n \end{bmatrix} \text{ 且 } v = \begin{bmatrix} v_1 \\ \vdots \\ v_n \end{bmatrix}.$$

內積 (inner product) $u^T v$ 將 u 轉置成列向量，再用普通的矩陣乘法可得

$$u^T v = u_1 v_1 + \cdots + u_n v_n.$$

如此得 $1 \times n$ 和 $n \times 1$ 矩陣乘積為 1×1 矩陣，即為所得實數。若 $u^T v = 0$ 則稱此二行向量**正交** (orthogonal)。**外積** (outer product) uv^T 則是 $n \times 1$ 行向量乘上 $1 \times n$ 列向量，以普通的矩陣乘法可得結果為 $n \times n$ 矩陣

$$uv^T = \begin{bmatrix} u_1 v_1 & u_1 v_2 & \cdots & u_1 v_n \\ u_2 v_1 & u_2 v_2 & \cdots & u_2 v_n \\ \vdots & & & \vdots \\ u_n v_1 & \cdots & \cdots & u_n v_n \end{bmatrix}.$$

外積所得矩陣的秩 (rank) 為 1。

因為求反矩陣的高度計算複雜性，所以應盡可能地避免或是減少使用。有一個協助的技巧就是 Sherman-Morrison 公式 (Sherman-Morrison formula)，假設已知 $n \times n$ 矩陣 A 的反矩陣，則修正矩陣 $A + uv^T$ 也必定可逆，其中 u 和 v 是 n 維向量。

定理 A.1 **Sherman-Morrison 公式** 若 $v^T A^{-1} u \neq -1$，則 $A + uv^T$ 可逆且

$$(A + uv^T)^{-1} = A^{-1} - \frac{A^{-1} u v^T A^{-1}}{1 + v^T A^{-1} u}.$$

將上式乘上 $A + uv^T$ 即可證明 Sherman-Morrison 公式。矩陣 $A + uv^T$ 被稱為 A 的**秩 1 校正** (rank-one update)，因為 uv^T 是秩為 1 的矩陣。(Sherman-Morrison 公式的重要應用，請參見第 2 章中的 Broyden 方法的討論。關於矩陣的基本性質，可以在線性代數書籍中找到，例如 [4, 2]。)

A.2 分塊相乘

矩陣乘法可以**分塊相乘** (block multiplication) 執行，這性質在第 12 章非常有幫助。如果兩個矩陣被分割成區塊，每塊的尺寸符合矩陣乘法規則，那麼矩陣的乘積就能用分塊的矩陣乘法來完成。例如，兩個 3×3 矩陣的乘積能夠以下列分塊來完成：

$$AB = \begin{bmatrix} x & x & x \\ \hline x & x & x \\ x & x & x \end{bmatrix} \begin{bmatrix} x & x & x \\ \hline x & x & x \\ x & x & x \end{bmatrix} = \begin{bmatrix} A_{11} & A_{12} \\ \hline A_{21} & A_{22} \end{bmatrix} \begin{bmatrix} B_{11} & B_{12} \\ \hline B_{21} & B_{22} \end{bmatrix}$$

$$= \begin{bmatrix} A_{11}B_{11} + A_{12}B_{21} & A_{11}B_{12} + A_{12}B_{22} \\ \hline A_{21}B_{11} + A_{22}B_{21} & A_{21}B_{12} + A_{22}B_{22} \end{bmatrix}$$

此處的 A_{11} 和 B_{11} 為 1×1 矩陣，A_{12} 和 B_{12} 為 1×2 矩陣，並依此類推。舉例來說，

$$\begin{bmatrix} 1 & 2 & 3 \\ \hline 0 & 1 & 3 \\ 2 & 2 & 4 \end{bmatrix} \begin{bmatrix} 2 & 4 & 1 \\ \hline 1 & 0 & 1 \\ 3 & 1 & 2 \end{bmatrix} = \begin{bmatrix} 1\cdot 2 + \begin{bmatrix} 2 & 3 \end{bmatrix}\begin{bmatrix} 1 \\ 3 \end{bmatrix} & 1\begin{bmatrix} 4 & 1 \end{bmatrix} + \begin{bmatrix} 2 & 3 \end{bmatrix}\begin{bmatrix} 0 & 1 \\ 1 & 2 \end{bmatrix} \\ \begin{bmatrix} 0 \\ 2 \end{bmatrix}2 + \begin{bmatrix} 1 & 3 \\ 2 & 4 \end{bmatrix}\begin{bmatrix} 1 \\ 3 \end{bmatrix} & \begin{bmatrix} 0 \\ 2 \end{bmatrix}\begin{bmatrix} 4 & 1 \end{bmatrix} + \begin{bmatrix} 1 & 3 \\ 2 & 4 \end{bmatrix}\begin{bmatrix} 0 & 1 \\ 1 & 2 \end{bmatrix} \end{bmatrix}$$

$$= \begin{bmatrix} 13 & 7 & 9 \\ \hline 10 & 3 & 7 \\ 18 & 12 & 12 \end{bmatrix}.$$

以分塊方式來執行乘法，其結果和不用分塊的乘法是相同的。這個矩陣乘法的另一種選擇並非要減少計算，而是有助於書寫，特別是在第 12 章中所提的特徵值計算。

分塊所需唯一必要的協調工作是，A 的行群組必須剛好符合 B 的列群組。在前面的範例中，A 的第一行是一個群組，最後兩行是另一個群組。矩陣 B 的第一列是一個群組，最後兩列是另一個群組。另一個例子，我們以分塊方式進行 3×5 矩陣 A 和 5×2 矩陣 B 相乘：

$$\begin{bmatrix} x & x & x & x & x \\ x & x & x & x & x \\ x & x & x & x & x \end{bmatrix} \begin{bmatrix} x & x \\ x & x \\ x & x \\ x & x \\ x & x \end{bmatrix}$$

$$= \begin{bmatrix} A_{11} & A_{12} & A_{13} \\ A_{21} & A_{22} & A_{23} \end{bmatrix} \begin{bmatrix} B_{11} & B_{12} \\ B_{21} & B_{22} \\ B_{31} & B_{32} \end{bmatrix}$$

$$= \begin{bmatrix} A_{11}B_{11} + A_{12}B_{21} + A_{13}B_{31} & A_{11}B_{12} + A_{12}B_{22} + A_{13}B_{32} \\ A_{21}B_{11} + A_{22}B_{21} + A_{23}B_{31} & A_{21}B_{12} + A_{22}B_{22} + A_{23}B_{32} \end{bmatrix}$$

在這個例子中，A 的三個行群組符合 B 的三個列群組。另一方面，A 的列群組和 B 的行群組並不需相同，他們可以任意。

A.3 特徵值和特徵向量

我們以特徵值和特徵向量的簡短複習開始。

定義 A.2 A 為 $m \times m$ 矩陣及 x 為非零的 m 維實數或複數向量，若存在某些實數或複數 λ 使得 $Ax = \lambda x$，則稱為 A 的**特徵值** (eigenvalue)，x 則為對應的**特徵向量** (eigenvector)。

舉例來說，矩陣 $A = \begin{bmatrix} 1 & 3 \\ 2 & 2 \end{bmatrix}$ 具有特徵向量 $\begin{bmatrix} 1 \\ 1 \end{bmatrix}$，及對應的特徵值 4。

特徵值為**特徵多項式** (characteristic polynomial) $\det(A - \lambda I)$ 的根，如果 λ 為 A 的特徵值，則 $A - \lambda I$ 的**零核空間** (null space) 內所有非零向量為對應於 λ 的特徵向量。對此例來說，

$$\det(A - \lambda I) = \det \begin{bmatrix} 1 - \lambda & 3 \\ 2 & 2 - \lambda \end{bmatrix} = (\lambda - 1)(\lambda - 2) - 6 = (\lambda - 4)(\lambda + 1), \quad \text{(A.2)}$$

因此特徵值為 $\lambda = 4, -1$。對應於 $\lambda = 4$ 的特徵向量可經由

$$A - 4I = \begin{bmatrix} -3 & 3 \\ 2 & -2 \end{bmatrix} \tag{A.3}$$

的零核空間求得，可以是所有 $\begin{bmatrix} 1 \\ 1 \end{bmatrix}$ 的非零倍數。同理，對應於 $\lambda = -1$ 的特徵向量為所有 $\begin{bmatrix} 3 \\ -2 \end{bmatrix}$ 的非零倍數。

定義 A.3 對 $m \times m$ 矩陣 A_1 和 A_2，如果存在一可逆 $m \times m$ 矩陣 S 使得 $A_1 = SA_2S^{-1}$，則稱矩陣 A_1 和 A_2 **相似** (similar)，或可表示為 $A_1 \sim A_2$。

相似矩陣有相同的特徵值，因為它們的特徵多項式是相同的：

$$A_1 - \lambda I = SA_2S^{-1} - \lambda I = S(A_2 - \lambda I)S^{-1} \tag{A.4}$$

這表示

$$\det(A_1 - \lambda I) = (\det S)\det(A_2 - \lambda I)\det S^{-1} = \det(A_2 - \lambda I). \tag{A.5}$$

如果矩陣 A 的特徵向量可作為 R^m 的基底，那麼 A 就相似於一個**對角矩陣** (diagonal matrix)，稱之為**可對角化** (diagonalizable)。事實上，假設 $Ax_i = \lambda_i x_i$ ($i = 1, ..., m$)，然後定義矩陣

$$S = [\, x_1 \; \cdots \; x_m \,].$$

讀者可自行驗證矩陣方程式

$$AS = S \begin{bmatrix} \lambda_1 & & \\ & \ddots & \\ & & \lambda_m \end{bmatrix} \tag{A.6}$$

成立。矩陣 S 是可逆的，因為其行向量可以張成 R^m；因此，A 就會相似於包含其特徵值的對角矩陣。

並非所有矩陣都是可對角化的，即使是在 2×2 時也不例外。事實上，所有 2×2 矩陣都相似於下面三個類型之一：

$$A_1 = \begin{bmatrix} a & 0 \\ 0 & b \end{bmatrix}$$
$$A_2 = \begin{bmatrix} a & 1 \\ 0 & a \end{bmatrix}$$
$$A_3 = \begin{bmatrix} a & -b \\ b & a \end{bmatrix}.$$

要記得所有相似矩陣的特徵值都是相同的，如果矩陣 A 有兩個特徵向量可張成 R^2，那麼矩陣 A 就會相似於類型 1；而如果有一個重複的特徵值和一維空間的特徵向量，那麼就相似於類型 2。如果特徵值為複數偶，則相似於類型 3。

A.4 對稱矩陣

所謂**對稱矩陣** (symmetric matrix)，其所有的特徵向量都互為正交，而且一同**張成** (span) 所屬空間。換句話說，對稱矩陣的特徵向量必定構成單範**正交基底** (orthonormal basis)。

定義 A.4 如果一個向量集合的元素是兩兩正交的**單位向量** (unit vector)，那麼稱此向量集合為**單範正交** (orthonormal)。

若以內積來表示，假設集合 $\{w_1, ..., w_m\}$ 為單範正交，代表當 $1 \leq i, j \leq m$ 時，若 $i \neq j$ 時 $w_i^T w_j = 0$ 且 $w_i^T w_i = 1$。舉例來說，集合 $\{(1, 0, 0), (0, 1, 0), (0, 0, 1)\}$ 和 $\{(\sqrt{2}/2, \sqrt{2}/2), (\sqrt{2}/2, -\sqrt{2}/2)\}$ 都是單範正交集合。

定理 A.5 假設 A 為 $m \times m$ 對稱矩陣且其元素皆為實數，則保證其特徵值亦為實數，且 A 的單位特徵向量集合即為可構成 R^m 的單範正交基底 $\{w_1, ..., w_m\}$。

範例 A.1

求

$$A = \begin{bmatrix} 0 & 1 \\ 1 & \frac{3}{2} \end{bmatrix} \qquad (A.7)$$

的特徵值與特徵向量。

以先前介紹的方法計算，特徵值/特徵向量對為 $2, (1, 2)^T$ 和 $-1/2, (-2, 1)^T$。就像定理所說，特徵向量為正交，而單位特徵向量所對應的單範正交基底為：

$$\left\{ \begin{bmatrix} \frac{1}{\sqrt{5}} \\ \frac{2}{\sqrt{5}} \end{bmatrix}, \begin{bmatrix} -\frac{2}{\sqrt{5}} \\ \frac{1}{\sqrt{5}} \end{bmatrix} \right\}.$$

◆

下面的定理將有助於研究第 2 章所提的迭代法：

定義 A.6 一個方陣 (square matrix) A 的**譜半徑** (spectral radius) $\rho(A)$，是其特徵值的最大絕對值。

定義 A.7 若 $n \times n$ 矩陣 A 的譜半徑 $\rho(A) < 1$，且 b 為任意值。則，對任何向量 x_0，迭代式 $x_{k+1} = Ax_k + b$ 保證收斂。事實上，存在唯一的 x_* 使得 $\lim_{k \to \infty} x_k = x_*$ 且 $x_* = Ax_* + b$。

再進一步，若 $b = 0$，則 x_* 為零向量或 A 之對應於特徵值 1 的特徵向量。但後者不可能成立，因為譜半徑條件可推得以下在第 8 章曾用過的限制。

系理 A.8 若 $n \times n$ 矩陣 A 的譜半徑 $\rho(A) < 1$，則對任意初始向量 x_0，迭代式 $x_{k+1} = Ax_k$ 保證收斂到 0。

A.5 向量微積分

在本節中，定義了**純量函數** (scalar-valued function) 和**向量函數** (vector-valued function) 的導數。而它們所使用到的乘積規則會在稍後應用。

令 $f(x_1, ..., x_n)$ 為 n 個變數的純量函數，f 的**梯度** (gradient) 為向量函數

$$\nabla f(x_1, \ldots, x_n) = [f_{x_1}, \ldots, f_{x_n}],$$

其中下標符號代表 f 對該變數的偏導數。

令

$$F(x_1, \ldots, x_n) = \begin{bmatrix} f_1(x_1, \ldots, x_n) \\ \vdots \\ f_n(x_1, \ldots, x_n) \end{bmatrix}$$

為 n 個變數的向量函數，F 的 Jacobian 矩陣定義為

$$DF(x_1, \ldots, x_n) = \begin{bmatrix} \nabla f_1 \\ \vdots \\ \nabla f_n \end{bmatrix}.$$

現在我們可以敘述在矩陣代數中的兩個典型**乘積規則** (product rule)，當兩者以元素的方式寫出，而且應用單變數乘積規則時，它們都有肯定明確的證法。令 $u(x_1, ..., x_n)$ 和 $v(x_1, ..., x_n)$ 為向量函數，$A(x_1, ..., x_n)$ 為 $n \times n$ 矩陣函數，內積 $u^T v$ 為純量函數。第一個公式說明了如何取得它的梯度，矩陣-向量乘積 Av 為一向量，其 Jacobian 矩陣如第二規則所述。

向量內積規則 (vector dot product rule)

$$\nabla(u^T v) = v^T Du + u^T Dv$$

矩陣/向量乘積規則 (matrix/vector product rule)

$$D(Av) = A \cdot Dv + \sum_{i=1}^{n} v_i Da_i,$$

其中 a_i 代表 A 的第 i 行。

附錄 B

MATLAB 簡介

MATLAB 是通用目的的計算環境,是執行數學和數值方法的理想套件。對簡單的問題來說,可把它當作高功率計算器;而對於大型問題,它也可扮演一個功能完整的程式語言。MATLAB 的特色之一,是其豐富且優質的函式庫,能簡化複雜的計算,而且容易以高階程式碼撰寫。

本章節將簡短地介紹 MATLAB 的指令與特性,而更多詳盡的內容可以在 MATLAB 的輔助工具中找到,例如 MATLAB 使用者手冊、書籍 [3, 1] 以及相關網頁等。

B.1 開啟 MATLAB

在 PC 系統中,可以按下特定**圖示** (icon) 來開啟 MATLAB,要結束則按下 File/Exit。在 Unix 系統中,則在系統提示字元下鍵入 MATLAB:

```
$ matlab
```

要離開則輸入:

```
>> exit
```

輸入指令

```
>> a=5
```

接著輸入 Enter 鍵,MATLAB 便會將訊息回應給你。試試輸入下列指令

```
>> b=3
>> c=a+b
>> c=a*b
>> d=log(c)
>> who
```

來得知 MATLAB 是如何運作。你可以在敘述後面加上一個分號，來關閉計算結果的立即回應。who 指令則會列出你所定義的所有變數。

　　MATLAB 提供大量的線上輔助工具，鍵入 help log 就能取得關於 log 指令的資訊。PC 版 MATLAB 提供一個 Help 選單，包括了所有指令的說明與使用建議。

　　若要清除變數 a 的值，鍵入 clear a；只鍵入 clear 則會清除所有已定義的變數。若要重新叫用已執行的指令，可按向上鍵。如果無法在一行內完整輸入指令，那麼鍵入三個句點加上 Enter 鍵來結束該行，便可以在下一行繼續輸入。

　　save 指令可儲存日後執行程式時所需要的變數值，在下一次使用 MATLAB 時以 load 來取出資料。如果要取得部分或所有的 MATLAB 操作紀錄，可以鍵入 diary filename 來啟動記錄功能，然後以 diary off 結束，filename 的地方請輸入你自訂的檔名；當你交作業時，這個紀錄是很有幫助的。在結束 MATLAB 時，diary 指令會產生一個檔案，供使用者檢視或列印。

　　MATLAB 通常以 IEEE 雙精準來進行所有的計算，大約可達 16 位小數位的精確值。數值顯示格式可用 format 陳述來加以更改，鍵入 format long 將會改變數字顯示方式直到再次變更。例如，數字 1/3 將會依據目前的格式以不同方式顯示：

```
format short         0.3333
format short e       3.3333E-001
format long          0.33333333333333
format long e        3.333333333333333E-001
format bank          0.33
format hex           3fd5555555555555
```

指令 fprintf 則可作格式化輸出的控制，以下指令

```
>> x=0:0.1:1;
>> y=x.^2;
>> fprintf('%8.5f %8.5f \n',[x;y])
```

輸出如下表格

```
 0.00000  0.00000
 0.10000  0.01000
 0.20000  0.04000
 0.30000  0.09000
 0.40000  0.16000
 0.50000  0.25000
 0.60000  0.36000
 0.70000  0.49000
 0.80000  0.64000
 0.90000  0.81000
 1.00000  1.00000
```

B.2　繪　圖

要繪製數據，可將數據當作 X 和 Y 方向的向量。例如，指令

```
>> a=[0.0 0.4 0.8 1.2 1.6 2.0];
>> b=sin(a);
>> plot(a,b)
```

可繪出 $y = \sin x$ 在 $0 \leq x \leq 2$ 的分段線性近似圖形，如圖 B.1(a)。在此例中，a 和 b 是六維向量，或說六元素**陣列** (array)。軸線上的數字可以設定為 16 點大，可用指令 `set(gca,'FontSize',16)`。有個簡短的方式來定義向量 a，如指令

```
>> a=0:0.4:2;
```

這個指令定義 a 為向量，其元素初始值為 0，每個增加量為 0.4，終止於 2，和先前冗長的定義結果是相同的。一個完整週期的正弦曲線之較精確版本應是

```
>> a=0:0.02:2*pi;
>> b=sin(a);
>> plot(a,b)
```

如圖 B.1(b)。

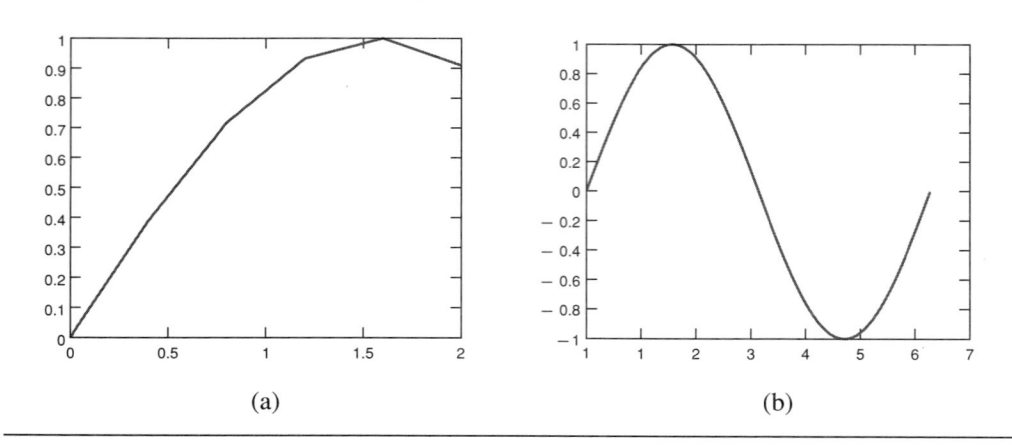

圖 B.1 MATLAB 圖形。(a) $f(x) = \sin x$ 的分段線性圖形，x 增量為 0.4。
(b) 另一個分段線性圖形看起來較為平滑，因為 x 增量為 0.02。

要繪製 $y = x^2$ 在 $0 \leq x \leq 2$ 的圖形，可以用

```
>> a=0:0.02:2;
>> b=a.^2;
>> plot(a,b)
```

其中有一個奇怪且意想不到的特性，在**次方算子** (power operator) 之前的句點使 MATLAB 將向量 a 的每一個元素分別平方。這是我們在下一節將介紹的，MATLAB 將每一個變數視為一個矩陣、或是**雙註標陣列** (doubly indexed array)。若在上例中省略句點，代表了 101×1 矩陣 a 乘上它自己，這在矩陣乘法規則裡是不可能的。如果你要求 MATLAB 來做這項運算，只會得到錯誤訊息。一般而言，MATLAB 對運算前的句點解釋為：運算應該作用在每個元素上，而不是當作矩陣乘法。

繪圖還有更多進階的技巧，若未指定，那麼 MATLAB 將自動選取軸線刻度，參見圖 B.1。若要自行決定軸線刻度，可使用 axis 指令。例如，在繪圖指令之後加入下面指令

```
>> v=[-1 1 0 10]; axis(v)
```

則可設定圖形視窗為 $[-1, 1] \times [0, 10]$。用 grid 指令則會在圖後面畫上網格。

利用指令 plot(x1,y1,x2,y2,x3,y3) 可在同一個視窗中畫出三條曲線，其中 xi 和 yi 為相同長度單位的向量對。鍵入 help plot 看到可選擇之

用來繪圖的實心線、點狀線、虛線等線條類型以及各種符號類型 (圓形、點、三角形、正方型等)。利用指令 semilogy 和 semilogx 則可以畫出半對數圖 (semilog plot)。

subplot 指令將圖形視窗分割成許多個部分，指令 subplot(abc) 將視窗切成 $a \times b$ 網格，然後利用 c 格來繪圖。例如：

```
>> subplot(121),plot(x,y)
>> subplot(122),plot(x,z)
```

在螢幕左側畫出第一個圖，然後在右側畫出第二個圖。如果你需要一次檢視數個不同的圖，那麼 figure 指令可以開啟新的繪圖視窗，並且在這些視窗中移動。

3D 曲面可用指令 mesh 來繪製，例如，在 $[-1, 1] \times [-2, 2]$ 定義域的函數 $z = \mathrm{sine}(x^2 + y^2)$，可以用下面指令畫出

```
>> [x,y]=meshgrid(-1:0.1:1,-2:0.1:2);
>> z=sin(x.^2+y.^2);
>> mesh(x,y,z)
```

meshgrid 指令所做出的向量 x 為 41 列的 21 維向量 -1:0.1:1，同樣地，y

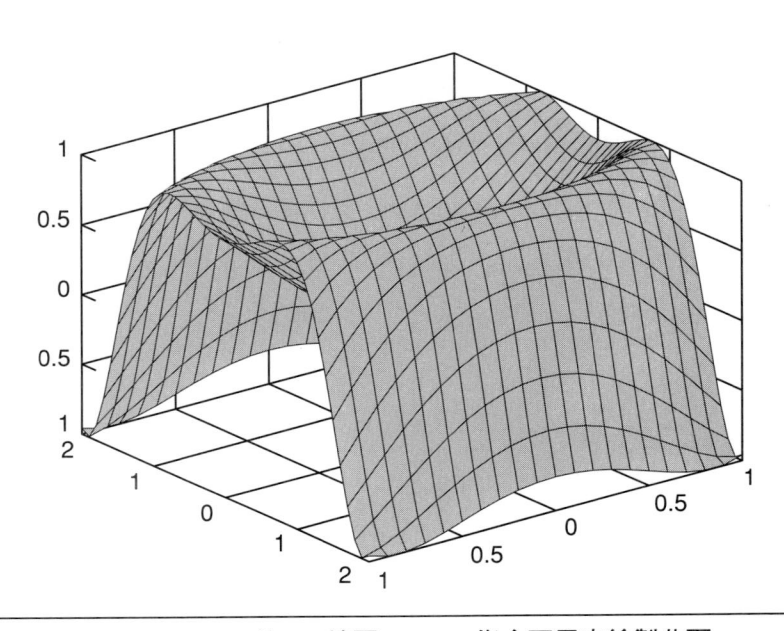

圖 B.2 **MATLAB 的 3D 繪圖**。mesh 指令可用來繪製曲面。

是 21 行的行向量 -2:0.1:2。用這個程式碼所產生的圖形如圖 B.2。用 surf 來代替 mesh 則可以在網格上畫出一個彩色曲面。

B.3　MATLAB 程式編寫

以 MATLAB 語言來編寫程式可以達到更細緻的結果。m-file 是一個包含 MATLAB 指令的檔案，m-file 的副檔名為 .m 結尾。例如，你可以用喜愛的編輯器或是 MATLAB 編輯器，寫出 cubrt.m 檔案，包含以下的指令列：

```
% 程式 cubrt.m 以迭代法求立方根
y=1;
n=15;
z=input('輸入 z:');
for i = 1:n
  y = 2*y/3 + z/(3*y^2)
end
```

若要執行此程式，在 MATLAB 提示符號後鍵入 cubrt。以我們在第 1 章所學的牛頓法來看，這程式碼很明顯地將收斂到立方根。需注意的是分號已從「以迭代法定義新的 y 值」這行指令列移除，如此一來，你便能看見近似值逐漸地接近立方根。

我們可以利用 MATLAB 的繪圖能力，來分析立方根演算法的數據。參考 cubrt1.m 程式：

```
% 程式 cubrt1.m 求立方根並顯示其過程
y(1)=1;
n=15;
z=input('輸入 z:')
for i = 1:n-1
  y(i+1) = 2*y(i)/3 + z/(3*y(i)^2);
end
plot(1:n,y)
title('迭代法求立方根')
xlabel1('迭代次數')
ylabel1('立方根近似值')
```

輸入 z＝64 執行以上程式，結束後，輸入指令

```
>> e=y-4;
>> plot(1:n,e)
>> semilogy(1:n,e)
```

第一個指令從向量 y 的每一個元素減去正確立方根 4，這個差數就是迭代法每一個步驟的誤差 e。第二個指令畫出誤差，而第三個指令則以 y 方向的對數，畫出誤差的半對數圖。

B.4 流程控制

MATLAB 有一些指令用來控制程式的流程，例如，之前的立方根程式中採用過的 for 迴圈。這些指令還包括有 while 迴圈，以及 if 和 break 敘述，具有高階程式語言能力的讀者對於這些指令應該非常熟悉。例如：

```
n=5;
 for i=1:n
  for j=1:n
    a(i,j)=1/(i+j-1);
  end
end
a
```

產生並顯示 5×5 希爾伯特矩陣 (Hilbert matrix)。分號可以避免部分結果的重複列印，最後的 a 顯示列印最後的結果。注意，每個 for 都必須要配上一個 end；雖然 MATLAB 不要求縮排迴圈，但這其實是一個不錯的寫法，可以增加可讀性。

while 指令有相同的功能：

```
n=5;i=1;
while i<=n
  j=1;
  while j<=n
    a(i,j)=1/(i+j-1);
    j=j+1;
  end
  i=i+1;
end
a
```

這和上面的兩個 for 迴圈指令產生相同的結果。

if 敘述用來做出流程決策，而 break 指令則提供離開的動作，可以從下一個內部迴圈中跳出。二者的說明如下：

```
% 計算 sin(x)的 n 階導數在 x=0 的值
n=input('輸入 n，小於 0 則離開：')
if n<0,bareak, end
r=rem(n,4)    % rem 為餘數函數
if r==0
   y=0
elseif r==1
    y=1
elseif r==2
    y=0
else
    y=-1
end
y
```

邏輯算子 (logical operator) & 和 | 分別代表了 AND 和 OR，error 指令則會停止 m 檔案的執行，並將資訊回報給使用者。

B.5 函式

製作一個含有 MATLAB 程式碼的 m-file，有助於一個行數較多的計算工作。一個 m-file 可以呼叫自己或其他的 m-file (鍵入 ctrl-C 通常可以中止失控的 MATLAB 程序)。

MATLAB 函式 (MATLAB function) 是一個特別形式的 m-file，它的數值可以被傳遞。第一行的語法必須如下面的範例，範例檔名為 f.m：

```
function y=f(x)
% 計算 sin(log(x))函數值，如果其函數值有意義的話，
% 否則傳回 0
if x>0
  y=sin(log(x));
else
  y=0
end
```

函式和一般 m-file 不同的唯一差別在於第一行，且去掉 .m 後之主檔名應該要和第一行的函式名稱一致。如此一來，MATLAB 函式便是一個特殊的 m-file。在函式檔案裡的變數預設為區域變數，但利用 `global` 指令則可將其更改為全域變數。

比較複雜的函式可用數個變數來做為輸入和輸出值。例如，下面的函式可以呼叫 MATLAB 內建的函式 mean 和 std，並將二者收集在一個陣列上：

```
function [m,sigma]=stat(x)
% 傳回輸入向量 x 的樣本平均數和標準差
m=mean(x);
sigma=std(x);
```

如果 `stat.m` 檔案儲存於你的 MATLAB 路徑下，鍵入 `stat(x)`，其中 x 是一個向量，將傳回向量元素的平均數和標準差。

`nargin` 指令提供了函式輸入參數的個數。可利用這個指令來改變函式的作用，這取決於輸入參數的多寡而定。程式 0.1 為 `nargin` 在巢狀乘法的範例。

MATLAB 提供多種方法從一個函式呼叫另一個函式，為了盡可能清楚地說明，在本書中我們通常以「接線」呼叫的方式，將函數定義包含在呼叫函式裡。假設我們的目的是要近似 $\sin 2x$ 在 $x=0$ 的導數，我們可以設計程式檔 `deriv.m` 來執行第 5 章所介紹的解法：

```
function y=deriv(x,h)
% 以步長 h 計算，傳回在 x 的導數近似值
y=(f(x+h)-f(x-h))/(2*h);

function y=f(x)
y=sin(2*x);
```

則指令

```
>> deriv(0,0.0001)
```

可得近似值。函式 f 可以被定義在 `deriv.m` 裡面或是為一個獨立的 `f.m` 檔案。這個方法雖然明確易懂，但缺乏簡潔性，因為當輸入函數改變時，就需要修改 `deriv.m` 或 `f.m` 檔案。

另一個較具彈性作法是將輸入函數寫成所謂的**行內函式** (inline function)。例如,設計 deriv1.m 檔案如下:

```
function y=deriv1(f,x,h)
% 以步長 h 計算,傳回 x 的導數近似值
y=(f(x+h)-f(x-h))/(2*h);
```

注意,在這裡函數也是輸入參數,下列行指令

```
>> f=inline('sin(2*x)','x');
>> deriv1(f,0,0.0001)
```

可得近似導數值。對此解法,要修改 f 是很容易的,此外,它也強調函數可以被視為輸入值。

萬一 $f(x)$ 太複雜以致於無法寫成單一行程式碼,那麼有一個簡短的技巧來將其定義成行內函式。我們可用任一函式檔開始,例如 f1.m:

```
function y=f1(x)
x=2*x;
y=sin(x);
```

然後接著輸入行指令

```
>> f=inline('f1(x)','x');
>> deriv1(f,0,0.0001)
```

來近似導數值。我們鼓勵讀者用行內的觀念,以簡便的方式來編寫效率高且有彈性的程式碼。

B.6 矩陣運算

MATLAB 之威力和多元性的關鍵,在於變數資料結構的精密性。MATLAB 裡的每個變數都是一個雙精準浮點數的 $m \times n$ 矩陣。簡單地說,純量就是一個 1×1 矩陣的特例。而語法

```
>> A=[1 2 3
4 5 6]
```

或

```
>> A=[1 2 3;4 5 6]
```
定義一個 2×3 矩陣 A。指令 B=A' 產生一個 3×2 矩陣 B，也就是 A 的轉置。相同大小的矩陣可用＋和－運算子來加減。指令 size(A) 可傳回矩陣 A 的維度大小，而 length(A) 則傳回兩個維度的最大值。

MATLAB 提供許多指令使我們可以很容易地建構矩陣；例如，zeros(m,n) 產生一個填滿零的 $m \times n$ 矩陣。對矩陣 A，zeros(size(A)) 則會產生一個和 A 相同大小的零矩陣。指令 ones(m,n) 和 eye(m,n)[可得單位矩陣 (identity matrix)] 基本上有相似的功能，例如，

```
>> A=[eye(2) zeros(2,2);zeros(2,2) eye(2)]
```
雖然多此一舉，但還是確實地建立了 4×4 單位矩陣。

冒號運算子用來取得矩陣的子矩陣。例如，
```
>> b=A(1:3,2)
```
使 b 等於 A 的第二行前三個元素。另外，指令
```
>> b=A(:,2)
```
使 b 等於 A 的整個第二行元素。而
```
>> B=A(:,1:3)
```
使 B 等於 A 的前三行子矩陣。

$m \times n$ 矩陣 A 和 $n \times p$ 矩陣 B 可以指令 C=A*B 相乘。如果矩陣的大小不適當，MATLAB 將拒絕運算並顯示錯誤訊息。

B.7　動　畫

微分方程領域包含了動態系統的研究，或是「移動的事物」。MATLAB 讓動畫變得簡單，這方面可在第 6 章中被用來產生隨時間改變的解答。

接下來的 MATLAB 範例程式 bounce.m，展示了一個網球在**單位正方形** (unit square) 中，於牆壁間來回彈跳的情形。第一個 set 指令設定了目前圖形 (gca) 的參數，包含了軸界限 $0 \leq x, y \leq 1$。cla 指令清除了圖形視窗，axis square 使 x 和 y 方向的單位長度相同。

接下來，line 指令用來定義一個稱為 ball 的線性物件，以及它的性質。erase 參數設定為 xor，意思是每一次畫出球體時，它的前一個位置就會被清除。在 while 迴圈裡的四個 if 敘述，使得球體撞到這四個牆面其中之一時產生反轉的速度。迴圈也包含了一個 set 指令，分別設定 xdata 和 ydata，以更新線性物件 ball 目前的 x 和 y 座標。drawnow 指令可以在目前的圖形視窗中畫出所有定義的物體。球體的移動速率可以藉由步進值 hx0 和 hy0 用 pause 指令來調整。while 迴圈是無限的，可以用 <Ctrl> - C 來中斷。下面是整個程式：

```
% bounce.m
% 以 drawnow 指令來說明 Matlab 動畫效果
% 用法：將本檔案儲存為 bounce.m，然後輸入 bounce 來執行
set(gca,'XLim',[0 1],'YLim',[0 1],'Drawmode','fast', ...
    'Visible','on');
cla
axis square
ball = line('color','r','Marker','o','MarkerSize',10, ...
        'LineWidth',2,'erase','xor','xdata',[],'ydata',[]);
hx0=.005;hy0=.0039;hx=hx0;hy=hy0;
xl=.02;xr=.98;yb=xl;yt=xr;x=.1;y=.1;
while 1 == 1
    if x < xl
        hx= hx0;
    end
    if x > xr
        hx = -hx0;
    end
    if y < yb
        hy = hy0;
    end
    if y > yt
        hy = -hy0;
    end
    x=x+hx;y=y+hy;
    set(ball,'xdata',x,'ydata',y);drawnow;pause(0.01)
end
```

Answers to Selected Exercises

習題解答

第 0 章

0.1 習題

1. (a) $P(x) = 1 + x(1 + x(5 + x(1 + x(6))))$, $P(1/3) = 2$.
   (b) $P(x) = 1 + x(-5 + x(5 + x(4 + x(-3))))$, $P(1/3) = 0$
   (c) $P(x) = 1 + x(0 + x(-1 + x(1 + x(2))))$, $P(1/3) = 77/81$

2. $P(x) = 1 + x^2(2 + x^2(-4 + x^2(1)))$, $P(1/2) = 81/64$

3. (a) 5   (b) 41/4

5. (a) 5   (b) 41/4

7. n 個乘法和 $2n$ 個加法

0.1 電腦演算題

1. 由 Q 所得正確解為 51.01275208275，誤差為 4.76×10^{-12}

0.2 習題

1. (a) 1000000   (b) 10001   (c) 1001111   (d) 11100011

3. 11.0010010000111

0.3 習題

1. (a) $1.0000\ldots0000 \times 2^{-2}$ (b) $1.0101\ldots0101 \times 2^{-2}$
   (c) $1.0101\ldots0101 \times 2^{-1}$ (d) $1.11001100\ldots11001101 \times 2^{-1}$

3. (a) $2\epsilon_{\text{mach}}$ (b) $4\epsilon_{\text{mach}}$

5. (a) 4020000000000000　(b) 4035000000000000　(c) 3fc0000000000000　(d) 3fd5555555555555
   (e) 3fe5555555555555　(f) 3fb999999999999a　(g) bfb999999999999a　(h) bfc999999999999a

7. (a) 這是由於在雙精準浮點數運算下 $(7/3-4/3)-1=\epsilon_{mach}$。(b) 不行，$(4/3-1/3)-1=0$。

9. 不成立，不適用結合律。

11. 雙精準電腦計算將無法得到任何準確位數。

0.4　習　題

1. (a) 靠近 $x=2\pi n$ (n 為整數) 時將失去有效位數，可改寫為 $-1/(1+\sec x)$。
   (b) 靠近 $x=0$ 時將失去有效位數，可改寫為 $3-3x+x^2$。
   (c) 靠近 $x=0$ 時將失去有效位數，可改寫為 $2x/(x^2-1)$。

3. $x_1 = -(b+\sqrt{b^2+4\times 10^{-12}})/2$，$x_2 = (2\times 10^{-12})/(b+\sqrt{b^2+4\times 10^{-12}})$

0.4　電腦演算題

1. (a)

x	原始值	修訂值
0.100000000000000	−0.49874791371143	−0.49874791371143
0.010000000000000	−0.49998749979096	−0.49998749979166
0.001000000000000	−0.49999987501429	−0.49999987499998
0.000100000000000	−0.49999999362793	−0.49999999875000
0.000010000000000	−0.50000004133685	−0.49999999998750
0.000001000000000	−0.50004445029084	−0.49999999999987
0.000000100000000	−0.51070259132757	−0.50000000000000
0.000000010000000	0	−0.50000000000000
0.000000001000000	0	−0.50000000000000
0.000000000100000	0	−0.50000000000000
0.000000000010000	0	−0.50000000000000
0.000000000001000	0	−0.50000000000000
0.000000000000100	0	−0.50000000000000
0.000000000000010	0	−0.50000000000000
0.000000000000001	0	−0.50000000000000

(b)

x	原始值	修訂值
0.100000000000000	2.71000000000000	2.71000000000000
0.010000000000000	2.97010000000001	2.97010000000000
0.001000000000000	2.99700100000000	2.99700100000000
0.000100000000000	2.99970000999905	2.99970001000000
0.000010000000000	2.99997000008379	2.99997000010000
0.000001000000000	2.99999700015263	2.99999700000100
0.000000100000000	2.99999969866072	2.99999970000001
0.000000010000000	2.99999998176759	2.99999997000000
0.000000001000000	2.99999991515421	2.99999999700000
0.000000000100000	3.00000024822111	2.99999999970000
0.000000000010000	3.00000024822111	2.99999999997000

0.00000000000100	2.99993363483964	2.99999999999700
0.00000000000010	3.00093283556180	2.99999999999970
0.00000000000001	2.99760216648792	2.99999999999997

3. 2.23322×10^{-10}

0.5 習　題

1. (a) 依據中間值定理，由於 $f(0)f(1) = -2 < 0$，保證在 (0, 1) 間存在 c，使得 $f(c) = 0$。
   (b) 由於 $f(0)f(1) = -9 < 0$，保證在 (0, 1) 間存在 c，使得 $f(c) = 0$。
   (c) 由於 $f(0)f(1/2) = -1/2 < 0$，保證在 (0, 1/2) 間存在 c，使得 $f(c) = 0$。

3. (a) $c = 2/3$　(b) $c = 1/\sqrt{2}$　(c) $c = 1/(e-1)$

5. (a) $P(x) = 1 + x^2 + 1/2x^4$　(b) $P(x) = 1 - 2x^2 + 2/3x^4$
   (c) $P(x) = x - x^2/2 + x^3/3 - x^4/4 + x^5/5$　(d) $P(x) = x^2 - x^4/3$

7. (a) $P(x) = (x-1) - (x-1)^2/2 + (x-1)^3/3 - (x-1)^4/4$
   (b) $P(0.9) = -0.105358\overline{3}$,　$P(1.1) = 0.095308\overline{3}$
   (c) 當 $x = 0.9$，誤差界 = 0.000003387。$x = 1.1$ 時則為 0.000002。
   (d) 當 $x = 0.9$，實際誤差 ≈ 0.00000218。$x = 1.1$ 時則為 0.00000185。

9. $\sqrt{1+x} = 1 + x/2 \pm x^2/8$。當 $x = 1.02$，$\sqrt{1.02} \approx 1.01 \pm 0.00005$。正確值為 $\sqrt{1.02} = 1.0099505$，實際誤差 = 0.0000495。

第 1 章

1.1 習　題

1. (a) [2, 3]　(b) [1, 2]　(c) [6, 7]

3. (a) 2.125　(b) 1.125　(c) 6.875

5. (a) [2, 3]　(b) 33 步迭代。

1.1 電腦演算題

1. (a) 2.080083　(b) 1.169726　(c) 6.776092

3. (a) 區間 $[-2, -1]$, $[-1, 0]$, $[1, 2]$，近似解 $-1.641783, -0.168254, 1.810038$
   (b) 區間 $[-2, -1]$, $[-0.5, 0.5]$, $[0.5, 1.5]$，近似解 $-1.023482, 0.163823, 0.788942$
   (c) 區間 $[-1.7, -0.7]$, $[-0.7, 0.3]$, $[0.3, 1.3]$，近似解 $-0.818094, 0, 0.506308$

5. (a) [1, 2], 27 步，1.25992105　(b) [1, 2], 27 步，1.44224957　(c) [1, 2], 27 步，1.70997595

7. 第一個根 -17.188498，行列式值 2 位小數正確；第二個根 9.708299，行列式值 3 位小數正確。

9. $H = 635.5$ mm

1.2 習　題

1. (a) 局部收斂　(b) 發散　(c) 發散
3. (a) 0 為局部收斂，1 為發散　(b) 1/2 為局部收斂，3/4 為發散
5. (a) 例如 $x = x^3 + e^x$、$x = (x - e^x)^{1/3}$ 和 $x = \ln(x - x^3)$。
   (b) 例如 $x = 9x^2 + 3/x^3$、$x = 1/9 - 1/3x^4$ 和 $x = (x^5 - 9x^6)/3$。
7. $g(x) = \sqrt{(1-x)/2}$ 可局部收斂到 $1/2$，而 $g(x) = -\sqrt{(1-x)/2}$ 可局部收斂到 -1。
9. $g(x) = (x + A/x^2)/2$ 收斂到 $A^{1/3}$
11. (a) 直接代入即可驗證　(b) 因為對此三個定點 r 均可得 $|g'(r)| > 1$
13. $g'(r_2) > 1$
17. (a) 若 $x = x - x^3$，必定 $x = 0$。
    (b) 若 $0 < x_i < 1$，則 $x_{i+1} = x_i - x_i^3 = x_i(1 - x_i^2) < x_i$，且 $0 < x_{i+1} < x_i < 1$。
    (c) 有界單調序列 x_i 收斂到極限值 L，且必定為定點，因此 $L = 0$。
19. (a) $c < -2$　(b) $c = -4$
21. 若以開區間 $(-5/4, 5/4)$ 作為初始猜測可收斂到定點 $1/4$；若以 $-5/4$、$5/4$ 兩個初始猜測都收斂到 $-5/4$。

1.2 電腦演算題

1. (a) 1.76929235　(b) 1.6728270　(c) 1.12998050
3. (a) 1.73205081　(b) 2.23606798
5. 定點為 $r = 0.641714$，$S = |g'(r)| \approx 0.959$
7. (a) $0 < x_0 < 1$　(b) $1 < x_0 < 2$　(c) 例如 $x_0 > 2.2$

1.3 習　題

1. (a) 前向誤差 $= 0.01$，後向誤差 $= 0.04$　(b) 前向誤差 $= 0.01$，後向誤差 $= 0.0016$
   (c) 前向誤差 $= 0.01$，後向誤差 $= 0.000064$
3. (a) 2　(b) 前向誤差 $= 0.0001$，後向誤差 $= 5 \times 10^{-9}$
5. 後向誤差 $= |a|$ 前向誤差
7. (b) $(-1)^j(j-1)!(20-j)!$

1.3 電腦演算題

1. (a) $m = 3$　(b) $x_c =$ 前向誤差 $= 2.0735 \times 10^{-8}$，後向誤差 $= 0$
3. (a) $x_c =$ 前向誤差 $= 0.000169$，後向誤差 $= 0$　(b) 經過 13 次迭代可得 $x_c = -0.00006103$
5. 預測根 $= r + \Delta r = 4 + 4^6 10^{-6}/6 = 4.000682\overline{6}$，正確根 $= 4.0006825$。

1.4 習　題

1. (a) $x_1 = 2, x_2 = 18/13$　(b) $x_1 = 1, x_2 = 1$　(c) $x_1 = -1, x_2 = -2/3$
3. (a) $r = -1, e_{i+1} = \frac{5}{2}e_i^2; r = 0, e_{i+1} = 2e_i^2; r = 1, e_{i+1} = \frac{2}{3}e_i$
   (b) $r = -1/2, e_{i+1} = 2e_i^2; r = 1, e_{i+1} = \frac{2}{3}e_i$
5. 牛頓法 $r=0$，二分法 $r=1/2$
7. 不能，2/3
9. $x_{i+1} = (x_i + A/x_i)/2$
11. $x_{i+1} = (n-1)x_i/n + A/(nx_i^{n-1})$
13. (a) 0.75×10^{-12}　(b) 0.5×10^{-18}

1.4 電腦演算題

1. (a) 1.76929235　(b) 1.67282170　(c) 1.12998050
3. (a) $r=-2/3, m=3$　(b) $r=1/6, m=2$
5. $r=3.2362$ m
7. -1.197624，二次收斂；0，線性收斂，$m=4$；1.530134，二次收斂
9. 0.857143，二次收斂，$M=2.414$；2，線性收斂，$m=3$，$S=2/3$
11. 初始猜測值＝1.75，解 $V=1.70$ L
13. 3/4

1.5 習　題

1. (a) $x_2 = 8/5, x_3 = 1.742268$　(b) $x_2 = 1.578707, x_3 = 1.66016$　(c) $x_2 = 1.092907, x_3 = 1.119357$
3. (a) $x_3 = -1/5, x_4 = -0.11996018$　(b) $x_3 = 1.757713, x_4 = 1.662531$
   (c) $x_3 = 1.139481, x_4 = 1.129272$

1.5 電腦演算題

1. (a) 1.76929235　(b) 1.67282170　(c) 1.12998050
3. (a) 1.76929235　(b) 1.67282170　(c) 1.12998050
5. `fzero` 收斂到並非根之零，二分法也一樣

第 2 章

2.1 習　題

1. (a) [4, 2]　(b) [5, −3]　(c) [1, 3]

3. (a) [1/3, 1, 1]　(b) [2, −1/2, −1]

5. 大約 27 倍長

7. 大約 10 分鐘

2.1　電腦演算題

1. (a) [1, 1, 2]　(b) [1, 1, 1]　(c) [−1, 3, 2]

2.2　習　題

1. (a) $\begin{bmatrix} 1 & 0 \\ 3 & 1 \end{bmatrix}\begin{bmatrix} 1 & 2 \\ 0 & -2 \end{bmatrix}$　(b) $\begin{bmatrix} 1 & 0 \\ 2 & 1 \end{bmatrix}\begin{bmatrix} 1 & 3 \\ 0 & -4 \end{bmatrix}$　(c) $\begin{bmatrix} 1 & 0 \\ -5/3 & 1 \end{bmatrix}\begin{bmatrix} 3 & -4 \\ 0 & -14/3 \end{bmatrix}$

3. (a) [−2, 1]　(b) [−1, 1]

5. [1, −1, 1, −1]

7. 5 分 33 秒

9. 300

2.3　習　題

1. (a) 7　(b) 8

3. (a) 前向誤差＝2，後向誤差＝0.0002，誤差放大倍數＝20001
   (b) 前向誤差＝1，後向誤差＝0.0001，誤差放大倍數＝20001
   (c) 前向誤差＝1，後向誤差＝2.0001，誤差放大倍數＝1
   (d) 前向誤差＝3，後向誤差＝0.0003，誤差放大倍數＝20001
   (e) 前向誤差＝3.0001，後向誤差＝0.0002，誤差放大倍數＝30002.5

5. (a) 相對前向誤差＝3，相對後向誤差＝3/7，誤差放大倍數＝7
   (b) 相對前向誤差＝3，相對後向誤差＝1/7，誤差放大倍數＝21
   (c) 相對前向誤差＝1，相對後向誤差＝1/7，誤差放大倍數＝7
   (d) 相對前向誤差＝2，相對後向誤差＝6/7，誤差放大倍數＝7/3
   (e) 21

7. 137/60

13. (a) $\begin{bmatrix} 1 \\ 1 \end{bmatrix}$　(b) $\begin{bmatrix} 1 \\ -1 \\ 1 \end{bmatrix}$

15. $LU = \begin{bmatrix} 1 & 0 & 0 \\ 0.1 & 1 & 0 \\ 0 & -5000 & 1 \end{bmatrix}\begin{bmatrix} 10 & 20 & 1 \\ 0 & -0.01 & 5.9 \\ 0 & 0 & 29501 \end{bmatrix}$，最大乘數＝−5000

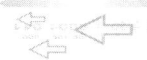

2.3 電腦演算題

本節的電腦演算題解答只提供說明，執行結果可能會略有出入：

1.
	n	前向誤差	誤差放大倍數	條件數
(a)	6	5.35×10^{-10}	3.69×10^6	7.03×10^7
(b)	10	1.10×10^{-3}	9.05×10^{12}	1.31×10^{14}

3.
n	前向誤差	誤差放大倍數	條件數
100	4.62×10^{-12}	3590	9900
200	4.21×10^{-11}	23010	39800
300	7.37×10^{-11}	50447	89700
400	1.20×10^{-10}	55019	159600
500	2.56×10^{-10}	91495	249500

5. $n \geq 13$

2.4 習 題

1. (a) $\begin{bmatrix} 0 & 1 \\ 1 & 0 \end{bmatrix} \begin{bmatrix} 1 & 3 \\ 2 & 3 \end{bmatrix} = \begin{bmatrix} 1 & 0 \\ \frac{1}{2} & 1 \end{bmatrix} \begin{bmatrix} 2 & 3 \\ 0 & \frac{3}{2} \end{bmatrix}$ (b) $\begin{bmatrix} 1 & 0 \\ 0 & 1 \end{bmatrix} \begin{bmatrix} 2 & 4 \\ 1 & 3 \end{bmatrix} = \begin{bmatrix} 1 & 0 \\ \frac{1}{2} & 1 \end{bmatrix} \begin{bmatrix} 2 & 4 \\ 0 & 1 \end{bmatrix}$

   (c) $\begin{bmatrix} 0 & 1 \\ 1 & 0 \end{bmatrix} \begin{bmatrix} 1 & 5 \\ 5 & 12 \end{bmatrix} = \begin{bmatrix} 1 & 0 \\ \frac{1}{5} & 1 \end{bmatrix} \begin{bmatrix} 5 & 12 \\ 0 & \frac{13}{5} \end{bmatrix}$ (d) $\begin{bmatrix} 0 & 1 \\ 1 & 0 \end{bmatrix} \begin{bmatrix} 0 & 1 \\ 1 & 0 \end{bmatrix} = \begin{bmatrix} 1 & 0 \\ 0 & 1 \end{bmatrix} \begin{bmatrix} 1 & 0 \\ 0 & 1 \end{bmatrix}$

3. (a) $[-2, 1]$ (b) $[-1, 1, 1]$

5. $\begin{bmatrix} 1 & 0 & 0 & 0 & 0 \\ 0 & 0 & 0 & 0 & 1 \\ 0 & 0 & 1 & 0 & 0 \\ 0 & 0 & 0 & 1 & 0 \\ 0 & 1 & 0 & 0 & 0 \end{bmatrix}$ 7. $\begin{bmatrix} 0 & 0 & 1 & 0 \\ 0 & 1 & 0 & 0 \\ 0 & 0 & 0 & 1 \\ 1 & 0 & 0 & 0 \end{bmatrix}$

9. (a) $\begin{bmatrix} 1 & 0 & 0 & 0 \\ 0 & 1 & 0 & 0 \\ 0 & 0 & 1 & 0 \\ 0 & 0 & 0 & 1 \end{bmatrix} \begin{bmatrix} 1 & 0 & 0 & 1 \\ -1 & 1 & 0 & 1 \\ -1 & -1 & 1 & 1 \\ -1 & -1 & -1 & 1 \end{bmatrix} = \begin{bmatrix} 1 & 0 & 0 & 0 \\ -1 & 1 & 0 & 0 \\ -1 & -1 & 1 & 0 \\ -1 & -1 & -1 & 1 \end{bmatrix} \begin{bmatrix} 1 & 0 & 0 & 1 \\ 0 & 1 & 0 & 2 \\ 0 & 0 & 1 & 4 \\ 0 & 0 & 0 & 8 \end{bmatrix}$

   (b) $P = I$，下三角矩陣 L 的非主對角線元素為 -1，U 的非零元素為 $u_{ii} = 1$ $(1 \leq i \leq n-1)$，以及 $u_{in} = 2^{i-1}$ $(1 \leq i \leq n)$

2.5 習題

1. (a) Jacobi $[u_2, v_2] = [7/3, 17/6]$，高斯-賽德法 $[u_2, v_2] = [47/18, 119/36]$
   (b) Jacobi $[u_2, v_2, w_2] = [1/2, 1, 1/2]$，高斯-賽德法 $[u_2, v_2, w_2] = [1/2, 3/2, 3/4]$
   (c) Jacobi $[u_2, v_2, w_2] = [10/9, -2/9, 2/3]$，高斯-賽德法 $[u_2, v_2, w_2] = [43/27, 14/81, 262/243]$

3. (a) $[u_2, v_2] = [59/16, 213/64]$ (b) $[u_2, v_2, w_2] = [9/8, 39/16, 81/64]$
   (c) $[u_2, v_2, w_2] = [1, 1/2, 5/4]$

2.5 電腦演算題

1. $n = 100$，36 次，後向誤差 $= 4.58 \times 10^{-7}$；$n = 100000$，48 次，後向誤差 $= 2.70 \times 10^{-6}$
5. (a) 21 次，後向誤差 $= 4.78 \times 10^{-7}$ (b) 16 次，後向誤差 $= 1.55 \times 10^{-6}$

2.6 習題

1. (a) $x^T A x = x_1^2 + 3x_2^2 > 0$ 當 $x \neq 0$
   (b) $x^T A x = (x_1 + 3x_2)^2 + x_2^2 > 0$ 當 $x \neq 0$
   (c) $x_1^2 + 2x_2^2 + 3x_3^2 > 0$ 當 $x \neq 0$

3. (a) $[3, 1]$ (b) $[-1, 1]$

5. $x^T A x = (x_1 + 2x_2)^2 + (d-4)x_2^2$。若 $d > 4$，則該算式只有在 $0 = x_2 = x_1 + 2x_2$ 時等於 0，即是 $x_1 = x_2 = 0$。

7. $d > 4$

2.6 電腦演算題

1. (a) $[2, 2]$ (b) $[3, -1]$
3. (a) $[-4, 60, -180, 140]$ (b) $[-8, 504, -7560, 46200, -138600, 216216, -168168, 51480]$

2.7 習題

1. (a) $\begin{bmatrix} 3u^2 & 0 \\ v^3 & 3uv^2 \end{bmatrix}$ (b) $\begin{bmatrix} v\cos uv & u\cos uv \\ ve^{uv} & ue^{uv} \end{bmatrix}$ (c) $\begin{bmatrix} 2u & 2v \\ 2(u-1) & 2v \end{bmatrix}$

   (d) $\begin{bmatrix} 2u & 1 & -2w \\ vw\cos uvw & uw\cos uvw & uv\cos uvw \\ vw^4 & uw^4 & 4uvw^3 \end{bmatrix}$

3. (a) $(1/2, \pm\sqrt{3}/2)$ (b) $(\pm 2/\sqrt{5}, \pm 2/\sqrt{5})$ (c) $(4(1+\sqrt{6})/5, \pm\sqrt{3+8\sqrt{6}}/5)$

5. (a) $x_3 = [3/4, 3/4]$ (b) $x_3 \approx [0.4900, 0.9768]$ (c) $x_3 \approx [1.1959, 0.7595]$

2.7 電腦演算題

1. (a) $(1/2, \pm\sqrt{3}/2)$ (b) $(\pm 2/\sqrt{5}, \pm 2/\sqrt{5})$ (c) $(4(1+\sqrt{6})/5, \pm\sqrt{3+8\sqrt{6}}/5)$
3. (a) $[u, v] = \pm(0.50799200040795, 0.86136178666199)$
5. (a) 11 次迭代近似解 $(1/2, \sqrt{3}/2)$ 到 15 位小數
   (b) 13 次迭代近似解 $(2/\sqrt{5}, 2/\sqrt{5})$ 到 15 位小數
   (c) 14 次迭代近似解 $(4(1+\sqrt{6})/5, \sqrt{3+8\sqrt{6}}/5)$ 到 15 位小數

第 3 章

3.1 習 題

1. (a) $P(x) = \dfrac{(x-2)(x-3)}{(0-2)(0-3)} + 3\dfrac{x(x-3)}{(2-0)(2-3)}$

   (b) $P(x) = \dfrac{(x+1)(x-3)(x-5)}{(2+1)(2-3)(2-5)} + \dfrac{(x+1)(x-2)(x-5)}{(3+1)(3-2)(3-5)} + 2\dfrac{(x+1)(x-2)(x-3)}{(5+1)(5-2)(5-3)}$

   (c) $P(x) = -2\dfrac{(x-2)(x-4)}{(0-2)(0-4)} + \dfrac{x(x-4)}{(2-0)(2-4)} + 4\dfrac{x(x-2)}{4(4-2)}$

3. (a) 1，$P(x) = 3 + (x+1)(x-2)$ (b) 無

   (c) 無限多，例如 $P(x) = 3 + (x+1)(x-2) + (x+1)(x-1)(x-2)(x-3)^3$

5. (a) $P(x) = 4 - 2x$ (b) $P(x) = 4 - 2x + A(x+2)x(x-1)(x-3)$ 當 $A \neq 0$

7. 4

9. (a) $P(x) = 10(x-1)\cdots(x-6)/6!$ (b) 和 (a) 相同

11. 無

13. (a) 316 (b) 465

15. (a) $\dfrac{1}{2}n^2 + \dfrac{2}{3}n - 1$ 次加法和 $n(2n-2)$ 次乘法 (b) $2n-2$ 次加法和 $n-1$ 次乘法

3.1 電腦演算題

1. (a) 4494564854 (b) 4454831984 (c) 4472888288

3.2 習 題

1. (a) $P_2(x) = \dfrac{2}{\pi}x - \dfrac{4}{\pi^2}x(x-\pi/2)$ (b) $P_2(\pi/4) = 3/4$ (c) $\pi^3/128 \approx 0.242$
   (d) $|\sqrt{2}/2 - 3/4| \approx 0.043$

3. (a) 7.06×10^{-11} (b) 至少 9 位小數，因為 $7.06 \times 10^{-11} < 0.5 \times 10^{-9}$

5. 在 $x = 0.35$ 的預測誤差較小；大約是在 $x = 0.55$ 之誤差的 5/21。

3.2 電腦演算題

1. (a) $P_4(x) = 1.433329 + (x - 0.6)(1.98987 + (x - 0.7)(3.2589 + (x - 0.8)(3.680667 + (x - 0.9)(4.000417))))$

   (b) $P_4(0.82) = 1.95891$, $P_4(0.98) = 2.612848$

   (c) 在 $x = 0.82$ 的誤差上界為 0.0000537，實際誤差為 0.0000234。在 $x = 0.98$ 的誤差上界為 0.0000217，實際誤差為 0.0000107。

3. -1.952×10^{12} 桶/日。由於 Runge 現象，此估計值毫無意義。

3.3 習題

1. (a) $\cos \pi/12, \cos \pi/4, \cos 5\pi/12, \cos 7\pi/12, \cos 3\pi/4, \cos 11\pi/12$

   (b) $2\cos \pi/8, 2\cos 3\pi/8, 2\cos 5\pi/8, 2\cos 7\pi/8$

   (c) $8 + 4\cos \pi/12, 8 + 4\cos \pi/4, 8 + 4\cos 5\pi/12, 8 + 4\cos 7\pi/12, 8 + 4\cos 3\pi/4, 8 + 4\cos 11\pi/12$

   (d) $1/5 + 1/2\cos \pi/10, 1/5 + 1/2\cos 3\pi/10, 1/5, 1/5 + 1/2\cos 7\pi/10, 1/5 + 1/2\cos 9\pi/10$

3. 0.000118，3 位正確

5. 0.00521

7. $d = 14$

9. (a) -1 (b) 1 (c) 0 (d) 1 (e) 1 (f) $-1/2$

3.4 習題

1. (a) 非三次樣條函數 (b) 三次樣條函數

3. (a) $c = 9/4$，自然 (b) $c = 4$，拋物端點、非結點 (c) $c = 5/2$，非結點

5. 1 個，$S_1(x) = S_2(x) = x$

7. (a) $\begin{cases} \frac{1}{2}x + \frac{1}{2}x^3 & \text{在 } [0, 1] \\ 1 + 2(x - 1) + \frac{3}{2}(x - 1)^2 - \frac{1}{2}(x - 1)^3 & \text{在 } [1, 2] \end{cases}$

   (b) $\begin{cases} 1 - (x + 1) + \frac{1}{4}(x + 1)^3 & \text{在 } [-1, 1] \\ 1 + 2(x - 1) + \frac{3}{2}(x - 1)^2 - \frac{1}{2}(x - 1)^3 & \text{在 } [1, 2] \end{cases}$

9. $-3, -12$

11. (a) 1 個，$S_1(x) = S_2(x) = 2 - 4x + 2x^2$

    (b) 無限多個，對任意 c，$S_1(x) = S_2(x) = 2 - 4x + 2x^2 + cx(x - 1)(x - 2)$

13. 是的。因為樣條函數的最左和最右必須是線性的。

15. $S_2(x) = 1 + dx^3$，d 可為任意數

17. 有無限多個拋物線通過任意兩點 $x_1 \neq x_2$；皆為拋物端點三次樣條函數。

3.4 電腦演算題

1. (a) $S(x) = \begin{cases} 3 + \frac{8}{3}x - \frac{2}{3}x^3 & \text{在 } [0,1] \\ 5 + \frac{2}{3}(x-1) - 2(x-1)^2 + \frac{1}{3}(x-1)^3 & \text{在 } [1,2] \\ 4 - \frac{7}{3}(x-2) - (x-2)^2 + \frac{1}{3}(x-2)^3 & \text{在 } [2,3] \end{cases}$

   (b) $S(x) = \begin{cases} 3 + 2.5629(x+1) - 0.5629(x+1)^3 & \text{在 } [-1,0] \\ 5 + 0.8742x - 1.6887x^2 + 0.3176x^3 & \text{在 } [0,3] \\ 1 - 0.6824(x-3) + 1.1698(x-3)^2 - 0.4874(x-3)^3 & \text{在 } [3,4] \\ 1 + 0.1950(x-4) - 0.2925(x-4)^2 + 0.0975(x-4)^3 & \text{在 } [4,5] \end{cases}$

3. $S(x) = \begin{cases} 1 + \frac{149}{56}x - \frac{37}{56}x^3 & \text{在 } [0,1] \\ 3 + \frac{19}{28}(x-1) - \frac{111}{56}(x-1)^2 + \frac{73}{56}(x-1)^3 & \text{在 } [1,2] \\ 3 + \frac{5}{8}(x-2) + \frac{27}{14}(x-2)^2 - \frac{87}{56}(x-2)^3 & \text{在 } [2,3] \\ 4 - \frac{5}{28}(x-3) - \frac{153}{56}(x-3)^2 + \frac{51}{56}(x-3)^3 & \text{在 } [4,5] \end{cases}$

5. $S(x) = \begin{cases} 1 + \frac{131}{28}x^2 - \frac{75}{28}x^3 & \text{在 } [0,1] \\ 3 + \frac{37}{28}(x-1) - \frac{47}{14}(x-1)^2 + \frac{57}{28}(x-1)^3 & \text{在 } [1,2] \\ 3 + \frac{5}{7}(x-2) + \frac{11}{4}(x-2)^2 - \frac{69}{28}(x-2)^3 & \text{在 } [2,3] \\ 4 - \frac{33}{28}(x-3) - \frac{65}{14}(x-3)^2 + \frac{107}{28}(x-3)^3 & \text{在 } [4,5] \end{cases}$

7. $S(x) = \begin{cases} 1 - 0.5065x^2 + 0.0327x^3 & \text{在 } [0, \frac{\pi}{8}] \\ \cos\frac{\pi}{8} - 0.3826(x - \frac{\pi}{8}) - 0.4679(x - \frac{\pi}{8})^2 + 0.0931(x - \frac{\pi}{8})^3 & \text{在 } [\frac{\pi}{8}, \frac{\pi}{4}] \\ \frac{\sqrt{2}}{2} - 0.7070(x - \frac{\pi}{4}) - 0.3582(x - \frac{\pi}{4})^2 + 0.1396(x - \frac{\pi}{4})^3 & \text{在 } [\frac{\pi}{4}, \frac{3\pi}{8}] \\ \cos\frac{3\pi}{8} - 0.9237(x - \frac{3\pi}{8}) - 0.1937(x - \frac{3\pi}{8})^2 + 0.1639(x - \frac{3\pi}{8})^3 & \text{在 } [\frac{3\pi}{8}, \frac{\pi}{2}] \end{cases}$

9. $S(x) = \begin{cases} x - 1 - 0.4638(x-1)^2 + 0.1713(x-1)^3 & \text{在 } [1, \frac{3}{2}] \\ \ln\frac{3}{2} + 0.6647(x - \frac{3}{2}) - 0.2068(x - \frac{3}{2})^2 + 0.0563(x - \frac{3}{2})^3 & \text{在 } [\frac{3}{2}, 2] \\ \ln 2 + 0.5001(x-2) - 0.1224(x-2)^2 + 0.0295(x-2)^3 & \text{在 } [2, \frac{5}{2}] \\ \ln\frac{5}{2} + 0.3998(x - \frac{5}{2}) - 0.0782(x - \frac{5}{2})^2 + 0.0155(x - \frac{5}{2})^3 & \text{在 } [\frac{5}{2}, 3] \end{cases}$

最大內插誤差 ≈ 0.0005464

11. (a) 4470178717，和實際人口數相差約 1760 萬人。

    (b) 4468552975，相差約 1600 萬，箝夾法較精確。

3.5 習題

1. (a) $\begin{cases} x(t) = 6t^2 - 5t^3 \\ y(t) = 6t - 12t^2 + 6t^3 \end{cases}$ (b) $\begin{cases} x(t) = 1 - 3t - 3t^2 + 3t^3 \\ y(t) = 1 - 3t + 3t^2 \end{cases}$ (c) $\begin{cases} x(t) = 1 + 3t^2 - 2t^3 \\ y(t) = 2 + 3t - 3t^2 \end{cases}$

3. $\begin{cases} x(t) = 1 + 6t^2 - 4t^3 \\ y(t) = 2 + 6t^2 - 4t^3 \end{cases}$ $\begin{cases} x(t) = 3 + 6t^2 - 4t^3 \\ y(t) = 4 - 9t^2 + 6t^3 \end{cases}$ $\begin{cases} x(t) = 5 - 12t^2 + 8t^3 \\ y(t) = 1 + 3t^2 - 2t^3 \end{cases}$

5. $\begin{cases} x(t) = -1 + 6t^2 - 4t^3 \\ y(t) = 4t - 4t^2 \end{cases}$

7. (a) $\begin{cases} x(t) = 1 + 3t - 9t^2 + 5t^3 \\ y(t) = 6t^2 - 5t^3 \\ z(t) = 3t^2 - 3t^3 \end{cases}$ (b) $\begin{cases} x(t) = 1 - 6t^2 + 6t^3 \\ y(t) = 1 + 3t - 9t^2 + 6t^3 \\ z(t) = 2 + 3t - 12t^2 + 8t^3 \end{cases}$

(c) $\begin{cases} x(t) = 2 + 3t - 12t^2 + 10t^3 \\ y(t) = 1 \\ z(t) = 1 + 6t^2 - 4t^3 \end{cases}$

第 4 章
4.1 習題

1. (a) $\bar{x} = [-1/7, 10/7], \|e\|_2 = \sqrt{14}/7$ (b) $\bar{x} = [-1/2, 2], \|e\|_2 = \sqrt{6}/2$
   (c) $\bar{x} = [16/19, 16/19], \|e\|_2 = 2.013$

3. $\bar{x} = [4, x_2]$ 對任意的 x_2

7. (a) $y = 1/5 - 6/5t$, 均方根誤差 $= \sqrt{2/5} \approx 0.6325$ (b) $y = 6/5 + 1/2t$, 均方根誤差 $= \sqrt{26}/10 \approx 0.5099$

9. (a) $y = 0.3481 + 1.9475t - 0.1657t^2$, 均方根誤差 $= 0.5519$ (b) $y = 2.9615 - 1.0128t + 0.1667t^2$
   均方根誤差 $= 0.4160$ (c) $y = 4.8 - 1.2t$, 均方根誤差 $= 0.4472$

11. $h(t) = 0.475 + 141.525t - 4.905t^2$，最高高度 $= 1021.3$ 公尺，返回地面時間 $= 28.86$ 秒

4.1 電腦演算題

1. (a) $\bar{x} = [2.5246, 0.6616, 2.0934], \|e\|_2 = 2.4135$
   (b) $\bar{x} = [1.2739, 0.6885, 1.2124, 1.7497], \|e\|_2 = 0.8256$

3. (a) $2,996,236,899 + 76,542,140(t - 1960)$, 均方根誤差 $= 36,751,088$
   (b) $3,028,751,748 + 67,871,514(t - 1960) + 216,766(t - 1960)^2$, 均方根誤差 $= 17,129,714$;
   1980 年估計值：(a) 4,527,079,702 (b) 4,472,888,288；拋物線估計值較佳。

5. (a) $c_1 = -9510.1$，$c_2 = -8314.36$，RMSE $= 518.3$， (b) 利潤最大化的售價為 68.7 美分

7. (a) $y = 0.0769$, 均方根誤差 $= 0.2665$ (b) $y = 0.1748 - 0.02797x^2$, 均方根誤差 $= 0.2519$

9. (a) 4 位小數正確，$P_5(t) = 1.00009 + 0.999983x + 1.00002x^2 + 0.999996x^3 + 1.000000x^4 + 1.000000x^5$; $\text{cond}(A^T A) = 2.72 \times 10^{13}$

(b) 1 位小數正確，$P_6(t) = 0.99 + 1.02x + 0.98x^2 + 1.01x^3 + 0.998x^4 + 1.00029x^5 + 0.99998x^6$, $\text{cond}(A^T A) = 2.55 \times 10^{16}$

(c) $P_8(t)$ 無正確位數，$\text{cond}(A^T A) = 1.41 \times 10^{19}$

4.2 習 題

1. (a) $y = 3/2 - 1/2\cos 2\pi t + 3/2\sin 2\pi t$, $||e||_2 = 0$, 均方根誤差 $= 0$

   (b) $y = 7/4 - 1/2\cos 2\pi t + \sin 2\pi t$, $||e||_2 = 1/2$, 均方根誤差 $= 1/4$

   (c) $y = 9/4 + 3/4\cos 2\pi t$, $||e||_2 = 1/\sqrt{2}$, 均方根誤差 $= 1/2\sqrt{2}$

3. (a) $y = 1.932e^{0.3615t}$, $||e||_2 = 1.2825$ (b) $y = 2^{t-1/4}$, $||e||_2 = 0.9982$

5. (a) $y = 5.5618t^{-1.3778}$, 均方根誤差 $= 0.2707$ (b) $y = 2.8256t^{0.7614}$, 均方根誤差 $= 0.7099$

4.2 電腦演算題

1. $y = 5.5837 + 0.7541\cos 2\pi t + 0.1220\sin 2\pi t + 0.1935\cos 4\pi t$ 百萬桶/日，均方根誤差 $= 0.1836$

3. $P(t) = 3{,}079{,}440{,}361 e^{0.0174(t-1960)}$，1980年人口估計值為 $P(20) = 4{,}361{,}485{,}000$，估計值誤差 ≈ 9100 萬

5. (a) $t_{\max} = -1/c_2$ (b) 半衰期 ≈ 7.81 小時

4.3 習 題

1. (a) $\begin{bmatrix} 0.8 & -0.6 \\ 0.6 & 0.8 \end{bmatrix} \begin{bmatrix} 5 & 0.6 \\ 0 & 0.8 \end{bmatrix}$ (b) $\dfrac{1}{\sqrt{2}} \begin{bmatrix} 1 & 1 \\ 1 & -1 \end{bmatrix} \begin{bmatrix} \sqrt{2} & \frac{3\sqrt{2}}{2} \\ 0 & \frac{\sqrt{2}}{2} \end{bmatrix}$

   (c) $\begin{bmatrix} \frac{2}{3} & \frac{\sqrt{2}}{6} & \frac{\sqrt{2}}{2} \\ \frac{1}{3} & -\frac{2\sqrt{2}}{3} & 0 \\ \frac{2}{3} & \frac{\sqrt{2}}{6} & -\frac{\sqrt{2}}{2} \end{bmatrix} \begin{bmatrix} 3 & 1 \\ 0 & \sqrt{2} \\ 0 & 0 \end{bmatrix}$ (d) $\begin{bmatrix} \frac{4}{5} & 0 & -\frac{3}{5} \\ 0 & 1 & 0 \\ \frac{3}{5} & 0 & \frac{4}{5} \end{bmatrix} \begin{bmatrix} 5 & 10 & 5 \\ 0 & 2 & -2 \\ 0 & 0 & 5 \end{bmatrix}$

3. (a) - (d) 同習題 1

5. (a) $\bar{x} = [4, -1]$ (b) $\bar{x} = [-11/18, 4/9]$

4.3 電腦演算題

3. (a) $\bar{x} = [1, ..., 1]$ 有 10 位小數正確   (b) $\bar{x} = [1, ..., 1]$ 有 6 位小數正確

4.4 習題

1. (a) $(x_1, y_1) = (2 - \sqrt{2}, 0)$　(b) $(x_1, y_1) = (1 - \sqrt{2}/2, 0)$

5. (a) $\begin{bmatrix} t_1^{c_2} & c_1 t_1^{c_2} \ln t_1 \\ t_2^{c_2} & c_1 t_2^{c_2} \ln t_2 \\ t_3^{c_2} & c_1 t_3^{c_2} \ln t_3 \end{bmatrix}$　(b) $\begin{bmatrix} t_1 e^{c_2 t_1} & c_1 t_1^2 e^{c_2 t_1} \\ t_2 e^{c_2 t_2} & c_1 t_2^2 e^{c_2 t_2} \\ t_3 e^{c_2 t_3} & c_1 t_3^2 e^{c_2 t_3} \end{bmatrix}$

4.4 電腦演算題

1. (a) $(\overline{x}, \overline{y}) = (0.410623, 0.055501)$　(b) $(\overline{x}, \overline{y}) = (0.275549, 0)$
3. (a) $(x, y) = (0, -0.586187)$, $K = 0.329572$　(b) $(x, y) = (0.556853, 0)$, $K = 1.288037$
5. (a) $c_1 = 15.9$, $c_2 = 2.53$，均方根誤差 $= 0.755$

第 5 章

5.1 習題

1. (a) 0.9531，誤差 $= 0.0469$　(b) 0.9950，誤差 $= 0.0050$　(c) 0.9995，誤差 $= 0.0005$
3. (a) 0.455902，誤差 $= 0.044098$，誤差必須滿足 $0.0433 \le$ 誤差 ≤ 0.0456
   (b) 0.495662，誤差 $= 0.004338$，誤差必須滿足 $0.004330 \le$ 誤差 ≤ 0.004355
   (c) 0.499567，誤差 $= 0.000433$，誤差必須滿足 $0.0004330 \le$ 誤差 ≤ 0.0004333
5. (a) 2.02020202，誤差 $= 0.02020202$　(b) 2.00020002，誤差 $= 0.00020002$　(c) 2.00000200，誤差 $= 0.00000200$
7. $f'(x) = [(f(x) - f(x-h)]/h + h f''(c)/2$
9. $f'(x) \approx [4f(x+h/2) - 3f(x) - f(x+h)]/h$
11. $f'(x) = [f(x+3h) + 8f(x) - 9f(x-h)]/(12h) - h^2 f'''(c)/2$，其中 $x-h < c < x+3h$
13. $f''(x) = [f(x+3h) - 4f(x) + 3f(x-h)]/(6h^2) - 2hf'''(c)/3$，其中 $x-h < c < x+3h$
15. $f'(x) = [4f(x+3h) + 5f(x) - 9f(x-2h)]/(30h) - h^2 f'''(c)$，其中 $x-2h < c < x+3h$

5.1 電腦演算題

1. 最小誤差發生在 $h = 10^{-5} \approx \epsilon_{\text{mach}}^{1/3}$
3. 最小誤差發生在 $h = 10^{-8} \approx \epsilon_{\text{mach}}^{1/2}$
5. 最小誤差發生在 $h = 10^{-4} \approx \epsilon_{\text{mach}}^{1/4}$

5.2 習題

1. (a) $m=1$：0.500000，誤差＝0.166667；　(b) $m=1$：0.785398，誤差＝0.214602；
   　　$m=2$：0.375000，誤差＝0.041667；　　　$m=2$：0.948059，誤差＝0.051941；
   　　$m=4$：0.343750，誤差＝0.010417　　　　$m=4$：0.987116，誤差＝0.012884
   (c) $m=1$：1.859141，誤差＝0.140859；
   　　$m=2$：1.753931，誤差＝0.035649；
   　　$m=4$：1.727222，誤差＝0.008940

3. (a) $m=1$：1/3，誤差＝0; $m=2$：1/3，誤差＝0; $m=4$：1/3，誤差＝0
   (b) $m=1$：1.002280，誤差＝0.002280；
   　　$m=2$：1.000135，誤差＝0.000135；
   　　$m=4$：1.000008，誤差＝0.000008
   (c) $m=1$：1.718861，誤差＝0.000579；
   　　$m=2$：1.718319，誤差＝0.000037；
   　　$m=4$：1.718284，誤差＝0.000002

7. (a) 1　(b) 1　(c) 3

9. 3

11. $\dfrac{4h}{3}\sum_{i=1}^{m}[2f(u_i) + 2f(v_i) - f(w_i)] + \dfrac{7(b-a)h^4}{90} f^{(iv)}(c)$

13. 5

5.2 電腦演算題

1. (a) 正確值＝2; $m=16$ 近似值＝1.998638，誤差＝1.36×10^{-3}；
   　　$m=32$ 近似值＝1.999660，誤差＝3.40×10^{-4}
   (b) 正確值＝1/2(1−ln 2); $m=16$ 近似值＝0.153752，誤差＝3.26×10^{-4}；
   　　$m=32$ 近似值＝0.153508，誤差＝8.14×10^{-5}
   (c) 正確值＝1; $m=16$ 近似值＝1.001444，誤差＝1.44×10^{-3}；
   　　$m=32$ 近似值＝1.000361，誤差＝3.6×10^{-4}
   (d) 正確值＝9 ln 3−26/9; $m=16$ 近似值＝7.009809，誤差＝1.12×10^{-2}；
   　　$m=32$ 近似值＝7.001419，誤差＝2.80×10^{-3}
   (e) 正確值＝π^2-4; $m=16$ 近似值＝5.837900，誤差＝3.17×10^{-2}；
   　　$m=32$ 近似值＝5.861678，誤差＝7.93×10^{-3}
   (f) 正確值＝$2\sqrt{5} - \sqrt{15}/2$; $m=16$ 近似值＝2.535672，誤差＝2.80×10^{-5}；
   　　$m=32$ 近似值＝2.535651，誤差＝7.00×10^{-6}

(g) 正確值＝ ln($\sqrt{3}$ + 2)；m＝16 近似值＝1.316746，誤差＝2.11×10^{-4}；
   m＝32 近似值＝1.316905，誤差＝5.29×10^{-5}

(h) 正確值＝ ln($\sqrt{2}$ + 1)/2；m＝16 近似值＝0.440361，誤差＝3.26×10^{-4}；
   m＝32 近似值＝0.440605，誤差＝8.14×10^{-5}

3. (a) m＝16 近似值＝1.464420；m＝32 近似值＝1.463094
   (b) m＝16 近似值＝0.891197；m＝32 近似值＝0.893925
   (c) m＝16 近似值＝3.977463；m＝32 近似值＝3.977463
   (d) m＝16 近似值＝0.264269；m＝32 近似值＝0.264025
   (e) m＝16 近似值＝0.160686；m＝32 近似值＝0.160936
   (f) m＝16 近似值＝－0.278013；m＝32 近似值＝－0.356790
   (g) m＝16 近似值＝0.785276；m＝32 近似值＝0.783951
   (h) m＝16 近似值＝0.369964；m＝32 近似值＝0.371168

5. (a) m＝16 近似值＝1.8315299；m＝32 近似值＝1.83183081
   (b) m＝16 近似值＝2.99986658；m＝32 近似值＝3.00116293
   (c) m＝16 近似值＝0.91601205；m＝32 近似值＝0.91597721

5.3 習 題

1. (a) 1/3　(b) 0.99999157　(c) 1.71828269

5.3 電腦演算題

1. (a) 正確值＝2，近似值＝2.00000010，誤差＝1.0×10^{-7}
   (b) 正確值 1/2(1－ln 2)，近似值＝0.15342640，誤差＝1.23×10^{-8}
   (c) 正確值＝1，近似值＝1.00000000，誤差＝3.5×10^{-13}
   (d) 正確值 9 ln 3－26/9，近似值＝6.99862171，誤差＝3.00×10^{-9}
   (e) 正確值 π^2－4，近似值＝5.86960486，誤差＝4.56×10^{-7}
   (f) 正確值 $2\sqrt{5} - \sqrt{15}/2$，近似值＝2.53564428，誤差＝1.21×10^{-10}
   (g) 正確值 ($\sqrt{3}$ + 2)，近似值＝1.31695765，誤差＝2.46×10^{-7}
   (h) 正確值 ($\sqrt{2}$ + 1)/2，近似值＝0.44068686，誤差＝6.98×10^{-8}

5.4 習 題

1. (a) 0.3750，誤差＝0.0417　(b) 0.9871，誤差＝0.0129　(c) 1.7539，誤差＝0.0356
3. 和梯形法的順應積分法使用相同的容許誤差，只需把梯形法換成中點法

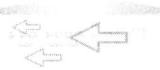

5.4 電腦演算題

1. (a) 2.00000000, 12606 個子區間　(b) 0.15342641, 6204 個子區間　(c) 1.00000000, 12424 個子區間
   (d) 6.99868171, 32768 個子區間　(e) 5.86960440, 73322 個子區間　(f) 2.53564428, 1568 個子區間
   (g) 1.31695790, 7146 個子區間　(h) 0.44068679, 5308 個子區間

3. 前 8 位小數和電腦演算題 1 所得相同　(a) 56 個子區間　(b) 46 個子區間　(c) 40 個子區間
   (d) 56 個子區間　(e) 206 個子區間　(f) 22 個子區間　(g) 54 個子區間　(h) 52 個子區間

5. 前 8 位小數和電腦演算題 1 所得相同　(a) 50 個子區間　(b) 44 個子區間　(c) 36 個子區間
   (d) 54 個子區間　(e) 198 個子區間　(f) 22 個子區間　(g) 50 個子區間　(h) 52 個子區間

7. (a) 1.46265175　(b) 0.89483147　(c) 3.97746326　(d) 0.26394351　(e) 0.16101990
   (f) -0.37594047　(g) 0.78343051　(h) 0.37156907

9. erf(1)=0.84270079, erf(3)=0.99997791

5.5 習 題

1. (a) 0，誤差=0　(b) 0.222222，誤差=0.1777778　(c) 2.342696，誤差=0.007706
   (d) -0.481237，誤差=0.481237

3. (a) 0，誤差=0　(b) 0.4，誤差=0　(c) 2.350402，誤差=2.95×10^{-7}
   (d) -0.002136，誤差=0.002136

5. (a) 1.999825　(b) 0.15340700　(c) 0.99999463　(d) 6.99867782

第 6 章

6.1 習 題

3. (a) $y(t) = 1 + t^2/2$　(b) $y(t) = e^{t^3/3}$　(c) $y(t) = e^{t^2+2t}$　(d) $y = e^{t^5}$　(e) $y(t) = (3t+1)^{1/3}$
   (f) $y(t) = (3t^4/4 + 1)^{1/3}$

5. (a) $w = [1.0000, 1.0000, 1.0625, 1.1875, 1.3750]$，誤差=0.1250
   (b) $w = [1.0000, 1.0000, 1.0156, 1.0791, 1.2309]$，誤差=0.1648
   (c) $w = [1.0000, 1.5000, 2.4375, 4.2656, 7.9980]$，誤差=12.0875
   (d) $w = [1.0000, 1.0000, 1.0049, 1.0834, 1.5119]$，誤差=1.2064
   (e) $w = [1.0000, 1.2500, 1.4100, 1.5357, 1.6417]$，誤差=0.0543
   (f) $w = [1.0000, 1.0000, 1.0039, 1.0349, 1.1334]$，誤差=0.0717

7. (a) $L=0$，有唯一解　(b) $L=1$，有唯一解　(c) $L=1$，有唯一解　(d) Lipschitz 常數不存在

9. (a) 解為 $Y(t) = t^2/2$ 及 $Z(t) = t^2/2 + 1$. $|Y(t) - Z(t)| = 1 \le e^0|1| = 1$
   (b) 解為 $Y(t) = 0$ 及 $Z(t) = e^t$. $|Y(t) - Z(t)| = e^t \le e^{1(t-0)}|1|$

(c) 解為 $Y(t) = 0$ 及 $Z(t) = e^{-t}$. $|Y(t) - Z(t)| = e^{-t} \leq e^{1(t-0)}|1| = 1$

(d) Lipschitz 常數無法滿足

11. $y(t) = 1/(1-t)$

6.1 電腦演算題

1.

(a)

t_i	w_i	誤差
0.0	1.0000	0.0000
0.1	1.0000	0.0050
0.2	1.0100	0.0100
0.3	1.0300	0.0150
0.4	1.0600	0.0200
0.5	1.1000	0.0250
0.6	1.1500	0.0300
0.7	1.2100	0.0350
0.8	1.2800	0.0400
0.9	1.3600	0.0450
1.0	1.4500	0.0500

(b)

t_i	w_i	誤差
0.0	1.0000	0.0000
0.1	1.0000	0.0003
0.2	1.0010	0.0017
0.3	1.0050	0.0040
0.4	1.0140	0.0075
0.5	1.0303	0.0123
0.6	1.0560	0.0186
0.7	1.0940	0.0271
0.8	1.1477	0.0384
0.9	1.2211	0.0540
1.0	1.3200	0.0756

(c)

t_i	w_i	誤差
0.0	1.0000	0.0000
0.1	1.2000	0.0337
0.2	1.4640	0.0887
0.3	1.8154	0.1784
0.4	2.2874	0.3243
0.5	2.9278	0.5625
0.6	3.8062	0.9527
0.7	5.0241	1.5952
0.8	6.7323	2.6610
0.9	9.1560	4.4431
1.0	12.6352	7.4503

(d)

t_i	w_i	誤差
0.0	1.0000	0.0000
0.1	1.0000	0.0000
0.2	1.0001	0.0003
0.3	1.0009	0.0016
0.4	1.0049	0.0054
0.5	1.0178	0.0140
0.6	1.0496	0.0313
0.7	1.1176	0.0654
0.8	1.2517	0.1360
0.9	1.5081	0.2968
1.0	2.0028	0.7154

(e)

t_i	w_i	誤差
0.0	1.0000	0.0000
0.1	1.1000	0.0086
0.2	1.1826	0.0130
0.3	1.2541	0.0156
0.4	1.3177	0.0171
0.5	1.3753	0.0181
0.6	1.4282	0.0187
0.7	1.4772	0.0191
0.8	1.5230	0.0193
0.9	1.5661	0.0195
1.0	1.6069	0.0195

(f)

t_i	w_i	誤差
0.0	1.0000	0.0000
0.1	1.0000	0.0000
0.2	1.0001	0.0003
0.3	1.0009	0.0011
0.4	1.0036	0.0028
0.5	1.0099	0.0054
0.6	1.0222	0.0092
0.7	1.0429	0.0139
0.8	1.0744	0.0190
0.9	1.1188	0.0239
1.0	1.1770	0.0281

6.2 習題

1. (a) $w = [1.0000, 1.0313, 1.1250, 1.2813, 1.5000]$, 誤差 $= 0$

(b) $w = [1.0000, 1.0078, 1.0477, 1.1587, 1.4054]$, 誤差 $= 0.0097$

(c) $w = [1.0000, 1.7188, 3.3032, 7.0710, 16.7935]$, 誤差 $= 3.2920$

(d) $w = [1.0000, 1.0024, 1.0442, 1.3077, 2.7068]$, 誤差 $= 0.0115$

(e) $w = [1.0000, 1.2050, 1.3570, 1.4810, 1.5871]$, 誤差 $= 0.0003$

(f) $w = [1.0000, 1.0020, 1.0193, 1.0823, 1.2182]$, 誤差 $= 0.0132$

3. (a) $w_{i+1} = w_i + ht_i w_i + 1/2h^2(w_i + t_i^2 w_i)$

(b) $w_{i+1} = w_i + h(t_i w_i^2 + w_i^3) + 1/2h^2(w_i^2 + (2t_i w_i + 3w_i^2)(t_i w_i^2 + w_i^3))$

(c) $w_{i+1} = w_i + hw_i \sin w_i + 1/2h^2(\sin w_i + w_i \cos w_i)w_i \sin w_i$

(d) $w_{i+1} = w_i + he^{w_i t_i^2} + 1/2h^2 e^{w_i t_i^2}(2t_i w_i + t_i^2 e^{w_i t_i^2})$

6.2 電腦演算題

1.

(a)

t_i	w_i	誤差
0.0	1.0000	0
0.1	1.0050	0
0.2	1.0200	0
0.3	1.0450	0
0.4	1.0800	0
0.5	1.1250	0
0.6	1.1800	0
0.7	1.2450	0
0.8	1.3200	0
0.9	1.4050	0
1.0	1.5000	0

(b)

t_i	w_i	誤差
0.0	1.0000	0.0000
0.1	1.0005	0.0002
0.2	1.0030	0.0003
0.3	1.0095	0.0005
0.4	1.0222	0.0007
0.5	1.0434	0.0008
0.6	1.0757	0.0010
0.7	1.1224	0.0012
0.8	1.1875	0.0014
0.9	1.2767	0.0016
1.0	1.3974	0.0018

(c)

t_i	w_i	誤差
0.0	1.0000	0.0000
0.1	1.2320	0.0017
0.2	1.5479	0.0048
0.3	1.9832	0.0106
0.4	2.5908	0.0209
0.5	3.4509	0.0394
0.6	4.6864	0.0725
0.7	6.4878	0.1316
0.8	9.1556	0.2378
0.9	13.1694	0.4297
1.0	19.3063	0.7792

(d)

t_i	w_i	誤差
0.0	1.0000	0.0000
0.1	1.0000	0.0000
0.2	1.0005	0.0001
0.3	1.0029	0.0004
0.4	1.0114	0.0011
0.5	1.0338	0.0021
0.6	1.0845	0.0037
0.7	1.1890	0.0060
0.8	1.3967	0.0090
0.9	1.8158	0.0109
1.0	2.7164	0.0018

(e)

t_i	w_i	誤差
0.0	1.0000	0.0000
0.1	1.0913	0.0001
0.2	1.1695	0.0001
0.3	1.2384	0.0001
0.4	1.3005	0.0001
0.5	1.3571	0.0001
0.6	1.4093	0.0001
0.7	1.4580	0.0001
0.8	1.5036	0.0001
0.9	1.5466	0.0001
1.0	1.5873	0.0001

(f)

t_i	w_i	誤差
0.0	1.0000	0.0000
0.1	1.0001	0.0000
0.2	1.0005	0.0001
0.3	1.0022	0.0002
0.4	1.0068	0.0004
0.5	1.0160	0.0006
0.6	1.0323	0.0009
0.7	1.0579	0.0011
0.8	1.0948	0.0014
0.9	1.1443	0.0017
1.0	1.2069	0.0018

6.3 習題

1. (a) $\begin{bmatrix} w_1 \\ w_2 \end{bmatrix} = \begin{bmatrix} 1 & 1.25 & 1.5 & 1.7188 & 1.8594 \\ 0 & -0.25 & -0.625 & -1.1563 & -1.875 \end{bmatrix}$ 誤差 $= \begin{bmatrix} 0.3907 \\ 0.4124 \end{bmatrix}$

(b) $\begin{bmatrix} w_1 \\ w_2 \end{bmatrix} = \begin{bmatrix} 1 & 0.7500 & 0.5000 & 0.2813 & 0.1094 \\ 0 & 0.2500 & 0.3750 & 0.4063 & 0.3750 \end{bmatrix}$ 誤差 $= \begin{bmatrix} 0.0894 \\ 0.0654 \end{bmatrix}$

(c) $\begin{bmatrix} w_1 \\ w_2 \end{bmatrix} = \begin{bmatrix} 1 & 1.0000 & 0.9375 & 0.8125 & 0.6289 \\ 0 & 0.2500 & 0.5000 & 0.7344 & 0.9375 \end{bmatrix}$ 誤差 $= \begin{bmatrix} 0.0886 \\ 0.0960 \end{bmatrix}$

(d) $\begin{bmatrix} w_1 \\ w_2 \end{bmatrix} = \begin{bmatrix} 5 & 6.2500 & 9.6875 & 17.2656 & 32.9492 \\ 0 & 2.5000 & 6.8750 & 15.1563 & 31.3672 \end{bmatrix}$ 誤差 $= \begin{bmatrix} 77.3507 \\ 77.0934 \end{bmatrix}$

3. (a) $y_1' = y_2, y_2' = ty_1$ (b) $y_1' = y_2, y_2' = 2ty_2 - 2y_1$ (c) $y_1' = y_2, y_2' = ty_2 + y_1$

5. (a) $y_1' = y_2, y_2' = y_3, y_3' = y_2 + t$ (c) $y = [0, 0, 0, 0, 0.0039]$ (d) 誤差 $= 0.0392$

6.3 電腦演算題

1. $[y_1, y_2]$ 中的誤差：
   (a) $h = 0.1$ 時為 $[0.1973, 0.1592]$，$h = 0.01$ 時為 $[0.0226, 0.0149]$
   (b) $h = 0.1$ 時為 $[0.0328, 0.0219]$，$h = 0.01$ 時為 $[0.0031, 0.0020]$
   (c) $h = 0.1$ 時為 $[0.0305, 0.0410]$，$h = 0.01$ 時為 $[0.0027, 0.0042]$
   (d) $h = 0.1$ 時為 $[51.4030, 51.3070]$，$h = 0.01$ 時為 $[8.1919, 8.1827]$
   注意到對一階解法誤差大約降低為 10 分之一。

5. 粗略地說，週期軌道包含順時針 $3\frac{1}{2}$ 轉、逆時針 $2\frac{1}{2}$ 轉、順時針 $3\frac{1}{2}$ 轉、逆時針 $2\frac{1}{2}$ 轉。另外一個週期軌道相同，只是將順時針改成逆時針。

6.4 習題

1. (a) $w = [1.0000, 1.0313, 1.1250, 1.2813, 1.5000]$, 誤差 $= 0$
   (b) $w = [1.0000, 1.0039, 1.0395, 1.1442, 1.3786]$, 誤差 $= 0.0171$
   (c) $w = [1.0000, 1.7031, 3.2399, 6.8595, 16.1038]$, 誤差 $= 3.9817$
   (d) $w = [1.0000, 1.0003, 1.0251, 1.2283, 2.3062]$, 誤差 $= 0.4121$
   (e) $w = [1.0000, 1.1975, 1.3490, 1.4734, 1.5801]$, 誤差 $= 0.0073$
   (f) $w = [1.0000, 1.0005, 1.0136, 1.0713, 1.2055]$, 誤差 $= 0.0004$

3. (a) $w = [1, 1.0313, 1.1250, 1.2813, 1.5000]$, 誤差 $= 0$
   (b) $w = [1, 1.0052, 1.0425, 1.1510, 1.3956]$, 誤差 $= 1.2476 \times 10^{-5}$
   (c) $w = [1, 1.7545, 3.4865, 7.8448, 19.975]$, 誤差 $= 0.11007$
   (d) $w = [1, 1.001, 1.0318, 1.2678, 2.7103]$, 誤差 $= 7.9505 \times 10^{-3}$
   (e) $w = [1, 1.2051, 1.3573, 1.4813, 1.5874]$, 誤差 $= 4.1996 \times 10^{-5}$
   (f) $w = [1, 1.0010, 1.0154, 1.0736, 1.2051]$, 誤差 $= 6.0464 \times 10^{-5}$

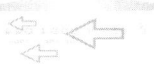

6.4 電腦演算題

1.

(a)

t_i	w_i	誤差
0.0	1.0000	0
0.1	1.0050	0
0.2	1.0200	0
0.3	1.0450	0
0.4	1.0800	0
0.5	1.1250	0
0.6	1.1800	0
0.7	1.2450	0
0.8	1.3200	0
0.9	1.4050	0
1.0	1.5000	0

(b)

t_i	w_i	誤差
0.0	1.0000	0.0000
0.1	1.0003	0.0001
0.2	1.0025	0.0002
0.3	1.0088	0.0003
0.4	1.0212	0.0004
0.5	1.0420	0.0005
0.6	1.0740	0.0007
0.7	1.1201	0.0010
0.8	1.1847	0.0014
0.9	1.2730	0.0020
1.0	1.3926	0.0030

(c)

t_i	w_i	誤差
0.0	1.0000	0.0000
0.1	1.2310	0.0027
0.2	1.5453	0.0074
0.3	1.9780	0.0158
0.4	2.5814	0.0303
0.5	3.4348	0.0555
0.6	4.6594	0.0995
0.7	6.4430	0.1764
0.8	9.0814	0.3120
0.9	13.0463	0.5528
1.0	19.1011	0.9845

(d)

t_i	w_i	誤差
0.0	1.0000	0.0000
0.1	1.0000	0.0000
0.2	1.0003	0.0001
0.3	1.0022	0.0002
0.4	1.0097	0.0005
0.5	1.0306	0.0012
0.6	1.0785	0.0024
0.7	1.1778	0.0052
0.8	1.3754	0.0124
0.9	1.7711	0.0338
1.0	2.6107	0.1076

(e)

t_i	w_i	誤差
0.0	1.0000	0.0000
0.1	1.0907	0.0007
0.2	1.1686	0.0010
0.3	1.2375	0.0011
0.4	1.2995	0.0011
0.5	1.3561	0.0011
0.6	1.4083	0.0011
0.7	1.4570	0.0011
0.8	1.5026	0.0011
0.9	1.5456	0.0010
1.0	1.5864	0.0010

(f)

t_i	w_i	誤差
0.0	1.0000	0.0000
0.1	1.0000	0.0000
0.2	1.0003	0.0000
0.3	1.0019	0.0001
0.4	1.0062	0.0002
0.5	1.0151	0.0003
0.6	1.0311	0.0003
0.7	1.0564	0.0003
0.8	1.0931	0.0003
0.9	1.1426	0.0001
1.0	1.2051	0.0001

6.6 習 題

1. (a) $w = [0, 0.0833, 0.2778, 0.6204, 1.1605]$，誤差 $= 0.4422$
   (b) $w = [0, 0.0500, 0.1400, 0.2620, 0.4096]$，誤差 $= 0.0417$
   (c) $w = [0, 0.1667, 0.4444, 0.7963, 1.1975]$，誤差 $= 0.0622$

6.6 電腦演算題

1. (a) $y = 1$，尤拉步長 ≤ 1.8　(b) $y = 1$，尤拉步長 $\leq 1/3$

6.7 習　題

1. (a) $w=[1.0000, 1.0313, 1.1250, 1.2813, 1.5000]$，誤差$=0$
   (b) $w=[1.0000, 1.0078, 1.0314, 1.1203, 1.3243]$，誤差$=0.0713$
   (c) $w=[1.0000, 1.7188, 3.0801, 6.0081, 12.7386]$，誤差$=7.3469$
   (d) $w=[1.0000, 1.0024, 1.0098, 1.1257, 1.7540]$，誤差$=0.9642$
   (e) $w=[1.0000, 1.2050, 1.3383, 1.4616, 1.5673]$，誤差$=0.0201$
   (f) $w=[1.0000, 1.0020, 1.0078, 1.0520, 1.1796]$，誤差$=0.0255$

3. $w_{i+1} = -4w_i + 5w_{i-1} + h[4f_i + 2f_{i-1}]$；非穩定的。

7. (a) $0 < a_1 < 2$　(b) $a_1 = 0$

9. (a) 二階不穩定　(b) 二階強穩定　(c) 三階強穩定　(d) 三階不穩定　(e) 三階不穩定

11. 比如，$a_1=0, a_2=1, b_0=1, b_1=-1, b_2=2$

13. (a) $a_1 + a_2 + a_3 = 1, -a_2 - 2a_3 + b_1 + b_2 + b_3 = 1, a_2 + 4a_3 - 2b_2 - 4b_3 = 1, -a_2 - 8a_3 + 3b_2 + 12b_3 = 1$
    (c) $P(x) = x^3 - x^2$ 有二重根 0 及單根 1
    (d) $w_{i+1} = w_{i-1} + h[\frac{7}{3}f_i - \frac{2}{3}f_{i-1} + \frac{1}{3}f_{i-2}]$

15. (a) $a_1 + a_2 + a_3 = 1, -a_2 - 2a_3 + b_0 + b_1 + b_2 + b_3 = 1, a_2 + 4a_3 + 2b_0 - 2b_2 - 4b_3 = 1$,
    (b) $-a_2 - 8a_3 + 3b_0 + 3b_2 + 12b_3 = 1, a_2 + 16a_3 + 4b_0 - 4b_2 - 32b_3 = 1$
    (c) $P(x) = x^3 - x^2 = x^2(x-1)$ 有單根 1

6.7 電腦演算題

1.

(a)

t_i	w_i	誤差
0.0	1.0000	0
0.1	1.0050	0
0.2	1.0200	0
0.3	1.0450	0
0.4	1.0800	0
0.5	1.1250	0
0.6	1.1800	0
0.7	1.2450	0
0.8	1.3200	0
0.9	1.4050	0
1.0	1.5000	0

(b)

t_i	w_i	誤差
0.0	1.0000	0.0000
0.1	1.0005	0.0002
0.2	1.0020	0.0007
0.3	1.0075	0.0015
0.4	1.0191	0.0025
0.5	1.0390	0.0035
0.6	1.0698	0.0048
0.7	1.1146	0.0065
0.8	1.1773	0.0088
0.9	1.2630	0.0121
1.0	1.3788	0.0168

(c)

t_i	w_i	誤差
0.0	1.0000	0.0000
0.1	1.2320	0.0017
0.2	1.5386	0.0141
0.3	1.9569	0.0368
0.4	2.5355	0.0762
0.5	3.3460	0.1443
0.6	4.4967	0.2621
0.7	6.1533	0.4661
0.8	8.5720	0.8214
0.9	12.1548	1.4443
1.0	17.5400	2.5455

習題解答

(d)

t_i	w_i	誤差
0.0	1.0000	0.0000
0.1	1.0000	0.0000
0.2	1.0001	0.0002
0.3	1.0013	0.0012
0.4	1.0070	0.0033
0.5	1.0243	0.0075
0.6	1.0658	0.0150
0.7	1.1534	0.0296
0.8	1.3266	0.0611
0.9	1.6649	0.1400
1.0	2.3483	0.3700

(e)

t_i	w_i	誤差
0.0	1.0000	0.0000
0.1	1.0913	0.0001
0.2	1.1673	0.0023
0.3	1.2354	0.0032
0.4	1.2970	0.0036
0.5	1.3534	0.0038
0.6	1.4055	0.0039
0.7	1.4542	0.0039
0.8	1.4998	0.0039
0.9	1.5428	0.0038
1.0	1.5836	0.0038

(f)

t_i	w_i	誤差
0.0	1.0000	0.0000
0.1	1.0001	0.0000
0.2	1.0002	0.0002
0.3	1.0013	0.0007
0.4	1.0050	0.0014
0.5	1.0131	0.0022
0.6	1.0282	0.0032
0.7	1.0528	0.0039
0.8	1.0890	0.0044
0.9	1.1383	0.0044
1.0	1.2011	0.0040

3.

(a)

t_i	w_i	誤差
0.0	0.0000	0.0000
0.1	0.0050	0.0002
0.2	0.0213	0.0002
0.3	0.0493	0.0005
0.4	0.0916	0.0002
0.5	0.1474	0.0013
0.6	0.2222	0.0001
0.7	0.3105	0.0032
0.8	0.4276	0.0020
0.9	0.5510	0.0086
1.0	0.7283	0.0100

(b)

t_i	w_i	誤差
0.0	0.0000	0.0000
0.1	0.0050	0.0002
0.2	0.0187	0.0000
0.3	0.0413	0.0005
0.4	0.0699	0.0004
0.5	0.1082	0.0016
0.6	0.1462	0.0027
0.7	0.2032	0.0066
0.8	0.2360	0.0134
0.9	0.3363	0.0297
1.0	0.3048	0.0631

(c)

t_i	w_i	誤差
0.0	0.0000	0.0000
0.1	0.0200	0.0013
0.2	0.0700	0.0003
0.3	0.1530	0.0042
0.4	0.2435	0.0058
0.5	0.3855	0.0176
0.6	0.4645	0.0367
0.7	0.7356	0.0890
0.8	0.5990	0.2029
0.9	1.4392	0.4739
1.0	0.0394	1.0959

第 7 章

7.1 習 題

3. (a) $\sin 2t, \cos 2t$ (b) $y_a - y_b = 0$ (c) $y_a + y_b = 0$ (d) 無條件，解永遠存在

5. $y(t) = \dfrac{y_1 - e^{-\sqrt{k}} y_0}{e^{\sqrt{k}} - e^{-\sqrt{k}}} e^{\sqrt{k}t} + \dfrac{e^{\sqrt{k}} y_0 - y_1}{e^{\sqrt{k}} - e^{-\sqrt{k}}} e^{-\sqrt{k}t}$

7.1 電腦演算題

1. (a) $y(t) = 1/3te^t$ (b) $y(t) = e^{t^2}$
3. (a) $y(t) = 1/(3t^2)$ (b) $y(t) = \ln(t^2 + 1)$

5. (a) $s = y_2(0) = 1$，正確解為 $y_1(t) = \arctan t, y_2 = t^2 + 1$
   (b) $s = y_2(0) = 1/3$，正確解為 $y_1(t) = e^{t^3}, y_2(t) = 1/3 - t^2$

7.2 電腦演算題

5. (a) $y(t) = \dfrac{e^{1+t} - e^{1-t}}{e^2 - 1}$

(c)

n	h	誤差
3	1/4	0.00026473
7	1/8	0.00006657
15	1/16	0.00001667
31	1/32	0.00000417
63	1/64	0.00000104
127	1/128	0.00000026

7. 以外插法 $N_2(h) = (4N(h/2) - N(h))/3$ 和 $N_3(h) = (16N_2(h/2) - N_2(h))/15$ 可得近似解 $y(1/2) \approx 0.443409442296$，誤差 $\approx 3.11 \times 10^{-10}$

11. 11.786

第 8 章

8.1 電腦演算題

1. 在代表性之點的近似解：

(a)

	$x = 0.2$	$x = 0.5$	$x = 0.8$
$t = 0.2$	3.0432	3.3640	3.9901
$t = 0.5$	5.5451	6.1296	7.2705
$t = 0.8$	10.1039	11.1688	13.2477

(b)

	$x = 0.2$	$x = 0.5$	$x = 0.8$
$t = 0.2$	1.8219	2.4593	3.3199
$t = 0.5$	3.3198	4.4811	6.0492
$t = 0.8$	6.0490	8.1651	11.0224

前向差分法在 $h = 0.1$，$K > 0.003$ 時皆為不穩定

3.

(a)

h	k	$u(0.5, 1)$	$w(0.5, 1)$	誤差
0.02	0.02	16.6642	16.7023	0.0381
0.02	0.01	16.6642	16.6834	0.0192
0.02	0.005	16.6642	16.6738	0.0097

(b)

h	k	$u(0.5, 1)$	$w(0.5, 1)$	誤差
0.02	0.02	12.1825	12.2104	0.0279
0.02	0.01	12.1825	12.1965	0.0140
0.02	0.005	12.1825	12.1896	0.0071

5.

(a)

h	k	u(0.5, 1)	w(0.5, 1)	誤差
0.02	0.02	16.664183	16.664504	0.000321
0.01	0.01	16.664183	16.664263	0.000080
0.005	0.005	16.664183	16.664203	0.000020

(b)

h	k	u(0.5, 1)	w(0.5, 1)	誤差
0.02	0.02	12.182494	12.182728	0.000235
0.01	0.01	12.182494	12.182553	0.000059
0.005	0.005	12.182494	12.182509	0.000015

8.2 電腦演算題

1. 在代表性之點的近似解：

(a)

	$x = 0.2$	$x = 0.5$	$x = 0.8$
$t = 0.2$	−0.4755	−0.8090	−0.4755
$t = 0.5$	0.5878	1.0000	0.5878
$t = 0.8$	−0.4755	−0.8090	−0.4755

(b)

	$x = 0.2$	$x = 0.5$	$x = 0.8$
$t = 0.2$	0.5489	0.4067	0.3012
$t = 0.5$	0.3012	0.2231	0.1653
$t = 0.8$	0.1652	0.1224	0.0907

(c)

	$x = 0.2$	$x = 0.5$	$x = 0.8$
$t = 0.2$	0.3364	0.5306	0.6931
$t = 0.5$	0.5306	0.6930	0.8329
$t = 0.8$	0.6931	0.8329	0.9554

3.

(a)

h	k	w(1/4, 3/4)	誤差
2^{-4}	2^{-6}	−0.70710678	0.0
2^{-5}	2^{-7}	−0.70710678	0.0
2^{-6}	2^{-8}	−0.70710678	0.0
2^{-7}	2^{-9}	−0.70710678	0.0
2^{-8}	2^{-10}	−0.70710678	0.0

(b)

h	k	w(1/4, 3/4)	誤差
2^{-4}	2^{-5}	0.17367424	0.00009971
2^{-5}	2^{-6}	0.17374901	0.00002493
2^{-6}	2^{-7}	0.17376771	0.00000623
2^{-7}	2^{-8}	0.17377238	0.00000156
2^{-8}	2^{-9}	0.17377355	0.00000039

(c)

h	k	w(1/4, 3/4)	誤差
2^{-4}	2^{-4}	0.69308400	0.00006318
2^{-5}	2^{-5}	0.69313136	0.00001582
2^{-6}	2^{-6}	0.69314323	0.00000396
2^{-7}	2^{-7}	0.69314619	0.00000099
2^{-8}	2^{-8}	0.69314693	0.00000025

8.3 電腦演算題

1. 在代表性之點的近似解:

(a)

	$x=0.2$	$x=0.5$	$x=0.8$
$y=0.2$	0.3151	0.5362	0.3151
$y=0.5$	0.1236	0.2103	0.1236
$y=0.8$	0.0482	0.0821	0.0482

(b)

	$x=0.2$	$x=0.5$	$x=0.8$
$y=0.2$	0.4006	1.3686	3.6222
$y=0.5$	0.6816	2.3284	6.1624
$y=0.8$	0.4006	1.3686	3.6222

3. 在代表性之點的近似解:

(a)

	$x=0.2$	$x=0.5$	$x=0.8$
$y=0.2$	0.0347	0.0590	0.0347
$y=0.5$	0.1185	0.2016	0.1185
$y=0.8$	0.3136	0.5336	0.3136

(b)

	$x=0.2$	$x=0.5$	$x=0.8$
$y=0.2$	0.4579	0.6752	0.8417
$y=0.5$	0.6752	0.6708	0.6752
$y=0.8$	0.8417	0.6752	0.4579

5. 11.4 公尺

7.

(a)

h	k	$w(1/4, 3/4)$	誤差
2^{-2}	2^{-2}	0.072692	0.005672
2^{-3}	2^{-3}	0.068477	0.001457
2^{-4}	2^{-4}	0.067387	0.000367
2^{-5}	2^{-5}	0.067112	0.000092

(b)

h	k	$w(1/4, 3/4)$	誤差
2^{-2}	2^{-2}	0.673903	0.059660
2^{-3}	2^{-3}	0.629543	0.015300
2^{-4}	2^{-4}	0.618094	0.003851
2^{-5}	2^{-5}	0.615207	0.000964

9. 在代表性之點的近似解:

(a)

	$x=0.2$	$x=0.5$	$x=0.8$
$y=0.2$	0.3151	0.5362	0.3151
$y=0.5$	0.1236	0.2103	0.1236
$y=0.8$	0.0482	0.0821	0.0482

(b)

	$x=0.2$	$x=0.5$	$x=0.8$
$y=0.2$	0.4006	1.3686	3.6222
$y=0.5$	0.6816	2.3284	6.1624
$y=0.8$	0.4006	1.3686	3.6222

11. 在代表性之點的近似解:

(a)

	$x=0.2$	$x=0.5$	$x=0.8$
$y=0.2$	0.0639	0.1587	0.2520
$y=0.5$	0.1587	0.3857	0.5905
$y=0.8$	0.2520	0.5905	0.8457

(b)

	$x=0.2$	$x=0.5$	$x=0.8$
$y=0.2$	1.0407	1.1050	1.1737
$y=0.5$	1.1050	1.2841	1.4926
$y=0.8$	1.1737	1.4926	1.8988

13.

(a)

h	k	$w(1/4, 3/4)$	誤差
2^{-2}	2^{-2}	0.306708	0.016423
2^{-3}	2^{-3}	0.295080	0.004795
2^{-4}	2^{-4}	0.291580	0.001295
2^{-5}	2^{-5}	0.290621	0.000336

(b)

h	k	$w(1/4, 3/4)$	誤差
2^{-2}	2^{-2}	1.207223	0.000993
2^{-3}	2^{-3}	1.206438	0.000208
2^{-4}	2^{-4}	1.206273	0.000043
2^{-5}	2^{-5}	1.206240	0.000009

第 9 章

9.1 習 題

1. (a) 4　(b) 9

3. (a) 0.3　(b) 0.28

9.1 電腦演算題

1. 0.000273，正確體積 ≈ 0.000268

3. (以下答案採種子數為 1 的最低標準 LCG)　(a) 1/3

(b)

n	第一型估計值	誤差
10^2	0.327290	0.006043
10^3	0.342494	0.009161
10^4	0.332705	0.000628
10^5	0.333610	0.000277
10^6	0.333505	0.000172

(c)

n	第二型估計值	誤差
10^2	0.28	0.053333
10^3	0.354	0.020667
10^4	0.3406	0.007267
10^5	0.33382	0.000487
10^6	0.333989	0.000656

5. (a) $n=10^4$: 0.5128, 誤差＝0.010799; $n=10^6$: 0.524980, 誤差＝0.001381

   (b) $n=10^4$: 0.1744, 誤差＝0.000133; $n=10^6$: 0.174851, 誤差＝0.000318

7. (a) 1/12　(b) 0.083566, 誤差＝0.000232

9.2 電腦演算題

1. (a) 1/3　(b)

n	第一型估計值	誤差
10^2	0.335414	0.002080
10^3	0.333514	0.000181
10^4	0.333339	0.000006
10^5	0.333334	0.000001

(c)

n	第二型估計值	誤差
10^2	0.35	0.016667
10^3	0.333	0.000333
10^4	0.3339	0.000567
10^5	0.33338	0.000047

3. (a) $n=10^4$: 0.5323, 誤差＝0.000399; $n=10^5$: 0.52396, 誤差＝0.000361

   (b) $n=10^4$: 0.1743, 誤差＝0.000233; $n=10^5$: 0.17455, 誤差＝0.000017

5. 典型結果：蒙地卡羅法估計值＝4.9656，誤差＝0.030798；準蒙地卡羅法估計值＝4.92928，誤差＝0.005522

7. (a) 正確值＝1/2；$n=10^6$ 蒙地卡羅法估計值 0.500313

   (b) 正確值＝4/9；$n=10^6$ 蒙地卡羅法估計值 0.444486

9. 1/24 ≈ 4.167%

9.3 電腦演算題

1. 利用最低標準 LCG：(a) 蒙地卡羅法＝0.2907，誤差＝0.0050　(b) 0.6323，誤差 0.0073　(c) 0.7322，誤差 0.0049
3. (a) 0.8199，誤差＝0.0014　(b) 0.9871，誤差＝0.0004　(c) 0.9984，誤差＝0.0006
5. (a) 0.2969，誤差＝0.0112　(b) 0.3939，誤差＝0.0049　(c) 0.4600，誤差＝0.0106
7. (a) 0.5848，誤差＝0.0207　(b) 0.3106，誤差＝0.0154　(c) 0.7155，誤差＝0.0107

9.4 電腦演算題

5. 典型結果：

Δt	平均誤差
10^{-1}	0.2657
10^{-2}	0.0925
10^{-3}	0.0256

此結果表示階數大約為 $1/2$

9.
Δt	平均誤差
10^{-1}	0.1394
10^{-2}	0.0202
10^{-3}	0.0026

此結果表示階數大約為 1

第 10 章

10.1 習 題

1. (a) $[0, -i, 0, i]$　(b) $[2, 0, 0, 0]$　(c) $[0, i, 0, -i]$　(d) $[0, 0, -\sqrt{2}i, 0, 0, 0, \sqrt{2}i, 0]$
3. (a) $[1/2, 1/2, 1/2, 1/2]$　(b) $[1, 1, -1, 1]$　(c) $[1, 1, 1, -1]$　(d) $[2, -1, 2, -1, 2, -1, 2, -1]/\sqrt{2}$
5. (a) 1 的 4 次根：$-i, -1, i, 1$；原根：$-i, i$　(b) $\omega, \omega^2, \omega^3, \omega^4, \omega^5, \omega^6$，其中 $\omega = e^{-2i/7}$　(c) $p-1$
7. (a) $a_0 = a_1 = a_2 = 0, b_1 = -1$　(b) $a_0 = 2, a_1 = a_2 = 0, b_1 = 0$　(c) $a_0 = a_1 = a_2 = 0, b_1 = 1$
   (b) $b_2 = -\sqrt{2}, a_0 = a_1 = a_2 = a_3 = a_4 = b_1 = b_3 = 0$

10.2 習 題

1. (a) $P_4(t) = \sin 2\pi t$　(b) $P_4(t) = \cos 2\pi t + \sin 2\pi t$　(c) $P_4(t) = -\cos 4\pi t$　(d) $P_4(t) = 1$
3. (a) $P_8(t) = \sin 4\pi t$　(b) $P_8(t) = 1 + \sin 4\pi t$　(c) $P_8(t) = \frac{1}{2} + \frac{1}{4}\cos 2\pi t + \frac{\sqrt{2}+1}{4}\sin 2\pi t + \frac{1}{4}\cos 6\pi t + \frac{\sqrt{2}-1}{4}\sin 6\pi t$　(d) $P_8(t) = \cos 8\pi t$

10.2 電腦演算題

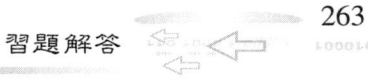

1. (a) $P_8(t) = \frac{7}{2} - \cos 2\pi t - (1+\sqrt{2})\sin 2\pi t - \cos 4\pi t - \sin 4\pi t - \cos 6\pi t + (1-\sqrt{2})\sin 6\pi t - \frac{1}{2}\cos 8\pi t$
   (b) $P_8(t) = \frac{1}{2} - 0.8107\cos 2\pi t - 0.1036\sin 2\pi t + \cos 4\pi t + \frac{1}{2}\sin 4\pi t + 1.3107\cos 6\pi t - 0.6036\sin 6\pi t$
   (c) $P_8(t) = \frac{5}{2} - \frac{1}{2}\cos\frac{\pi}{2}t - \frac{1}{2}\sin\frac{\pi}{2}t + \cos\pi t$
   (d) $P_8(t) = \frac{5}{8} + \frac{3}{4}\cos\frac{\pi}{4}(t-1) + 1.3536\sin\frac{\pi}{4}(t-1) - \frac{7}{4}\cos\frac{\pi}{2}(t-1) - \frac{5}{2}\sin\frac{\pi}{2}(t-1) + \frac{3}{4}\cos\frac{3\pi}{4}(t-1) - 0.6464\sin\frac{3\pi}{4}(t-1) + \frac{5}{8}\cos\pi(t-1)$

3. $P_8(t) = 1.6131 - 0.1253\cos 2\pi t - 0.5050\sin 2\pi t - 0.1881\cos 4\pi t - 0.2131\sin 4\pi t - 0.1991\cos 6\pi t - 0.0886\sin 6\pi t - 0.1007\cos 8\pi t$

5. $P_8(t) = 0.3423 - 0.1115\cos 2\pi(t-1) - 0.2040\sin 2\pi(t-1) - 0.0943\cos 4\pi(t-1) - 0.0859\sin 4\pi(t-1) - 0.0912\cos 6\pi(t-1) - 0.0357\sin 6\pi(t-1) - 0.0453\cos 8\pi(t-1)$

10.3 習 題

1. (a) $F_2(t) = 0$ (b) $F_2(t) = \cos 2\pi t$ (c) $F_2(t) = 0$ (d) $F_2(t) = 1$
3. (a) $F_4(t) = 0$ (b) $F_4(t) = 1$ (c) $F_4(t) = \frac{1}{2} + \frac{1}{4}\cos 2\pi t + \frac{\sqrt{2}+1}{4}\sin 2\pi t$ (d) $F_4(t) = 0$

10.3 電腦演算題

1. (a) $F_2(t) = F_4(t) = 3\cos 2\pi t$
   (b) $F_2(t) = 2 - \frac{3}{2}\cos 2\pi t$, $F_4(t) = 2 - \frac{3}{2}\cos 2\pi t - \frac{1}{2}\sin 2\pi t + \frac{3}{2}\cos 4\pi t$
   (c) $F_2(t) = \frac{7}{2} - \frac{1}{2}\cos\frac{\pi}{2}t$, $F_4(t) = \frac{7}{2} - \frac{1}{2}\cos\frac{\pi}{2}t + \frac{1}{2}\sin\frac{\pi}{2}t + 2\cos\pi t$
   (d) $F_2(t) = 2 - 2\cos\frac{\pi}{3}(t-1)$, $F_4(t) = 2 - 2\cos\frac{\pi}{3}(t-1) - \cos\frac{2\pi}{3}(t-1)$

第 11 章

11.1 習 題

1. 離散餘弦轉換矩陣為 $C = \frac{1}{\sqrt{2}}\begin{bmatrix} 1 & 1 \\ 1 & -1 \end{bmatrix}$，以及 $P_2(t) = \frac{1}{\sqrt{2}}y_0 + y_1\cos\frac{(2t+1)\pi}{4}$
   (a) $y = [3\sqrt{2}, 0]$, $P_2(t) = 3$ (b) $y = [0, 2\sqrt{2}]$, $P_2(t) = 2\sqrt{2}\cos\frac{(2t+1)\pi}{4}$
   (c) $y = [2\sqrt{2}, \sqrt{2}]$, $P_2(t) = 2 + \sqrt{2}\cos\frac{(2t+1)\pi}{4}$
   (d) $y = [3\sqrt{2}/2, 5\sqrt{2}/2]$, $P_2(t) = 3/2 + (5\sqrt{2}/2)\cos\frac{(2t+1)\pi}{4}$.

3. (a) $y = [1, a(b-c), 0, a(b+c)]$, $P_4(t) = \frac{1}{2} + ((b-c)/2)\cos\frac{(2t+1)\pi}{8} + ((b+c)/2)\cos\frac{3(2t+1)\pi}{8}$

(b) $y = [2, 0, 0, 0]$, $P_4(t) = 1$

(c) $y = [1/2, ab, 1/2, ac]$, $P_4(t) = 1/4 + (b/2)\cos\dfrac{(2t+1)\pi}{8} + (1/2\sqrt{2})\cos\dfrac{2(2t+1)\pi}{8} + (c/2)\cos\dfrac{3(2t+1)\pi}{8}$

(d) $y = [5, -a(c+3b), 0, a(b-3c)]$, $P_4(t) = \dfrac{5}{2} - ((c+3b)/2)\cos\dfrac{(2t+1)\pi}{8} + ((b-3c)/2)\cos\dfrac{3(2t+1)\pi}{8}$

11.2 習　題

1. (a) $Y = \begin{bmatrix} 1/2 & 1/2 \\ 1/2 & 1/2 \end{bmatrix}$, $P_2(s,t) = \dfrac{1}{4} + \dfrac{1}{2\sqrt{2}}\cos\dfrac{(2s+1)\pi}{4} + \dfrac{1}{2\sqrt{2}}\cos\dfrac{(2t+1)\pi}{4} + \dfrac{1}{2}\cos\dfrac{(2s+1)\pi}{4}\cos\dfrac{(2t+1)\pi}{4}$

   (b) $Y = \begin{bmatrix} 1 & 1 \\ 0 & 0 \end{bmatrix}$, $P_2(s,t) = \dfrac{1}{2} + \dfrac{1}{\sqrt{2}}\cos\dfrac{(2t+1)\pi}{4}$

   (c) $Y = \begin{bmatrix} 2 & 0 \\ 0 & 0 \end{bmatrix}$, $P_2(s,t) = 1$.

   (d) $Y = \begin{bmatrix} 1 & 0 \\ 0 & 1 \end{bmatrix}$, $P_2(s,t) = \dfrac{1}{2} + \cos\dfrac{(2s+1)\pi}{4}\cos\dfrac{(2t+1)\pi}{4}$

3. (a) $P(t) = ((b+c)/2)\cos\dfrac{(2t+1)\pi}{8}$ (b) $P(t) = 1/4$ (c) $P(t) = 1/4$

   (d) $P(t) = 2 + \sqrt{2}c\cos\dfrac{(2s+1)\pi}{8}$

11.2 電腦演算題

1. (a) $\begin{bmatrix} 0 & -3.8268 & 0 & -9.2388 \\ 0 & 1.7071 & 0 & 4.1213 \\ 0 & 0 & 0 & 0 \\ 0 & 0.1213 & 0 & 0.2929 \end{bmatrix}$ (b) $\begin{bmatrix} 0 & 0 & 0 & 0 \\ 0 & 2.1213 & -0.7654 & -0.8787 \\ 0 & 0 & 0 & 0 \\ 0 & 5.1213 & -1.8478 & -2.1213 \end{bmatrix}$

   (c) $\begin{bmatrix} 4.7500 & 1.4419 & 0.2500 & 0.2146 \\ -0.7886 & 0.5732 & -1.4419 & -1.0910 \\ 0.2500 & 2.6363 & -2.2500 & -0.8214 \\ 0.0560 & -2.0910 & -0.2146 & 0.9268 \end{bmatrix}$ (d) $\begin{bmatrix} 0 & -4.4609 & 0 & -0.3170 \\ -4.4609 & 0 & 0 & 0 \\ 0 & 0 & 0 & 0 \\ -0.3170 & 0 & 0 & 0 \end{bmatrix}$

11.3 習　題

1. (a) $P(A) = 1/4, P(B) = 5/8, P(C) = 1/8, 1.30$ (b) $P(A) = 3/8, P(B) = 1/4, P(C) = 3/8, 1.56$

   (c) $P(A) = 1/2, P(B) = 3/8, P(C) = 1/8, 1.41$

3. (a) 需要 34 位元，34/11＝3.09 位元/符號 > 3.03＝Shannon 資訊

   (b) 需要 73 位元，73/21＝3.48 位元/符號 > 3.42＝Shannon 資訊

   (c) 需要 108 位元，108/35＝3.09 位元/符號 > 3.04＝Shannon 資訊

11.4 習題

1. (a) $[-12b - 2c, 2b - 12c]$ (b) $[-3b - c, b - 3c]$ (c) $[-8b + 5c, -5b - 8c]$

3. (a) $+101.$，誤差$=0$ (b) $+101.$，誤差$=1/5$ (c) $+011.$，誤差$=1/35$

5. (a) $+110000.$，誤差$=1/170$ (b) $-101101.$，誤差$=1/85$ (c) $+1011100.$，誤差$=7/510$
   (d) $+1100100.$，誤差≈ 0.0043

7. (a) $\frac{1}{2}(w_2 + w_3) = [-1.2246, 0.9184] \approx [-1, 1]$ (b) $\frac{1}{2}(w_2 + w_3) = [2.1539, -0.9293] \approx [2, -1]$
   (b) $\frac{1}{2}(w_2 + w_3) = [-1.7844, -3.0832] \approx [-2, -3]$

9. $c_{5n} = -c_{n-1}, c_{6n} = -c_0$

第 12 章
12.1 習題

1. (a) $P(\lambda) = (\lambda - 5)(\lambda - 2)$, 2 及 $[1, 1]$, 5 及 $[1, -1]$
   (b) $P(\lambda) = (\lambda + 2)(\lambda - 2)$, -2 及 $[1, -1]$, 2 及 $[1, 1]$
   (c) $P(\lambda) = (\lambda - 3)(\lambda + 2)$, 3 及 $[-3, 4]$, -2 及 $[4, 3]$
   (d) $P(\lambda) = (\lambda - 100)(\lambda - 200)$, 200 及 $[-3, 4]$, 100 及 $[4, 3]$

3. (a) $P(\lambda) = -(\lambda - 1)(\lambda - 2)(\lambda - 3)$, 3 及 $[0, 1, 0]$, 2 及 $[1, 2, 1]$, 1 及 $[1, 0, 0]$
   (b) $P(\lambda) = -\lambda(\lambda - 1)(\lambda - 2)$, 2 及 $[-1, 2, 3]$, 1 及 $[1, 1, 0]$, 0 及 $[1, -2, 3]$
   (c) $P(\lambda) = -\lambda(\lambda - 1)(\lambda + 1)$, 1 及 $[1, -2, -3]$, 0 及 $[1, -2, 3]$, -1 及 $[1, 1, 0]$

5. (a) $\lambda = 4, S = 3/4$ (b) $\lambda = -4, S = 3/4$ (c) $\lambda = 4, S = 1/2$ (d) $\lambda = 10, S = 9/10$

7. (a) $\lambda = 1, S = 1/3$ (b) $\lambda = 1, S = 1/3$ (c) $\lambda = -1, S = 1/2$ (d) $\lambda = 9, S = 3/4$

9. (a) 5 及 $[1, 2]$, -1 及 $[-, 1]$
   (b) $x_1 = [1, 4]$, RQ $= 1$; $x_2 = [9/\sqrt{17}, 16/\sqrt{17}]$, RQ $= 4.29$; $x_3 = [2.2334, 4.5758]$, RQ $= 5.08$
   (c) 逆冪迭代法收斂到 $\lambda = -1$
   (d) 逆冪迭代法收斂到 $\lambda = 5$

11. (a) 7 (b) 5 (c) $S = 6/7, S = 1/2$; $s = 4$ 的逆冪迭代法較快

12.1 電腦演算題

1. (a) 收斂到 4 及 $[1, 1, -1]$ (b) 收斂到 -4 及 $[1, 1, -1]$ (b) 收斂到 4 及 $[1, 1, -1]$
   (d) 收斂到 10 及 $[1, 1, -1]$

3. (a) $\lambda = 4$ (b) $\lambda = 3$ (c) $\lambda = 2$ (d) $\lambda = 9$

12.2 習 題

1. (a) $\begin{bmatrix} 1 & -\frac{1}{\sqrt{2}} & \frac{1}{\sqrt{2}} \\ -\sqrt{2} & \frac{1}{2} & \frac{1}{2} \\ 0 & \frac{1}{2} & \frac{1}{2} \end{bmatrix}$ (b) $\begin{bmatrix} 1 & 0 & 0 \\ 0 & 0 & -1 \\ 0 & -1 & 0 \end{bmatrix}$ (c) $\begin{bmatrix} 2 & -\frac{4}{5} & -\frac{3}{5} \\ -5 & \frac{37}{25} & -\frac{16}{25} \\ 0 & \frac{9}{25} & \frac{13}{25} \end{bmatrix}$

(d) $\begin{bmatrix} 1 & -\frac{1}{\sqrt{2}} & -\frac{1}{\sqrt{2}} \\ -\sqrt{8} & \frac{5}{2} & \frac{3}{2} \\ 0 & \frac{3}{2} & \frac{1}{2} \end{bmatrix}$

5. (a) 正規化同步迭代法失敗：$\overline{Q}_k$ 不會收斂，循環週期為 2

   (b) 正規化同步迭代法失敗：$\overline{Q}_k$ 不會收斂，循環週期為 2

7. (a) 轉換前：不會收斂；轉換後：一樣 (已為 Hessenberg 形式)

   (b) 轉換前：不會收斂；轉換後：不會收斂

12.2 電腦演算題

1. (a) $\{-6, 4, -2\}$ (b) $\{6, 4, 2\}$ (c) $\{20, 18, 16\}$ (d) $\{10, 2, 1\}$

3. (a) $\{3, 3, 3\}$ (b) $\{1, 9, 10\}$ (c) $\{3, 3, 18\}$ (d) $\{-2, 2, 0\}$

5. (a) $\{2, i, -i\}$ (b) $\{1, i, -i\}$ (c) $\{2+3i, 2-3i, 1\}$ (d) $\{5, 4+3i, 4-3i\}$

12.3 習 題

1. (a) $\begin{bmatrix} -3 & 0 \\ 0 & 2 \end{bmatrix} = \begin{bmatrix} 1 & 0 \\ 0 & 1 \end{bmatrix} \begin{bmatrix} 3 & 0 \\ 0 & 2 \end{bmatrix} \begin{bmatrix} -1 & 0 \\ 0 & 1 \end{bmatrix}$

   沿 x 軸翻轉並放大三倍，y 軸則放大兩倍

   (b) $\begin{bmatrix} 0 & 0 \\ 0 & 3 \end{bmatrix} = \begin{bmatrix} 0 & 1 \\ 1 & 0 \end{bmatrix} \begin{bmatrix} 3 & 0 \\ 0 & 0 \end{bmatrix} \begin{bmatrix} 0 & 1 \\ 1 & 0 \end{bmatrix}$

   投影到 y 軸並在 y 方向上放大三倍

   (c) $\begin{bmatrix} \frac{3}{2} & -\frac{1}{2} \\ -\frac{1}{2} & \frac{3}{2} \end{bmatrix} = \begin{bmatrix} -\frac{1}{\sqrt{2}} & \frac{1}{\sqrt{2}} \\ \frac{1}{\sqrt{2}} & \frac{1}{\sqrt{2}} \end{bmatrix} \begin{bmatrix} 2 & 0 \\ 0 & 1 \end{bmatrix} \begin{bmatrix} -\frac{1}{\sqrt{2}} & \frac{1}{\sqrt{2}} \\ \frac{1}{\sqrt{2}} & \frac{1}{\sqrt{2}} \end{bmatrix}$

   延伸為橢圓，長軸沿著直線 $y = -x$ 且長度為 4

   (d) $\begin{bmatrix} -\frac{3}{2} & \frac{1}{2} \\ \frac{1}{2} & -\frac{3}{2} \end{bmatrix} = \begin{bmatrix} -\frac{1}{\sqrt{2}} & \frac{1}{\sqrt{2}} \\ \frac{1}{\sqrt{2}} & \frac{1}{\sqrt{2}} \end{bmatrix} \begin{bmatrix} 2 & 0 \\ 0 & 1 \end{bmatrix} \begin{bmatrix} \frac{1}{\sqrt{2}} & -\frac{1}{\sqrt{2}} \\ -\frac{1}{\sqrt{2}} & -\frac{1}{\sqrt{2}} \end{bmatrix}$ 和 (c) 相同，但旋轉 180 度。

   (e) $\begin{bmatrix} \frac{3}{4} & \frac{5}{4} \\ \frac{5}{4} & \frac{3}{4} \end{bmatrix} = \begin{bmatrix} -\frac{1}{\sqrt{2}} & -\frac{1}{\sqrt{2}} \\ -\frac{1}{\sqrt{2}} & -\frac{1}{\sqrt{2}} \end{bmatrix} \begin{bmatrix} 2 & 0 \\ 0 & \frac{1}{2} \end{bmatrix} \begin{bmatrix} -\frac{1}{\sqrt{2}} & -\frac{1}{\sqrt{2}} \\ -\frac{1}{\sqrt{2}} & \frac{1}{\sqrt{2}} \end{bmatrix}$

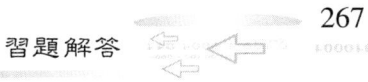

沿著直線 $y=x$ 放大兩倍，沿著 $y=-x$ 收縮為 $1/2$，並翻轉圓上的點。

3. 四個：$\begin{bmatrix} 3 & 0 \\ 0 & \frac{1}{2} \end{bmatrix} = \begin{bmatrix} 1 & 0 \\ 0 & 1 \end{bmatrix}\begin{bmatrix} 3 & 0 \\ 0 & \frac{1}{2} \end{bmatrix}\begin{bmatrix} 1 & 0 \\ 0 & 1 \end{bmatrix} = \begin{bmatrix} -1 & 0 \\ 0 & 1 \end{bmatrix}\begin{bmatrix} 3 & 0 \\ 0 & \frac{1}{2} \end{bmatrix}\begin{bmatrix} -1 & 0 \\ 0 & 1 \end{bmatrix}$

$= \begin{bmatrix} 1 & 0 \\ 0 & -1 \end{bmatrix}\begin{bmatrix} 3 & 0 \\ 0 & \frac{1}{2} \end{bmatrix}\begin{bmatrix} 1 & 0 \\ 0 & -1 \end{bmatrix} = \begin{bmatrix} -1 & 0 \\ 0 & -1 \end{bmatrix}\begin{bmatrix} 3 & 0 \\ 0 & \frac{1}{2} \end{bmatrix}\begin{bmatrix} -1 & 0 \\ 0 & -1 \end{bmatrix}$

12.4　電腦演算題

1. (a) $\begin{bmatrix} 1.1708 & 1.8944 \\ 1.8944 & 3.0652 \end{bmatrix}$　(b) $\begin{bmatrix} 1.5607 & 3.7678 \\ 1.3536 & 3.2678 \end{bmatrix}$　(c) $\begin{bmatrix} 1.0107 & 2.5125 & 3.6436 \\ 0.9552 & 2.3746 & 3.4436 \\ 0.1787 & 0.4442 & 0.6441 \end{bmatrix}$

(d) $\begin{bmatrix} -0.5141 & 5.2343 & 1.9952 \\ 0.2070 & -2.1076 & -0.8033 \\ -0.1425 & 1.4510 & 0.5531 \end{bmatrix}$

3. (a) 最佳直線 $y=3.3028x$；投影為 $\begin{bmatrix} 1.1934 \\ 3.9415 \end{bmatrix}, \begin{bmatrix} 1.4707 \\ 4.8575 \end{bmatrix}, \begin{bmatrix} 1.2774 \\ 4.2188 \end{bmatrix}$

(b) 最佳直線 $y=0.3620x$；投影為 $\begin{bmatrix} 1.7682 \\ 0.6402 \end{bmatrix}, \begin{bmatrix} 3.8565 \\ 1.3963 \end{bmatrix}, \begin{bmatrix} 3.2925 \\ 1.1921 \end{bmatrix}$

(b) 最佳直線 $(x(t), y(t), z(t))=[0.3105, 0.8902]t$；投影為

$\begin{bmatrix} 1.3702 \\ 1.5527 \\ 4.0463 \end{bmatrix}, \begin{bmatrix} 1.8325 \\ 2.0764 \\ 5.4111 \end{bmatrix}, \begin{bmatrix} 1.8949 \\ 2.1471 \\ 5.5954 \end{bmatrix}, \begin{bmatrix} 0.9989 \\ 1.1319 \\ 2.9498 \end{bmatrix}$

5. (a) $\begin{bmatrix} 3 & 0 \\ 4 & 0 \end{bmatrix} = \begin{bmatrix} -0.6 & -0.8 \\ -0.8 & 0.6 \end{bmatrix}\begin{bmatrix} 5 & 0 \\ 0 & 0 \end{bmatrix}\begin{bmatrix} -1 & 0 \\ 0 & 1 \end{bmatrix}$

(b) $\begin{bmatrix} 6 & -2 \\ 8 & \frac{3}{2} \end{bmatrix} = \begin{bmatrix} 0.6 & -0.8 \\ 0.8 & 0.6 \end{bmatrix}\begin{bmatrix} 10 & 0 \\ 0 & \frac{5}{2} \end{bmatrix}\begin{bmatrix} 1 & 0 \\ 0 & 1 \end{bmatrix}$

(c) $\begin{bmatrix} 0 & 1 \\ 0 & 0 \end{bmatrix} = \begin{bmatrix} 1 & 0 \\ 0 & 1 \end{bmatrix}\begin{bmatrix} 1 & 0 \\ 0 & 0 \end{bmatrix}\begin{bmatrix} 0 & 1 \\ 1 & 0 \end{bmatrix}$

(d) $\begin{bmatrix} -4 & -12 \\ 12 & 11 \end{bmatrix} = \begin{bmatrix} -0.6 & -0.8 \\ 0.8 & -0.6 \end{bmatrix}\begin{bmatrix} 20 & 0 \\ 0 & 5 \end{bmatrix}\begin{bmatrix} 0.6 & -0.8 \\ 0.8 & 0.6 \end{bmatrix}$

(e) $\begin{bmatrix} 0 & -2 \\ -1 & 0 \end{bmatrix} = \begin{bmatrix} -1 & 0 \\ 0 & -1 \end{bmatrix}\begin{bmatrix} 2 & 0 \\ 0 & 1 \end{bmatrix}\begin{bmatrix} 0 & 1 \\ 1 & 0 \end{bmatrix}$

第 13 章

13.1 習 題

1. (a) (0, 2)　(b) (0, 0)　(c) ($-1/2, -3/8$)　(d) (1, 1)

13.1 電腦演算題

1. (a) $1/2$　(b) $-2, 1$　(c) 0.47033　(d) 1.43791

3. (a) (a), (b): (0.358555, 2.788973)

5. (1.20881759, 1.20881759), 約 8 位正確位數

7. (1, 1)

13.2 電腦演算題

1. 極小值為 (1.2088176, 1.2088176)。不同的初始條件所得解相差約為 $\epsilon^{1/2}$。

3. (1, 1)。牛頓法可精確到機器精準度，因其找到單根。最陡下降法誤差約為 $\epsilon^{1/2}$。

5. (a) (1.132638, -0.465972), (-0.465972, 1.132638)　(b) $\pm$(0.6763, 0.6763)

Index

索引

1 的 n 次根 (nth root of unity)　52
1 的原根 (primitive roots of unity)　54
2D-DCT 內插定理 (2D-DCT Interpolation Theorem)　101
3D 單位立方體 (unit cube)　9
Box-Muller 法 (Box-Muller Method)　12
google 矩陣 (google matrix)　167
google 轟炸法 (google-bombing)　168
Hessian 方陣 (Hessian matrix)　202
Householder 反映矩陣 (Householder reflector)　160
Ito 積分 (Ito integral；伊藤積分)　30
Langevin 方程 (Langevin equation)　36
Lennard-Jones 位能 (Lennard-Jones potential)　188
Lennard-Jones 位勢能 (Lennard-Jones potential)　208
MATLAB 函式 (MATLAB function)　230
Mersenne 質數 (Mersenne prime)　6
n 階三角函數 (order n trigonometric function)　63
n 維向量 (n-dimensional vector)　213
n 維單體 (n-dimensional simplex)　197
Nelder-Mead 搜尋法 (Nelder-Mead search method)　189
Ornstein-Uhlenbeck 過程 (Ornstein-Uhlenbeck process)　36
QR 迭代法 (QR iteration)　140
Rayleigh 商 (Rayleigh quotient)　143
Rayleigh 商迭代法 (Rayleigh Quotient Iteration；RQI)　148
Schur 分解 (Schur factorization)　156
Shannon 資訊 (Shannon information)　116
Shannon 熵 (Shannon entropy)　116
Sherman-Morrison 公式 (Sherman-Morrison formula)　215
Wiener 濾波器 (Wiener filter)　50, 83

二劃

二次規劃 (quadratic programming)　207
二維離散餘弦轉換 (two-dimensional Discrete Cosine Transform；2D-DCT)　98, 99
人為雜訊 (artifact)　123

三劃

三角內插 (trigonometric interpolation)　50

索引 Index

下坡單體法 (downhill simplex method)　197
上 Hessenberg 形式 (upper Hessenberg form)　158
么正矩陣 (unitary matrix)　55
大小 (magnitude)　55
大小 (size)　119
大型稀疏系統 (large sparse system)　163
工作區 (workspace)　81

四劃

中央極限定理 (Central Limit Theorem)　27
內收縮點 (inside contraction point)　198
內積 (inner product)　215
內點 (interior point)　191
內點法 (interior point method)　207
分塊相乘 (block multiplication)　216
反射點 (reflection point)　198
反矩陣 (inverse matrix)　214
尤拉公式 (Euler formula)　51

五劃

主特徵向量 (dominant eigenvector)　142
主特徵值 (dominant eigenvalue)　142
可逆矩陣 (invertible matrix)　177, 214
可對角化 (diagonalizable)　218
右奇異向量 (right singular vector)　170
外收縮點 (outside contraction point)　198
外插法 (extrapolation)　198
外積 (outer product)　215
失真壓縮 (lossy compression)　179
左奇異向量 (left singular vector)　170
布朗運動 (Brownian motion)　2
布朗橋 (Brownian bridge)　41
平均值 (mean)　11
平移 QR 演算法 (shifted QR algorithm)　156
平移矩陣 (shifted matrix)　146
正交 (orthogonal)　215

正交投影 (orthogonal projection)　180
正交函數內插定理 (Orthogonal Function Interpolation Theorem)　72, 92
正交函數最小平方近似定理 (Orthogonal Function Least Squares Approximation Theorem)　77
正交基底 (orthonormal basis)　219
正規化 (normalization)　143
正規化同步迭代法 (normalized simultaneous iteration; NSI)　152
白雜訊 (white noise)　31
目標函數 (objective function)　188

六　劃

全矩陣 (full matrix)　163
全球資訊網 (World Wide Web)　140
共軛方向 (conjugate-directions)　211
共軛梯度法 (conjugate gradient method)　205
共軛複數 (complex conjugate)　51
列向量 (row vector)　213
向量內積規則 (vector dot product rule)　221
向量函數 (vector-valued function)　221
收斂速率 (convergence rate)　145
有向邊 (directed edge)　166
次方算子 (power operator)　226
灰階 (grayscale)　103
自我參考 (self-referential)　168
色差 (color differences)　112
行內函式 (inline function)　232
行向量 (column vector)　213
西方最快傅立葉轉換 (Fastest Fourier Transform in the West；FFTW)　87

七　劃

位元 (bit)　103
位元組 (byte)　103
伸縮和 (telescoping sum)　53
低秩近似 (low rank approximation)　176
低通濾波器 (low pass filter)　102
低通濾波器 (low-pass filter)　77

均勻分布 (uniform distribution)　3
均方差 (mean squared error；MSE)　87
均差 (divided difference)　194
形心 (centroid)　197
快速傅立葉轉換 (Fast Fourier Transform；FFT)　50, 56, 58

八　劃

依賴凡得瓦力 (Van der Waals forces)　188
奇異向量 (singular vector)　140
奇異的 (singular)　149
奇異值 (singular value)　140, 170
奇異值分解 (singular value decomposition；SVD)　140, 172
奇異矩陣 (singular matrix)　214
延遲 Fibonacci 產生器 (lagged Fibonacci generator；LFG)　10
拋物面 (paraboloid)　205
波動率 (volatility)　45
泛型演算法 (generic algorithm)　207
空間頻率 (spatial frequency)　106
長度編碼 (run-length coding)　111
長度編碼法 (Run Length Encoding；RLE)　120
非平移 QR 演算法 (unshifted QR algorithm)　153
非線性規劃 (nonlinear programming)　207

九　劃

亮度 (luminance)　112
信賴區域法 (trust region method)　207
威金森多項式 (Wilkinson polynomial)　140
指數隨機變數 (exponential random variable)　10
相似 (similar)　218
相似矩陣 (similar matrix)　154
相似變換 (similarity transformation)　159
相鄰矩陣 (adjacency matrix)　166
衍生性金融商品 (financial derivative)　44
重要性過濾 (importance filtering)　135
重疊的逆 MDCT (Inversion of MDCT through overlapping)　129
限制最佳化 (constrained optimization)　207

降階 (deflation) 156, 157
降維度 (dimension reduction) 179
首度通過時間 (first passage time) 24

十劃

乘數 (multiplier) 5
乘積規則 (product rule) 221
修正離散餘弦轉換 (Modified Discrete Cosine Transform ; MDCT) 90, 126
原根 (primitive root) 52
特徵向量 (eigenvector) 140, 217
特徵多項式 (characteristic polynomial) 140, 217
特徵函數 (characteristic function) 7
特徵空間 (eigenspace) 140
特徵值 (eigenvalue) 140, 217
矩形座標 (rectangular coordinates) 209
矩陣 (matrix) 213
矩陣 y 向量乘積規則 (matrixyvector product rule) 221
矩陣方程式 (matrix equation) 214
秩 (rank) 176
秩 1 校正 (rank-one update) 215
秩 1 矩陣 (rank-one matrix) 177
純量函數 (scalar-valued function) 221
逆二維離散餘弦轉換 (inverse two-dimensional Discrete Cosine Transform) 100
逆冪迭代法 (Inverse Power Iteration) 147
逆離散傅立葉轉換 (逆 DFT；inverse Discrete Fourier Transform) 55
逃逸時間 (escape time) 24
陣列 (array) 225
馬可夫過程 (Markov process) 168
高斯隨機變數 (Gaussian random variable) 11
高斯雜訊 (Gaussian noise) 83
高頻 (high-frequency) 102

十一劃

停止準則 (stopping criterion) 199
偏移量 (offset) 5
基本基底向量 (elementary basis vector) 179

基因治療 (gene therapy)　188
基底 p 低差異序列 (base-p low-discrepancy sequence)　17
基線 JPEG 法(Baseline JPEG)　98
執行日 (exercise date)　45
常態分布 (normal distribution)　3
常態隨機變數 (normal random variable)　11
張成 (span)　179
張成 (span)　219
捨選法 (rejection method)　12
梯度 (gradient)　202
梯度 (gradient)　221
梯度搜尋法 (gradient search)　204
第一型蒙地卡羅 (type 1 Monte Carlo)　6
第二型蒙地卡羅 (type 2 Monte Carlo)　7
累積分布函數 (cumulative distribution function)　10
連鎖律 (chain rule)　33
連續可微 (continuously differentiable)　201
連續布朗運動 (continuous Brownian motion)　22
連續拋物線插值法 (successive parabolic interpolation ; SPI)　189
連續時間隨機過程 (continuous-time stochastic process)　30
閉式解 (closed-form solution)　34

十二劃

傅立葉矩陣 (Fourier matrix)　55
最低標準隨機數產生器 (minimal standard random number generator)　6
最佳化 (optimization)　188
最佳化工具箱 (optimization toolbox)　207
最佳秩 1 近似 (best rank-one approximation)　179
最陡下降法 (steepest descent)　204
單位正方形 (unit square)　7, 233
單位向量 (unit vector)　219
單位矩陣 (identity matrix)　126, 214
單位圓 (unit circle)　12
單峰 (unimodal)　189
單範正交 (orthonormal)　219

幾何布朗運動 (geometric Brownian motion)　33
無限制最佳化 (unconstrained optimization)　189
等邊四面體 (equilateral tetrahedron)　209
絕對值 (magnitude)　142
視窗功能 (windows function)　137
買進 (call)　45
週期 (period)　4
量化 (quantization)　98
量化矩陣 (quantization matrix)　107
量化誤差 (quantization error)　107
開區間 (open interval)　131
階數 (order)　37
黃金分割搜尋法 (golden section search ; GSS)　189

十三劃

微分 (differential)　31
微分脈波編碼調變 (Differential Pulse Code Modula-tion ; DPCM)　120
損耗參數 (loss parameter)　108
極大值 (maximum)　188
極小化問題 (minimization problem)　188
極小值 (minimum)　188
極座標表示法 (polar representation)　51
極對稱 (polar symmetry)　11
準隨機數 (quasi-random number)　14
置換矩陣 (permutation matrix)　126
跳躍機率 (jump probability)　168
零核空間 (null space)　217

十四劃

圖示 (icon)　223
實現 (realization)　23, 30
實數 Schur 形式 (real Schur form)　155
實數值函數 (real-valued function)　188
對角矩陣 (diagonal matrix)　173, 218
對稱矩陣 (symmetric matrix)　219
構造 (conformation)　208

漂移係數 (drift coefficient) 34
漸進式計算 (evolutionary computation) 207
種子數 (seed) 4
網頁排名 (PageRank) 168
蒙地卡羅模擬 (Monte Carlo simulation) 2, 14
誤差容忍值 (error tolerance) 199
障礙選擇權 (barrier option) 47

十五劃

履約價 (strike price) 45
數位訊號處理 (digital signal pro-cessing；DSP) 50
標準差 (standard deviation) 14
標準誤差 (standard error) 24
模數 (modulus) 5
模擬退火法 (simulated annealing) 207
線性同餘產生器 (linear congruential generator ; LCG) 4
線性規劃 (linear programming) 188
線性量化 (linear quantization) 108
餘向量 (residual) 205
黎曼積分 (Riemann integral) 30

十六劃

冪迭代法 (power iteration) 140, 142, 144
整體極小值 (global minimum) 188
橢球 (ellipsoid) 169
機率分布函數 (probability distribution function) 10
選擇權 (option) 45
隨機泰勒級數 (stochastic Taylor series) 37
隨機微分方程 (stochastic differential equation ; SDE) 2
隨機過程 (stochastic process) 23
隨機漫步 (random walk) 2, 22
隨機數 (random numbers；亂數) 2
霍夫曼編碼 (Huffman coding) 117
霍夫曼樹 (Huffman tree) 119
頻率遮蔽 (frequency masking) 135

十七劃

壓縮 (compression) 179
擬隨機數 (pseudo-random number) 3

十八劃

擴散係數 (diffusion coefficient) 34
簡單約束 (simple-bound) 211
轉置 (transpose) 214
離散布朗運動 (discrete Brownian motion) 22
離散傅立葉轉換 (discrete Fourier transform ; DFT) 50, 54
離散傅立葉轉換內插定理 (DFT Interpolation Theorem) 63
離散餘弦轉換 (Discrete Cosine Transform) 71, 90
離散餘弦轉換 (版本 4) (Discrete Cosine Transform version 4 ; DCT 4) 124
離散餘弦轉換內插定理 (DCT Interpolation Theorem) 92
離散餘弦轉換最小平方近似定理 (DCT Least Squares Approximation Theorem) 94
雜訊 (noise) 26, 29
雙註標陣列 (doubly indexed array) 226

十九劃

穩態解 (steady-state solution) 168
穩態機率 (steady-state probability) 167
藥物設計 (drug design) 188
譜半徑 (spectral radius) 220

二十劃以後

嚴格遞減 (strictly decreasing) 189
嚴格遞增 (strictly increasing) 189
聽覺心理學 (psychoacoustics) 135
變異數 (variance) 11, 14